Florian Ion Tiberiu-Petrescu

SISTEME MECATRONICE SERIALE, PARALELE ȘI MIXTE

CREATE SPACE
PUBLISHER
USA 2014

Scientific reviewer:

Dr. Veturia CHIROIU
Honorific member of
Technical Sciences Academy of Romania (ASTR)
PhD supervisor in Mechanical Engineering

Copyright

Title: Sisteme Mecatronice Seriale, Paralele și Mixte

Author: Florian Ion TIBERIU-PETRESCU

© 2011-2014, Florian Ion TIBERIU-PETRESCU

petrescuflorian@yahoo.com

ALL RIGHTS RESERVED. This book contains material protected under International and Federal Copyright Laws and Treaties. Any unauthorized reprint or use of this material is prohibited. No part of this book may be reproduced or transmitted in any form or by any means, electronic or mechanical, including photocopying, recording, or by any information storage and retrieval system without express written permission from the author / publisher.

ISBN 978-1-4959-2381-4

SCURTĂ DESCRIERE

Lucrarea reprezintă o viziune științifică, unitară, generală, cuprinzătoare și echidistantă a principalelor probleme pe care le ridică sistemele mecanice, mobile, seriale, paralele și mixte. Se face o prezentare generală, urmată de studiul geometro-cinematic separat, al structurilor seriale, paralele și mixte. Se continuă cu o introducere în dinamica acestor sisteme. Structura sistemelor paralele este vizualizată pe scurt. La sistemele seriale și mixte se studiază atât cinematica directă cât și cea indirectă, în vreme ce la sistemele paralele se urmărește numai cinematica indirectă (aceasta fiind mult mai utilă). Prezentarea metodelor de bază este strâns legată de calculul matricial, care este introdus pas cu pas pentru ușurarea înțelegerii fiecărei secvențe.

Cartea este structurată în mai multe capitole, care au ca bază cursurile predate masteranzilor de la disciplinele mecatronică, roboți industriali, manipulatori, sudare automatizată, etc.

Lucrarea se adresează însă în egală măsură tuturor specialiștilor, și viitorilor specialiști (studenți) care lucrează în aceste domenii, sau au tangențe cu aceste frumoase discipline: mecatronica, robotica, automatizarea proceselor. Ea poate fi un instrument prețios și pentru proiectanții (designerii) acestor sisteme, pentru cei care construiesc, achiziționează, utilizează, sau întrețin sisteme mecanice mobile seriale, paralele, sau mixte.

Practic lucrarea este structurată în trei părți principale, mecatronica sistemelor seriale, mecatronica sistemelor paralele și mecatronica sistemelor mixte.

Mecatronica sistemelor seriale este urmărită inițial spațial prin metode matriciale, iar apoi plan.

Mecatronica sistemelor paralele este studiată spațial și în anumite plane particulare.

Mecatronica sistemelor mixte beneficiază de mecanisme mixte plane, astfel încât tot studiul urmărit se desfășoară în plan.

Cu stimă și respect,
Autorul

CUPRINS

Scurtă descriere.. 003

Cuprins...004

Sisteme mecanice mobile, seriale, paralele şi mixte
(introducere)..005

Partea I
Sisteme mecatronice seriale..012

Partea a II-a
Sisteme mecatronice paralele...137

Partea a III-a
Sisteme mecatronice mixte..190

Bibliografie... 213

Sisteme mecanice mobile, seriale, paralele și mixte
(introducere)

Definiție și istoric

Nu există o definiție unanim acceptată a robotului. După unii specialiști acesta este legat de noțiunea de mișcare, iar alții asociază robotul noțiunii de flexibilitate a mecanismului, de posibilitatea lui de a fi utilizat pentru activități diferite sau de noțiunea de adaptabilitate, de posibilitatea funcționării lui într-un mediu imprevizibil. Fiecare din aceste noțiuni luate separat nu reușesc să caracterizeze robotul decât în mod parțial.

Robotul combină tehnologia mecanică cu cea electronică fiind o componentă evoluată de automatizare care înglobează electronica de tip cibernetic cu sistemele avansate de acționare pentru a realiza un echipament independent de mare flexibilitate.

Cuvântul "robot" a apărut pentru prima dată în piesa R.U.R. (Robotul Universal al lui Rossum) scrisă de dramaturgul ceh Karel Capek în care autorul parodia cuvantul "robota" (muncă în limba rusă și corvoadă în limba cehă). În anul 1923 piesa fiind tradusă în limba engleză, cuvântul robot a trecut neschimbat în toate limbile pentru a defini ființe umanoide protagoniste ale povestirilor științifico-fantastice.

Istoria roboticii începe în 1940 cu realizarea manipulatorilor sincroni pentru manevrarea unor obiecte în medii radioactive. În anul 1954 Kernward din Anglia a brevetat un manipulator cu două brațe.

Conceptul roboților industriali a fost stabilit pentru prima oară de George C. Deval care a brevetat în anul 1954 un dispozitiv de transfer automat, dezvoltat în anul 1958 de firma americană Consolidated Control Inc.

În anul 1959 Joseph Engelberger achiziționează brevetul lui Deval și realizează în 1960 primul R.I. Unimate în cadrul firmei Unimation Inc.

Epopea roboților industriali a început practic în anul 1963 când a fost dat în folosință primul robot industrial la uzinele Trenton (S.U.A.), aparținând companiei General Motors.

Primul succes industrial s-a produs în anul 1968 când în uzina din Lordstown s-a instalat prima linie de sudare a caroseriilor de automobile dotată cu 38 de roboți Unimate. A rezultat că robotul era cel mai bun automat de sudură în puncte.

Prin asocierea cu firma Kawasaki N.I. în anul 1968, în Japonia a început fabricația de roboți Unimate, implementarea lor în industria automobilelor având loc în 1971 la firma Nissan-Motors.

În același an roboții Unimate pătrund în Italia, echipând linia de sudat caroserii în puncte de la firma FIAT din Torino.

Companiile Unimation și General Motors lansează în 1978 robotul PUMA (Programable Universal Machine for Assembly).

Firma A.S.E.A. din Suedia realizează în 1971 robotul industrial cu acționare electrică Irb6 destinat operațiunilor de sudură cu arc electric.

În anul 1975 firma de mașini unelte Cincinatti Milacron (S.U.A.) realizează o familie de roboți industriali acționați electric T3 (The Tommorow's Tool), astăzi larg răspândiți.

În țara noastră în anul 1980 s-a fabricat primul robot RIP63 la Automatica București după modelul A.S.E.A. iar prima aplicație industrială cu acest robot de sudare în arc electric a unei componente a șasiului unui autobuz a fost realizată în anul 1982 la Autobuzul București. Doi ani mai târziu roboții au fost implementați și la Semănătoarea București. Coordonarea științifică a aparținut colectivului „MEROTEHNICA", de la catedra de „Teoria Mecanismelor și a Roboților" din „Universitatea Politehnica București", sub conducerea regretatului Prof. Christian Pelecudi, părintele roboticii românești și fondatorul SRR (Societatea Română de Robotică), azi ARR (Asociația Română de Robotică). Colectivul TMR a avut după anii 80 colaborări cu firmele nipone (și datorită regretatului Prof. Bogdan Radu, mulți ani ambasador al României în Japonia); au fost aduși și implementați în țară roboți Fanuc (la vremea respectivă de ultimă generație).

Un alt robot indigen este REMT-1 utilizat intr-o celulă de fabricație flexibilă la Electromotor Timișoara pentru prelucrarea prin așchiere a arborilor motoarelor electrice. Centrul Universitar Timișoara și-a dezvoltat foarte mult cercetările aplicative (cu micro-producție de roboți industriali) și datorită sprijinului puternic al unor specialiști români de naționalitate germană de care a beneficiat, având contracte de colaborare (în cercetare și producție) chiar și cu Germania. Astăzi la Timișoara se fabrică roboții ROMAT.

Roboții s-au dezvoltat prin creșterea gradului de echipare cu elemente de inteligență artificială. Pentru a culege informațiile unui mediu, roboți s-au dotat cu senzori tactili, de forță, de moment video, etc. Cu ajutorul acestora robotul poate să-și creeze o imagine a mediului în care evoluează, bazându-se pe percepția artificială.

Populația de roboți în 1988 era: 109.000 RI în Japonia, 30.000 RI în SUA, 34.000 RI în Europa de Vest din care 12.900 RI în Germania, 3.000 RI în Rusia. (Aproximativ 190 mii roboți industriali pe glob, iar în 2010 s-a ajuns la circa 10 milioane).

Clasificarea R.I.

JIRA (Japan Industrial Robot Association) clasifica roboții industriali după următoarele criterii:

I.) <u>După informații de intrare și modul de învățare:</u>
1 – manipulator manual, care este acționat direct de om

2 – **robot secvențial**, care are anumiți pași ce ascultă de o procedură predeterminată, care poate fi: fixă sau variabilă după cum aceasta nu poate sau poate fi ușor schimbată.

3 – **robot repetitor (robot play back)** – care este învățat la început procedura de lucru de către om, acesta o memorează iar apoi o repetă de câte ori este nevoie.

4 – **robot cu control numeric** (N. C. robot) – care execută operațiile cerute în conformitate cu informațiile numerice pe care le primește despre poziții, succesiuni de operații și condiții.

5 – **robot inteligent** – este cel care își decide comportamentul pe baza informațiilor primite prin senzorii săi și prin posibilitățile sale de recunoaștere.

Observații:
   a) Manipulatoarele simple (grupele 1 și 2) au în general 2-3 grade de libertate, mișcările lor fiind controlate prin diferite dispozitive.
   b) Roboții programabili (grupele 3 și 4) au numărul gradelor de libertate mai mare decât 3 fiind independenți de medii adică lipsiți de capacități senzoriale și lucrând în buclă deschisă.
   c) Roboții inteligenți sunt dotați cu capacități senzoriale și lucrează în buclă închisă.

II.) <u>După comandă și gradul de dezvoltare al inteligenței artificiale:</u> roboții industriali se clasifică în generații sau niveluri:

1 – R.I. din generația 1, acționează pe baza unui program flexibil dar prestabilit de programator și care nu se poate schimba în timpul execuției operațiilor.

2 – R.I. din generația a 2-a se caracterizează prin faptul că programul flexibil prestabilit de programator poate fi modificat în măsură restrânsă în urma unor reacții specifice ale mediului.

3 – R.I. din generația a 3-a posedă capacitatea de a-și adapta singuri cu ajutorul unor dispozitive logice, într-o măsură restrânsă propriul program la condițiile concrete ale mediului ambiant în vederea optimizării operațiilor pe care le execută.

III.) <u>După numărul gradelor de libertate ale mișcării robotului:</u> aceștia pot fi cu 2 până la 6 grade de libertate, la care se adaugă mișcările suplimentare ale dispozitivului de prehensiune (endefectorul), pentru orientarea la prinderea, desprinderea obiectului manipulat, etc.

Cele șase grade de libertate care le poate avea un robot sunt 3 translații de-a lungul axelor de coordonate și trei rotații în jurul acestora.

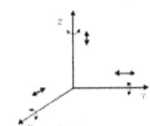

Marea majoritate a roboților construiți până în prezent au 3-5 grade de libertate. Dintre aceștia roboții cu 3 grade de libertate (care au o răspândire de 40,3 %) se împart în patru variante constructive în funcție de mișcările pe care le execută (notate R-rotație și T-translație)

- robot cartezian (TTT) este robotul al cărui braț operează într-un spațiu definit de coordonate carteziene (x,y,z)

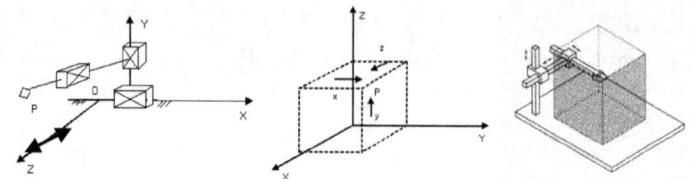

- robot cilindric (RTT) al cărui braț operează într-un spațiu definit de coordonate cilindrice r, α, y

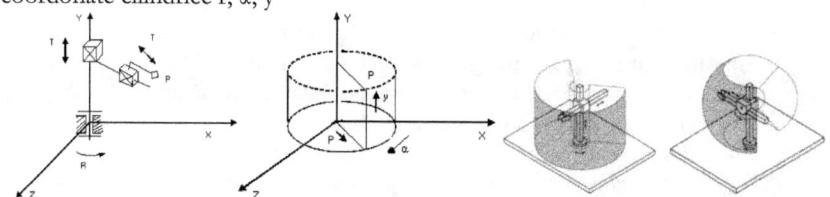

- robot sferic (RRT) a cărui spațiu de lucru este sferic, definit de coordonatele sferice (α, φ, r)

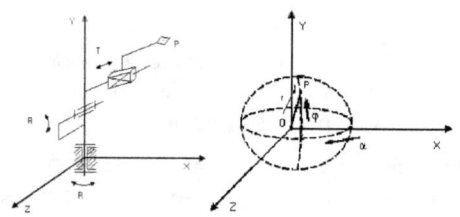

- robot antropomorf (RRR) la care deplasarea piesei se face după exteriorul unei zone sferice. Parametrii care determină poziția brațului fiind coordonatele α, φ, ψ.

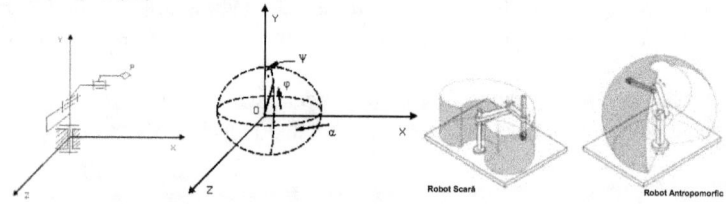

IV.) <u>După existența unor bucle interioare în construcția robotului:</u> aceștia pot fi:
- cu lanț cinematic deschis, ***roboți seriali*** (roboții prezentați până la acest punct);

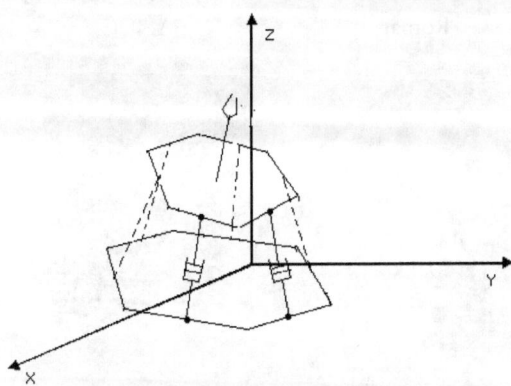

- cu lanț cinematic închis, care au în structura lor unul sau mai multe contururi poligonale închise, fapt care permite realizarea unor spații de lucru de o geometrie mai complicată și conduce la o mai mare rigiditate a sistemului mecanic. Aici sunt cuprinși și *roboții paraleli.*

Roboți industriali tip "braț articulat" (BA), 4R, 6R

Acest tip de RI are ca mecanism generator de traiectorie un lanț cinematic deschis compus din cuple cinematice de rotație.

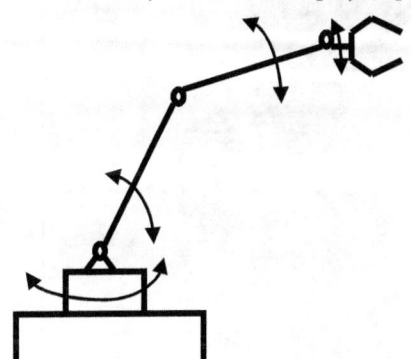

Aceștia au o mare suplețe și penetrație în spațiul de lucru. Dezavantajul lor principal îl constituie rigiditatea redusă. Pe acest model s-au dezvoltat în continuare roboții 6R de astăzi (bazați numai pe rotații, utilizând ca acționare numai motoare electrice ușoare, compacte); aceștia au o rigiditate mai mare păstrând totodată penetrația și flexibilitatea modelelor 3R, 4R, și 5R. Aproape toate firmele importante vin astăzi cu modele 6R (pe care le îmbunătățesc în permanență).

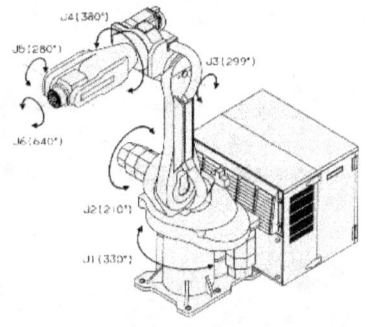

De ce s-au impus azi aceste modele de roboți (după ce zeci de ani diversitatea a fost cuvântul de ordine?); poate și din nevoia de standardizare, sau de a găsi o soluție comună, după o fragmentare uriașă (oricum nu sunt încă singurii roboți utilizați din categoria serialilor, dar au cea mai largă răspândire). Cele șase rotații (eliminarea totală a translațiilor, care aduc multe dezavantaje datorate cuplei T în sine) fac acționarea mai simplă, mai rapidă, cu randament mai ridicat, mai fiabilă, mai compactă și mai sigură; ele se văd mai clar pe schema din dreapta.

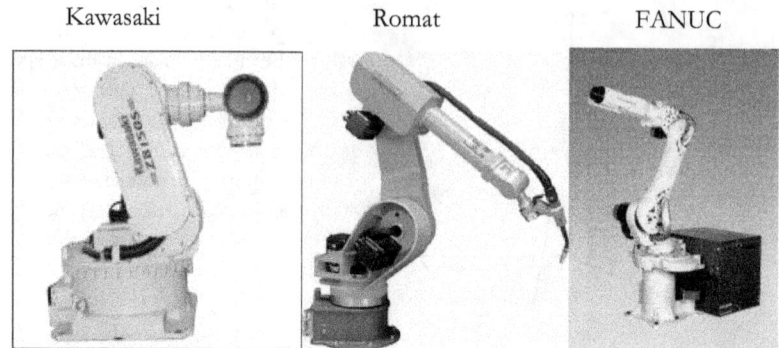

Se mai folosesc azi și celule robotizate pregătite special pentru un anumit tip de operații.

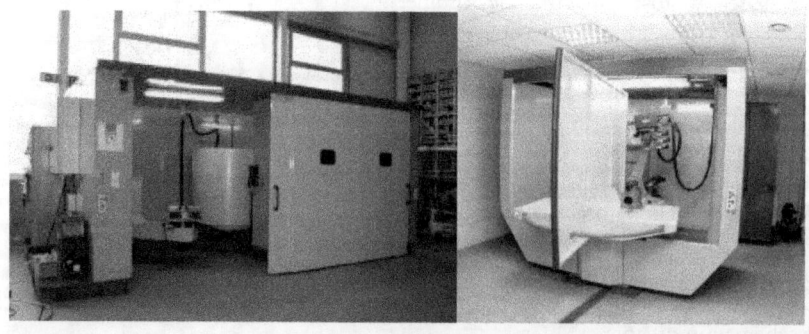

Sisteme paralele

Acestea au pornit relativ recent de la „Platforma Stewart" dar s-au diversificat extrem de rapid.

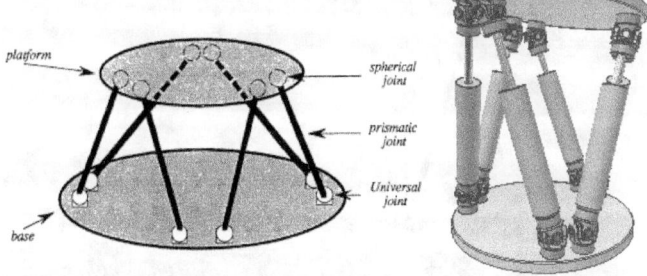

Platforma Stewart se bazează pe două plăci (platforme) plane prinse între ele prin diverse forme de articulații și elemente. Inițial (ca în figura din stânga sus) cuplele din partea inferioară erau articulații cardanice (cuple de clasa a patra C_4), iar cuplele din partea superioară erau sferice (cuple de clasa a treia); în total șase elemente de legătură și 12 cuple. (Dreapta avem numai C_4).

Analiza comparativă a roboților

Primul pas constă în determinarea mișcărilor elementelor componente ale traiectoriei impuse endefectorului. Se trece apoi la optimizarea traiectoriei folosind următorul set de reguli simple :

- minimizarea numărului de orientări ale dispozitivului de prehensiune în scopul reducerii numărului de cuple cinematice necesare și în general a gradului de complexitate al robotului industrial; - reducerea la maximum a greutății obiectului manipulat; - reducerea volumului spațiului de lucru; - alegerea structurii cu cel mai scăzut consum energetic în scopul micșorării costurilor; - simplificarea sistemului de programare; (de exemplu alegerea sistemului punct cu punct în locul controlului continuu al traiectoriei, acolo unde este posibil); - minimizarea numărului de senzori; - folosirea la maximum a posibilităților existente în scopul reducerii costului robotului și a timpului necesar îndeplinirii misiunii.

Partea I – Sisteme mecatronice seriale

Geometria și cinematica directă la sistemele MP-3R

Cinematica manipulatoarelor și roboților seriali se va exemplifica pentru modelul cinematic 3R (vezi figura 01), sistem cu dificultate medie, ideal pentru înțelegerea fenomenului propriuzis dar și pentru precizarea cunoștințelor de bază necesare antamării calculelor și pentru sisteme mai simple și sau mai complexe.

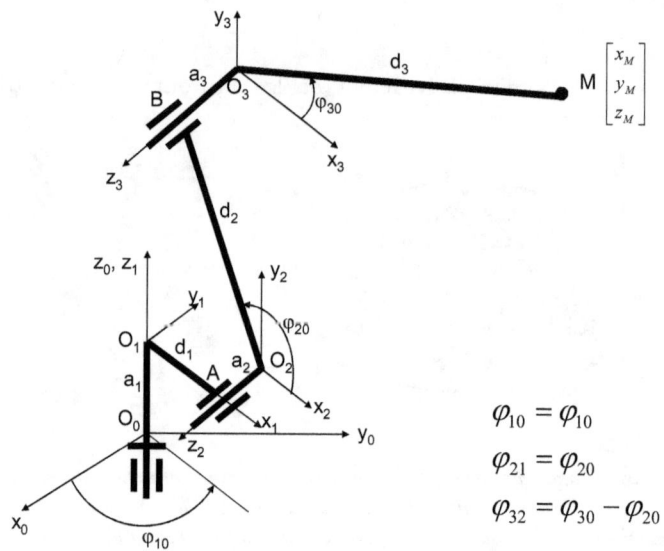

Fig. 1. Geometria și cinematica unui MP-3R

Sistemul fix de coordonate a fost notat cu $x_0O_0y_0z_0$. Sistemele mobile legate (rigidizate) de cele trei elemente mobile (1, 2, 3) au indicii 1, 2 respectiv 3. Orientarea lor a fost aleasă convenabil dar se puteau alege și alte orientări. Parametrii cinematici cunoscuți (de intrare) în cinematica directă sunt unghiurile de rotație absolută a celor trei elemente mobile: φ_{10}, φ_{20}, φ_{30}, unghiuri legate de rotația celor trei actuatori (motoare electrice) montați în cuplele cinematice de rotație. Parametrii de determinat (de ieșire) sunt cele trei coordonate absolute x_M, y_M, z_M ale punctului M, adică parametrii cinematici (coordonatele) endeffectorului (elementului de acționare (final), care poate fi o mână de apucat, un vârf de lipit, vopsit, tăiat, etc...).

Pentru început se scrie matricea vector (A_{01}) de schimbare a coordonatelor originii sistemului de coordonate, prin translatarea din O_0 în O_1, axele rămân paralele cu ele însăși în permanență:

$$A_{01} = \begin{bmatrix} 0 \\ 0 \\ a_1 \end{bmatrix} \qquad (1)$$

În continuare se scrie matricea T_{01} de rotație a sistemului $x_1O_1y_1z_1$ față de sistemul $x_0O_0y_0z_0$, (aceasta este o matrice pătrată 3x3).

$$T_{01} = \begin{bmatrix} \alpha_x & \beta_x & \gamma_x \\ \alpha_y & \beta_y & \gamma_y \\ \alpha_z & \beta_z & \gamma_z \end{bmatrix} = \begin{bmatrix} \cos\varphi_{10} & -\sin\varphi_{10} & 0 \\ \sin\varphi_{10} & \cos\varphi_{10} & 0 \\ 0 & 0 & 1 \end{bmatrix} \qquad (2)$$

Pe prima coloană (aparținând coordonatelor lui O_1x_1) se trec coordonatele versorului lui O_1x_1 față de axele vechiului sistem $x_0O_0y_0z_0$; practic e vorba de proiecțiile versorului lui O_1x_1 pe axele vechiului sistem $x_0O_0y_0z_0$ de coordonate translatat în O_1 (dar nerotit; apare astfel doar rotația efectivă, fără translație).

$$\begin{bmatrix} \alpha_x \\ \alpha_y \\ \alpha_z \end{bmatrix} \qquad (3)$$

Pe a doua coloană a matricei T_{01} se trec coordonatele versorului axei O_1y_1 față de axele vechiului sistem $x_0O_0y_0z_0$ translatat în O_1 fără rotație (practic e vorba de coordonatele acestui versor față de vechile axe de referință translatate dar nerotite).

$$\begin{bmatrix} \beta_x \\ \beta_y \\ \beta_z \end{bmatrix} \qquad (4)$$

Pe a treia coloană a matricei T_{01} se trec coordonatele versorului axei O_1z_1 față de axele vechiului sistem $x_0O_0y_0z_0$ translatat în O_1 fără rotație (practic e vorba de coordonatele acestui versor față de vechile axe de referință translatate dar nerotite).

$$\begin{bmatrix} \gamma_x \\ \gamma_y \\ \gamma_z \end{bmatrix} \qquad (5)$$

În cazul ales, versorul lui O_1x_1 (versorul are întotdeauna modulul 1) are față de vechiul sistem de axe $x_0O_0y_0z_0$ translatat în O_1 fără rotație următoarele coordonate:

$$\begin{bmatrix} \alpha_x = 1 \cdot \cos\varphi_{10} = \cos\varphi_{10} \\ \alpha_y = 1 \cdot \sin\varphi_{10} = \sin\varphi_{10} \\ \alpha_z = 1 \cdot \cos 90^0 = 1 \cdot 0 = 0 \end{bmatrix} \quad (6)$$

Versorul lui O_1y_1 are față de vechiul sistem de axe $x_0O_0y_0z_0$ translatat în O_1 fără rotație următoarele coordonate:

$$\begin{bmatrix} \beta_x = -1 \cdot \sin\varphi_{10} = -\sin\varphi_{10} \\ \beta_y = 1 \cdot \cos\varphi_{10} = \cos\varphi_{10} \\ \beta_z = 1 \cdot \cos 90^0 = 1 \cdot 0 = 0 \end{bmatrix} \quad (7)$$

Versorul lui O_1z_1 are față de vechiul sistem de axe $x_0O_0y_0z_0$ translatat în O_1 fără rotație următoarele coordonate:

$$\begin{bmatrix} \gamma_x = 1 \cdot \cos 90^0 = 1 \cdot 0 = 0 \\ \gamma_y = 1 \cdot \cos 90^0 = 1 \cdot 0 = 0 \\ \gamma_z = 1 \cdot \cos 0^0 = 1 \cdot 1 = 1 \end{bmatrix} \quad (8)$$

A se vedea matricea T_{01} obținută (relația 2).

Trecerea de la sistemul $x_1O_1y_1z_1$ la sistemul de coordonate $x_2O_2y_2z_2$ se face în două etape distincte. Prima este o translație a întregului sistem astfel încât (axele fiind paralele cu ele însăși) central O_1 să se deplaseze în O_2; apoi urmează etapa a doua în care are loc o rotație a sistemului axele rotindu-se iar centrul O rămânând în permanență fix. Translația sistemului de la 1 la 2 se marchează prin matricea de tip vector coloană A_{12}.

$$A_{12} = \begin{bmatrix} d_1 \\ a_2 \\ 0 \end{bmatrix} \quad (9)$$

Pe vechea axă O_1x_1, O_2 s-a translatat cu d_1, pe axa O_1y_1, O_2 s-a translatat cu a_2, iar pe axa O_1z_1, O_2 nu a suferit nici o translație.

Versorul lui O_2x_2 are față de sistemul $x_1O_1y_1z_1$ (translatat, dar nu și rotit) coordonatele:

$$\alpha_x = 1; \quad \alpha_y = 0; \quad \alpha_z = 0 \quad (10)$$

Versorul lui O_2y_2 are față de sistemul $x_1O_1y_1z_1$ translatat în O_2 (nu și rotit) coordonatele:

$$\beta_x = 0; \quad \beta_y = 0; \quad \beta_z = 1 \tag{11}$$

Deoarece acum O_2y_2 a luat locul axei O_1z_1.

Versorul lui O_2z_2 are față de sistemul $x_1O_1y_1z_1$ translatat în O_2 (nu și rotit) coordonatele:

$$\gamma_x = 0; \quad \gamma_y = -1; \quad \gamma_z = 0 \tag{12}$$

Deoarece axa O_2z_2 a luat locul axei O_1y_1 fiind însă de sens opus ei.

Matricea pătrată de transfer (de rotație) se scrie:

$$T_{12} = \begin{bmatrix} \alpha_x & \beta_x & \gamma_x \\ \alpha_y & \beta_y & \gamma_y \\ \alpha_z & \beta_z & \gamma_z \end{bmatrix} = \begin{bmatrix} 1 & 0 & 0 \\ 0 & 0 & -1 \\ 0 & 1 & 0 \end{bmatrix} \tag{13}$$

Trecerea de la sistemul $x_2O_2y_2z_2$ la sistemul de coordonate $x_3O_3y_3z_3$ se face tot în două etape distinct, o translație și o rotație.

O_2 translatează în O_3 (axele păstrându-se paralele cu ele însăși).

$$A_{23} = \begin{bmatrix} d_2 \cdot \cos \varphi_{20} \\ d_2 \cdot \sin \varphi_{20} \\ -a_3 \end{bmatrix} \tag{14}$$

Apoi O_3 stă pe loc și axele se rotesc. Versorul lui O_3x_3 are față de sistemul de axe $x_2O_2y_2z_2$ translatat în O_3 (nerotit) coordonatele α:

$$\alpha_x = 1; \quad \alpha_y = 0; \quad \alpha_z = 0 \tag{15}$$

Versorul lui O_3y_3 are față de sistemul de axe $x_2O_2y_2z_2$ translatat în O_3 (nerotit) coordonatele β:

$$\beta_x = 0; \quad \beta_y = 1; \quad \beta_z = 0 \tag{16}$$

Versorul lui O_3z_3 are față de sistemul de axe $x_2O_2y_2z_2$ translatat în O_3 (nerotit) coordonatele γ:

$$\gamma_x = 0; \quad \gamma_y = 0; \quad \gamma_z = 1 \qquad (17)$$

Practic sistemul $x_3O_3y_3z_3$ nu s-a rotit absolut deloc față de sistemul $x_2O_2y_2z_2$ (de la 2 la 3 a avut loc doar o translație). Matricea de rotație în acest caz este matricea unitate.

$$T_{23} = \begin{bmatrix} \alpha_x & \beta_x & \gamma_x \\ \alpha_y & \beta_y & \gamma_y \\ \alpha_z & \beta_z & \gamma_z \end{bmatrix} = \begin{bmatrix} 1 & 0 & 0 \\ 0 & 1 & 0 \\ 0 & 0 & 1 \end{bmatrix} \qquad (18)$$

Matricea vector (coloană) care poziționează punctul M în sistemul de coordonate $x_3O_3y_3z_3$ se scrie:

$$X_{3M} = \begin{bmatrix} x_{3M} \\ y_{3M} \\ z_{3M} \end{bmatrix} = \begin{bmatrix} d_3 \cdot \cos \varphi_{30} \\ d_3 \cdot \sin \varphi_{30} \\ 0 \end{bmatrix} \qquad (19)$$

Coordonatele punctului M în sistemul (2) $x_2O_2y_2z_2$ (adică față de el) se obțin printr-o transformare matriceală de forma:

$$X_{2M} = A_{23} + T_{23} \cdot X_{3M} \qquad (20)$$

Se efectuează întâi produsul matricelor:

$$T_{23} \cdot X_{3M} = \begin{bmatrix} 1 & 0 & 0 \\ 0 & 1 & 0 \\ 0 & 0 & 1 \end{bmatrix} \cdot \begin{bmatrix} d_3 \cdot \cos \varphi_{30} \\ d_3 \cdot \sin \varphi_{30} \\ 0 \end{bmatrix} = \begin{bmatrix} d_3 \cdot \cos \varphi_{30} \\ d_3 \cdot \sin \varphi_{30} \\ 0 \end{bmatrix} \qquad (21)$$

Se calculează apoi X_{2M}.

$$X_{2M} = A_{23} + T_{23} \cdot X_{3M} = \begin{bmatrix} d_2 \cdot \cos \varphi_{20} \\ d_2 \cdot \sin \varphi_{20} \\ -a_3 \end{bmatrix} + \begin{bmatrix} d_3 \cdot \cos \varphi_{30} \\ d_3 \cdot \sin \varphi_{30} \\ 0 \end{bmatrix} =$$

$$= \begin{bmatrix} d_2 \cdot \cos \varphi_{20} + d_3 \cdot \cos \varphi_{30} \\ d_2 \cdot \sin \varphi_{20} + d_3 \cdot \sin \varphi_{30} \\ -a_3 \end{bmatrix} \tag{22}$$

Coordonatele punctului M în (față de) sistemul (1) $x_1 O_1 y_1 z_1$ se obțin astfel:

$$X_{1M} = A_{12} + T_{12} \cdot X_{2M} \tag{23}$$

$$T_{12} \cdot X_{2M} = \begin{bmatrix} 1 & 0 & 0 \\ 0 & 0 & -1 \\ 0 & 1 & 0 \end{bmatrix} \cdot \begin{bmatrix} d_2 \cdot \cos \varphi_{20} + d_3 \cdot \cos \varphi_{30} \\ d_2 \cdot \sin \varphi_{20} + d_3 \cdot \sin \varphi_{30} \\ -a_3 \end{bmatrix} =$$

$$= \begin{bmatrix} d_2 \cdot \cos \varphi_{20} + d_3 \cdot \cos \varphi_{30} \\ a_3 \\ d_2 \cdot \sin \varphi_{20} + d_3 \cdot \sin \varphi_{30} \end{bmatrix} \tag{24}$$

$$X_{1M} = A_{12} + T_{12} \cdot X_{2M} = \begin{bmatrix} d_1 \\ a_2 \\ 0 \end{bmatrix} + \begin{bmatrix} d_2 \cdot \cos \varphi_{20} + d_3 \cdot \cos \varphi_{30} \\ a_3 \\ d_2 \cdot \sin \varphi_{20} + d_3 \cdot \sin \varphi_{30} \end{bmatrix} =$$

$$= \begin{bmatrix} d_1 + d_2 \cdot \cos \varphi_{20} + d_3 \cdot \cos \varphi_{30} \\ a_2 + a_3 \\ d_2 \cdot \sin \varphi_{20} + d_3 \cdot \sin \varphi_{30} \end{bmatrix} \tag{25}$$

Coordonatele punctului M în sistemul fix $x_0O_0y_0z_0$ se scriu:

$$X_{0M} = A_{01} + T_{01} \cdot X_{1M} \tag{26}$$

$$T_{01} \cdot X_{1M} = \begin{bmatrix} \cos\varphi_{10} & -\sin\varphi_{10} & 0 \\ \sin\varphi_{10} & \cos\varphi_{10} & 0 \\ 0 & 0 & 1 \end{bmatrix} \cdot \begin{bmatrix} d_1 + d_2 \cdot \cos\varphi_{20} + d_3 \cdot \cos\varphi_{30} \\ a_2 + a_3 \\ d_2 \cdot \sin\varphi_{20} + d_3 \cdot \sin\varphi_{30} \end{bmatrix} \tag{27}$$

$$T_{01} \cdot X_{1M} = \begin{bmatrix} (d_1 + d_2 \cdot \cos\varphi_{20} + d_3 \cdot \cos\varphi_{30}) \cdot \cos\varphi_{10} - (a_2 + a_3) \cdot \sin\varphi_{10} \\ (d_1 + d_2 \cdot \cos\varphi_{20} + d_3 \cdot \cos\varphi_{30}) \cdot \sin\varphi_{10} + (a_2 + a_3) \cdot \cos\varphi_{10} \\ d_2 \cdot \sin\varphi_{20} + d_3 \cdot \sin\varphi_{30} \end{bmatrix} \tag{27'}$$

$$X_{0M} = A_{01} + T_{01} \cdot X_{1M} =$$
$$= \begin{bmatrix} 0 \\ 0 \\ a_1 \end{bmatrix} + \begin{bmatrix} (d_1 + d_2 \cdot \cos\varphi_{20} + d_3 \cdot \cos\varphi_{30}) \cdot \cos\varphi_{10} - (a_2 + a_3) \cdot \sin\varphi_{10} \\ (d_1 + d_2 \cdot \cos\varphi_{20} + d_3 \cdot \cos\varphi_{30}) \cdot \sin\varphi_{10} + (a_2 + a_3) \cdot \cos\varphi_{10} \\ d_2 \cdot \sin\varphi_{20} + d_3 \cdot \sin\varphi_{30} \end{bmatrix} = \tag{28}$$
$$= \begin{bmatrix} (d_1 + d_2 \cdot \cos\varphi_{20} + d_3 \cdot \cos\varphi_{30}) \cdot \cos\varphi_{10} - (a_2 + a_3) \cdot \sin\varphi_{10} \\ (d_1 + d_2 \cdot \cos\varphi_{20} + d_3 \cdot \cos\varphi_{30}) \cdot \sin\varphi_{10} + (a_2 + a_3) \cdot \cos\varphi_{10} \\ a_1 + d_2 \cdot \sin\varphi_{20} + d_3 \cdot \sin\varphi_{30} \end{bmatrix}$$

X_{0M} se pune sub forma:

$$X_{0M} = \begin{bmatrix} x_M \\ y_M \\ z_M \end{bmatrix} = \tag{29}$$

$$\begin{bmatrix} d_1 \cdot \cos\varphi_{10} - a_2 \cdot \sin\varphi_{10} + d_2 \cdot \cos\varphi_{20} \cdot \cos\varphi_{10} - a_3 \cdot \sin\varphi_{10} + d_3 \cdot \cos\varphi_{30} \cdot \cos\varphi_{10} \\ d_1 \cdot \sin\varphi_{10} + a_2 \cdot \cos\varphi_{10} + d_2 \cdot \cos\varphi_{20} \cdot \sin\varphi_{10} + a_3 \cdot \cos\varphi_{10} + d_3 \cdot \cos\varphi_{30} \cdot \sin\varphi_{10} \\ a_1 + d_2 \cdot \sin\varphi_{20} + d_3 \cdot \sin\varphi_{30} \end{bmatrix}$$

Aceleași calcule vor fi urmărite în continuare printr-o metodă directă, având în vedere calculele matriciale.

$$X_{0M} = A_{01} + T_{01} \cdot X_{1M} = A_{01} + T_{01} \cdot (A_{12} + T_{12} \cdot X_{2M}) =$$
$$= A_{01} + T_{01} \cdot A_{12} + T_{01} \cdot T_{12} \cdot X_{2M} = A_{01} + T_{01} \cdot A_{12} + T_{01} \cdot T_{12} \cdot (A_{23} + T_{23} \cdot X_{3M}) = \quad (30)$$
$$= A_{01} + T_{01} \cdot A_{12} + T_{01} \cdot T_{12} \cdot A_{23} + T_{01} \cdot T_{12} \cdot T_{23} \cdot X_{3M}$$

Se reține relația:

$$X_{0M} = A_{01} + T_{01} \cdot A_{12} + T_{01} \cdot T_{12} \cdot A_{23} + T_{01} \cdot T_{12} \cdot T_{23} \cdot X_{3M} \quad (30')$$

Se efectuează produsele matriciale din expresia (30') aceasta rămânând sub forma unei sume de matrice.

$$T_{01} \cdot A_{12} = \begin{bmatrix} \cos\varphi_{10} & -\sin\varphi_{10} & 0 \\ \sin\varphi_{10} & \cos\varphi_{10} & 0 \\ 0 & 0 & 1 \end{bmatrix} \cdot \begin{bmatrix} d_1 \\ a_2 \\ 0 \end{bmatrix} = \begin{bmatrix} d_1 \cdot \cos\varphi_{10} - a_2 \cdot \sin\varphi_{10} \\ d_1 \cdot \sin\varphi_{10} + a_2 \cdot \cos\varphi_{10} \\ 0 \end{bmatrix} \quad (31)$$

$$T_{01} \cdot T_{12} = \begin{bmatrix} \cos\varphi_{10} & -\sin\varphi_{10} & 0 \\ \sin\varphi_{10} & \cos\varphi_{10} & 0 \\ 0 & 0 & 1 \end{bmatrix} \cdot \begin{bmatrix} 1 & 0 & 0 \\ 0 & 0 & -1 \\ 0 & 1 & 0 \end{bmatrix} = \begin{bmatrix} \cos\varphi_{10} & 0 & \sin\varphi_{10} \\ \sin\varphi_{10} & 0 & -\cos\varphi_{10} \\ 0 & 1 & 0 \end{bmatrix} \quad (32)$$

$$T_{01} \cdot T_{12} \cdot A_{23} = \begin{bmatrix} \cos\varphi_{10} & 0 & \sin\varphi_{10} \\ \sin\varphi_{10} & 0 & -\cos\varphi_{10} \\ 0 & 1 & 0 \end{bmatrix} \cdot \begin{bmatrix} d_2 \cdot \cos\varphi_{20} \\ d_2 \cdot \sin\varphi_{20} \\ -a_3 \end{bmatrix} =$$
$$= \begin{bmatrix} d_2 \cdot \cos\varphi_{10} \cdot \cos\varphi_{20} - a_3 \cdot \sin\varphi_{10} \\ d_2 \cdot \sin\varphi_{10} \cdot \cos\varphi_{20} + a_3 \cdot \cos\varphi_{10} \\ d_2 \cdot \sin\varphi_{20} \end{bmatrix} \quad (33)$$

$$T_{01} \cdot T_{12} \cdot T_{23} = \begin{bmatrix} \cos\varphi_{10} & 0 & \sin\varphi_{10} \\ \sin\varphi_{10} & 0 & -\cos\varphi_{10} \\ 0 & 1 & 0 \end{bmatrix} \cdot \begin{bmatrix} 1 & 0 & 0 \\ 0 & 1 & 0 \\ 0 & 0 & 1 \end{bmatrix} =$$

$$= \begin{bmatrix} \cos\varphi_{10} & 0 & \sin\varphi_{10} \\ \sin\varphi_{10} & 0 & -\cos\varphi_{10} \\ 0 & 1 & 0 \end{bmatrix} \quad (34)$$

$$T_{01} \cdot T_{12} \cdot T_{23} \cdot X_{3M} = \begin{bmatrix} \cos\varphi_{10} & 0 & \sin\varphi_{10} \\ \sin\varphi_{10} & 0 & -\cos\varphi_{10} \\ 0 & 1 & 0 \end{bmatrix} \cdot \begin{bmatrix} d_3 \cdot \cos\varphi_{30} \\ d_3 \cdot \sin\varphi_{30} \\ 0 \end{bmatrix} =$$

$$= \begin{bmatrix} d_3 \cdot \cos\varphi_{10} \cdot \cos\varphi_{30} \\ d_3 \cdot \sin\varphi_{10} \cdot \cos\varphi_{30} \\ d_3 \cdot \sin\varphi_{30} \end{bmatrix} \quad (35)$$

$$X_{0M} = \begin{bmatrix} 0 \\ 0 \\ a_1 \end{bmatrix} + \begin{bmatrix} d_1 \cdot \cos\varphi_{10} - a_2 \cdot \sin\varphi_{10} \\ d_1 \cdot \sin\varphi_{10} + a_2 \cdot \cos\varphi_{10} \\ 0 \end{bmatrix} + \begin{bmatrix} d_2 \cdot \cos\varphi_{10} \cdot \cos\varphi_{20} - a_3 \cdot \sin\varphi_{10} \\ d_2 \cdot \sin\varphi_{10} \cdot \cos\varphi_{20} + a_3 \cdot \cos\varphi_{10} \\ d_2 \cdot \sin\varphi_{20} \end{bmatrix} +$$

$$+ \begin{bmatrix} d_3 \cdot \cos\varphi_{10} \cdot \cos\varphi_{30} \\ d_3 \cdot \sin\varphi_{10} \cdot \cos\varphi_{30} \\ d_3 \cdot \sin\varphi_{30} \end{bmatrix} = \begin{bmatrix} x_M \\ y_M \\ z_M \end{bmatrix} = \quad (36)$$

$$= \begin{bmatrix} d_1 \cdot \cos\varphi_{10} - a_2 \cdot \sin\varphi_{10} + d_2 \cdot \cos\varphi_{20} \cdot \cos\varphi_{10} - a_3 \cdot \sin\varphi_{10} + d_3 \cdot \cos\varphi_{30} \cdot \cos\varphi_{10} \\ d_1 \cdot \sin\varphi_{10} + a_2 \cdot \cos\varphi_{10} + d_2 \cdot \cos\varphi_{20} \cdot \sin\varphi_{10} + a_3 \cdot \cos\varphi_{10} + d_3 \cdot \cos\varphi_{30} \cdot \sin\varphi_{10} \\ a_1 + d_2 \cdot \sin\varphi_{20} + d_3 \cdot \sin\varphi_{30} \end{bmatrix}$$

Prin cinematica directă se obțin coordonatele carteziene x_M, y_M, z_M ale punctului M (endeffectorul) în funcție de cele trei deplasări unghiulare independente φ_{10}, φ_{20}, φ_{30}, obținute cu ajutorul actuatorilor.

$$\begin{cases} x_M = f_x(\varphi_{10},\ \varphi_{20},\ \varphi_{30}) \\ y_M = f_y(\varphi_{10},\ \varphi_{20},\ \varphi_{30}) \\ z_M = f_z(\varphi_{10},\ \varphi_{20},\ \varphi_{30}) \end{cases} \quad (37)$$

$$\begin{cases} x_M = d_1 \cdot \cos\varphi_{10} - a_2 \cdot \sin\varphi_{10} + d_2 \cdot \cos\varphi_{20} \cdot \cos\varphi_{10} - a_3 \cdot \sin\varphi_{10} + d_3 \cdot \cos\varphi_{30} \cdot \cos\varphi_{10} \\ y_M = d_1 \cdot \sin\varphi_{10} + a_2 \cdot \cos\varphi_{10} + d_2 \cdot \cos\varphi_{20} \cdot \sin\varphi_{10} + a_3 \cdot \cos\varphi_{10} + d_3 \cdot \cos\varphi_{30} \cdot \sin\varphi_{10} \\ z_M = a_1 + d_2 \cdot \sin\varphi_{20} + d_3 \cdot \sin\varphi_{30} \end{cases} \quad (38)$$

Calculele se fac cu deplasările unghiulare absolute, dar deplasările actuatorilor nu coincid toate cu cele independente. Ele se determină astfel:

$$\begin{aligned} \varphi_{10} &= \varphi_{10} \\ \varphi_{21} &= \varphi_{20} \\ \varphi_{32} &= \varphi_{30} - \varphi_{20} \end{aligned} \quad (39)$$

Primele două rotații relative ale actuatorilor coincid cu rotațiile independente (utilizate în calcule), dar a treia rotație relativă a ultimului actuator se obține ca o diferență între două rotații absolute.

Vitezele și accelerațiile se obțin prin derivarea relațiilor (38) cu timpul.

Geometria și cinematica directă
la MP-3R cu ajutorul operatorilor 4x4

Cinematica manipulatoarelor și roboților seriali se va exemplifica pentru modelul cinematic 3R (vezi figura 01).

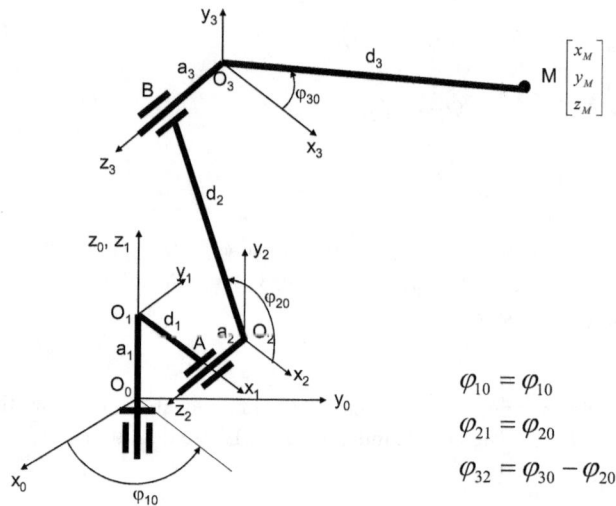

Fig. 1. Geometria și cinematica unui MP-3R

Sistemul fix de coordonate a fost notat cu $x_0O_0y_0z_0$. Sistemele mobile legate (rigidizate) de cele trei elemente mobile (1, 2, 3) au indicii 1, 2 respectiv 3. Orientarea lor a fost aleasă convenabil. Parametrii cinematici cunoscuți (de intrare) în cinematica directă sunt unghiurile de rotație absolută a celor trei elemente mobile: φ_{10}, φ_{20}, φ_{30}, unghiuri legate de rotația celor trei actuatori (motoare electrice) montați în cuplele cinematice de rotație. Parametrii de determinat (de ieșire) sunt cele trei coordonate absolute x_M, y_M, z_M ale punctului M, adică parametrii cinematici (coordonatele) endeffectorului (elementului de acționare (final), care poate fi o mână de apucat, un vârf de lipit, vopsit, tăiat, etc...).

Matricile 3x3 se transforma în 4x4 (e vorba de un operator matematic) prin adaugarea a doi vectori zero (formati din trei elemente 0), unul linie și altul coloană, și adăugarea și a unui element 1 pe diagonala principală (ultimul element). Matricea T_{01} îmbrăcată devine $T_{01}{}^4$.

$$T_{01} = \begin{bmatrix} \alpha_x & \beta_x & \gamma_x \\ \alpha_y & \beta_y & \gamma_y \\ \alpha_z & \beta_z & \gamma_z \end{bmatrix} = \begin{bmatrix} \cos\varphi_{10} & -\sin\varphi_{10} & 0 \\ \sin\varphi_{10} & \cos\varphi_{10} & 0 \\ 0 & 0 & 1 \end{bmatrix} \Rightarrow$$

$$\Rightarrow T_{01}^4 = \begin{bmatrix} \alpha_x & \beta_x & \gamma_x & 0 \\ \alpha_y & \beta_y & \gamma_y & 0 \\ \alpha_z & \beta_z & \gamma_z & 0 \\ 0 & 0 & 0 & 1 \end{bmatrix} = \begin{bmatrix} \cos\varphi_{10} & -\sin\varphi_{10} & 0 & 0 \\ \sin\varphi_{10} & \cos\varphi_{10} & 0 & 0 \\ 0 & 0 & 1 & 0 \\ 0 & 0 & 0 & 1 \end{bmatrix} \quad (1)$$

Matricea de tip vector coloană (formată din trei elemente) suferă o transformare minimă primind un al patrulea element de valoare fixă 1, pentru cazul utilizării ei doar la produse de matrice.

Forma comodă a matricii A_{12} este A_{12}^c.

$$A_{12} = \begin{bmatrix} d_1 \\ a_2 \\ 0 \end{bmatrix} \Rightarrow A_{12}^c = \begin{bmatrix} d_1 \\ a_2 \\ 0 \\ 1 \end{bmatrix} \quad (2)$$

Produsul rezultat este tot un vector coloană 4x1:

$$T_{01}^4 \cdot A_{12}^c = \begin{bmatrix} \cos\varphi_{10} & -\sin\varphi_{10} & 0 & 0 \\ \sin\varphi_{10} & \cos\varphi_{10} & 0 & 0 \\ 0 & 0 & 1 & 0 \\ 0 & 0 & 0 & 1 \end{bmatrix} \cdot \begin{bmatrix} d_1 \\ a_2 \\ 0 \\ 1 \end{bmatrix} = \begin{bmatrix} d_1 \cdot \cos\varphi_{10} - a_2 \cdot \sin\varphi_{10} \\ d_1 \cdot \sin\varphi_{10} + a_2 \cdot \cos\varphi_{10} \\ 0 \\ 1 \end{bmatrix} \quad (3)$$

Când matricile vector se înmulţesc este suficientă transformarea lor în operatorul matematic vector coloană 4x1. Dacă însă o matrice vector trebuie să se adune pentru transformarea sumei (din spaţiul cu 3 dimensiuni 3x3 ori 3x1) într-o operaţie de înmulţire (produs, în spaţiul cu 4 dimensiuni 4x4 sau 4x1) de matrici, nu se mai admit forme 4x1 ci doar 4x4.

$$T_{01}^4 \cdot T_{12}^4 = \begin{bmatrix} \cos\varphi_{10} & -\sin\varphi_{10} & 0 & 0 \\ \sin\varphi_{10} & \cos\varphi_{10} & 0 & 0 \\ 0 & 0 & 1 & 0 \\ 0 & 0 & 0 & 1 \end{bmatrix} \cdot \begin{bmatrix} 1 & 0 & 0 & 0 \\ 0 & 0 & -1 & 0 \\ 0 & 1 & 0 & 0 \\ 0 & 0 & 0 & 1 \end{bmatrix} = $$

$$= \begin{bmatrix} \cos\varphi_{10} & 0 & \sin\varphi_{10} & 0 \\ \sin\varphi_{10} & 0 & -\cos\varphi_{10} & 0 \\ 0 & 1 & 0 & 0 \\ 0 & 0 & 0 & 1 \end{bmatrix}$$

(4)

$$T_{01}^4 \cdot T_{12}^4 \cdot A_{23}^c = \begin{bmatrix} \cos\varphi_{10} & 0 & \sin\varphi_{10} & 0 \\ \sin\varphi_{10} & 0 & -\cos\varphi_{10} & 0 \\ 0 & 1 & 0 & 0 \\ 0 & 0 & 0 & 1 \end{bmatrix} \cdot \begin{bmatrix} d_2 \cdot \cos\varphi_{20} \\ d_2 \cdot \sin\varphi_{20} \\ -a_3 \\ 1 \end{bmatrix} = $$

$$= \begin{bmatrix} d_2 \cdot \cos\varphi_{10} \cdot \cos\varphi_{20} - a_3 \cdot \sin\varphi_{10} \\ d_2 \cdot \sin\varphi_{10} \cdot \sin\varphi_{20} + a_3 \cdot \cos\varphi_{10} \\ d_2 \cdot \sin\varphi_{20} \\ 1 \end{bmatrix}$$

(5)

$$T_{01}^4 \cdot T_{12}^4 \cdot T_{23}^4 = \begin{bmatrix} \cos\varphi_{10} & 0 & \sin\varphi_{10} & 0 \\ \sin\varphi_{10} & 0 & -\cos\varphi_{10} & 0 \\ 0 & 1 & 0 & 0 \\ 0 & 0 & 0 & 1 \end{bmatrix} \cdot \begin{bmatrix} 1 & 0 & 0 & 0 \\ 0 & 1 & 0 & 0 \\ 0 & 0 & 1 & 0 \\ 0 & 0 & 0 & 1 \end{bmatrix}$$

(6)

$$T_{01}^4 \cdot T_{12}^4 \cdot T_{23}^4 = \begin{bmatrix} \cos\varphi_{10} & 0 & \sin\varphi_{10} & 0 \\ \sin\varphi_{10} & 0 & -\cos\varphi_{10} & 0 \\ 0 & 1 & 0 & 0 \\ 0 & 0 & 0 & 1 \end{bmatrix} \qquad (6')$$

$$T_{01}^4 \cdot T_{12}^4 \cdot T_{23}^4 \cdot X_{3M}^c = \begin{bmatrix} \cos\varphi_{10} & 0 & \sin\varphi_{10} & 0 \\ \sin\varphi_{10} & 0 & -\cos\varphi_{10} & 0 \\ 0 & 1 & 0 & 0 \\ 0 & 0 & 0 & 1 \end{bmatrix} \cdot \begin{bmatrix} d_3 \cdot \cos\varphi_{30} \\ d_3 \cdot \sin\varphi_{30} \\ 0 \\ 1 \end{bmatrix} =$$

$$= \begin{bmatrix} d_3 \cdot \cos\varphi_{10} \cdot \cos\varphi_{30} \\ d_3 \cdot \sin\varphi_{10} \cdot \cos\varphi_{30} \\ d_3 \cdot \sin\varphi_{30} \\ 1 \end{bmatrix} \qquad (7)$$

Ne-am pregătit matricele necesare însumării, acum putem trece direct la adunarea lor în forma vectori coloană (3x1 sau 4x1). În acest fel se obține rezultatul final direct, iar operatorii cu care ne-am complicat nu mai folosesc la nimic (aparent). Vom folosi totuși forma cu operatori mai întâi pentru a vedea cum funcționează aceștia, iar apoi vom relua algoritmul în mod inteligent pentru a înțelege rolul operatorilor. Pentru a transforma adunarea în înmulțire (produs de matrice) prin operatori, trebuie obligatoriu să avem matrice 4x4. În acest caz fie că avem un produs, fie că e vorba de o sumă efectuăm produsul matricelor operatori 4x4 (deci utilizând matricele lărgite la 4x4 efectuăm numai produs de matrice indiferent dacă e vorba de o sumă în 3x3 sau de o înmulțire). O matrice vector 4x1 se scrie operațional 4x4 prin completarea matricei unitate 3x3 dedesuptul ei cu un vector zero linie 1x3 (0, 0, 0) iar la dreapta cu vectorul original 4x1.

La efectuarea sumei propriuzise lucrurile se complică iar la prima vedere această complicație pare inutilă, însă rolul ei este unul esențial (așa cum o să vedem mai târziu) pentru a putea lucra direct cu matrice de transfer. Acesta este rolul real al operatorilor.

Adunarea care trebuie efectuată este (între matricele operatori se pune semnul · în loc de +): $A_{01}^4 + (T_{01}^4 \cdot A_{12}^c)^4 + (T_{01}^4 \cdot T_{12}^4 \cdot A_{23}^c)^4 + (T_{01}^4 \cdot T_{12}^4 \cdot T_{23}^4 \cdot X_{3M}^c)^4$
(a se vedea relația (8):

$$A_{01}^4 + (T_{01}^4 \cdot A_{12}^c)^4 + (T_{01}^4 \cdot T_{12}^4 \cdot A_{23}^c)^4 + (T_{01}^4 \cdot T_{12}^4 \cdot T_{23}^4 \cdot X_{3M}^c)^4 =$$

$$= \begin{bmatrix} 1 & 0 & 0 & 0 \\ 0 & 1 & 0 & 0 \\ 0 & 0 & 1 & a_1 \\ 0 & 0 & 0 & 1 \end{bmatrix} \cdot \begin{bmatrix} 1 & 0 & 0 & (d_1 \cdot \cos\varphi_{10} - a_2 \cdot \sin\varphi_{10}) \\ 0 & 1 & 0 & (d_1 \cdot \sin\varphi_{10} + a_2 \cdot \cos\varphi_{10}) \\ 0 & 0 & 1 & 0 \\ 0 & 0 & 0 & 1 \end{bmatrix} \cdot$$

$$\cdot \begin{bmatrix} 1 & 0 & 0 & (d_2 \cdot \cos\varphi_{10} \cdot \cos\varphi_{20} - a_3 \cdot \sin\varphi_{10}) \\ 0 & 1 & 0 & (d_2 \cdot \sin\varphi_{10} \cdot \cos\varphi_{20} + a_3 \cdot \cos\varphi_{10}) \\ 0 & 0 & 1 & d_2 \cdot \sin\varphi_{20} \\ 0 & 0 & 0 & 1 \end{bmatrix} \cdot$$

$$\cdot \begin{bmatrix} 1 & 0 & 0 & (d_3 \cdot \cos\varphi_{10} \cdot \cos\varphi_{30}) \\ 0 & 1 & 0 & (d_3 \cdot \sin\varphi_{10} \cdot \cos\varphi_{30}) \\ 0 & 0 & 1 & d_3 \cdot \sin\varphi_{30} \\ 0 & 0 & 0 & 1 \end{bmatrix} = \begin{bmatrix} 1 & 0 & 0 & (d_1 \cdot \cos\varphi_{10} - a_2 \cdot \sin\varphi_{10}) \\ 0 & 1 & 0 & (d_1 \cdot \sin\varphi_{10} + a_2 \cdot \cos\varphi_{10}) \\ 0 & 0 & 1 & a_1 \\ 0 & 0 & 0 & 1 \end{bmatrix} \cdot$$

$$\cdot \begin{bmatrix} 1 & 0 & 0 & (d_2 \cdot \cos\varphi_{10} \cdot \cos\varphi_{20} - a_3 \cdot \sin\varphi_{10}) \\ 0 & 1 & 0 & (d_2 \cdot \sin\varphi_{10} \cdot \cos\varphi_{20} + a_3 \cdot \cos\varphi_{10}) \\ 0 & 0 & 1 & d_2 \cdot \sin\varphi_{20} \\ 0 & 0 & 0 & 1 \end{bmatrix} \begin{bmatrix} 1 & 0 & 0 & (d_3 \cdot \cos\varphi_{10} \cdot \cos\varphi_{30}) \\ 0 & 1 & 0 & (d_3 \cdot \sin\varphi_{10} \cdot \cos\varphi_{30}) \\ 0 & 0 & 1 & d_3 \cdot \sin\varphi_{30} \\ 0 & 0 & 0 & 1 \end{bmatrix} \quad (8)$$

Relația (8) continuă cu (8')

$$\begin{bmatrix} 1 & 0 & 0 & (d_1 \cdot \cos\varphi_{10} - a_2 \cdot \sin\varphi_{10} + d_2 \cdot \cos\varphi_{10} \cdot \cos\varphi_{20} - a_3 \cdot \sin\varphi_{10}) \\ 0 & 1 & 0 & (d_1 \cdot \sin\varphi_{10} + a_2 \cdot \cos\varphi_{10} + d_2 \cdot \sin\varphi_{10} \cdot \cos\varphi_{20} + a_3 \cdot \cos\varphi_{10}) \\ 0 & 0 & 1 & (a_1 + d_2 \cdot \sin\varphi_{20}) \\ 0 & 0 & 0 & 1 \end{bmatrix} \cdot$$

$$\cdot \begin{bmatrix} 1 & 0 & 0 & (d_3 \cdot \cos\varphi_{10} \cdot \cos\varphi_{30}) \\ 0 & 1 & 0 & (d_3 \cdot \sin\varphi_{10} \cdot \cos\varphi_{30}) \\ 0 & 0 & 1 & d_3 \cdot \sin\varphi_{30} \\ 0 & 0 & 0 & 1 \end{bmatrix} =$$

$$= \begin{bmatrix} 1 & 0 & 0 & (d_1 \cos\varphi_{10} - a_2 \sin\varphi_{10} + d_2 \cos\varphi_{10} \cos\varphi_{20} - a_3 \sin\varphi_{10} + d_3 \cos\varphi_{10} \cos\varphi_{30}) \\ 0 & 1 & 0 & (d_1 \sin\varphi_{10} + a_2 \cos\varphi_{10} + d_2 \sin\varphi_{10} \cos\varphi_{20} + a_3 \cos\varphi_{10} + d_3 \sin\varphi_{10} \cos\varphi_{30}) \\ 0 & 0 & 1 & (a_1 + d_2 \cdot \sin\varphi_{20} + d_3 \cdot \sin\varphi_{30}) \\ 0 & 0 & 0 & 1 \end{bmatrix} \quad (8')$$

În continuare se va determina pas cu pas matricea de transfer, de la stânga la dreapta sistemului, lucru care nu era posibil în sistemul 3x3. Relația (9) se scrie în forma (9'); se vede cum suma se transformă în produs datorită operatorilor 4x4, fapt ce ne permite efectuarea operației între matrici de la stânga la dreapta deoarece nu mai adunăm ci înmulțim.

$$X_{0M} = A_{01} + T_{01} \cdot X_{1M} \tag{9}$$

$$X_{0M}^4 = A_{01}^4 \cdot T_{01}^4 \cdot X_{1M}^4 = D_{01} \cdot X_{0M}^4 \tag{9'}$$

$$D_{01} = \begin{bmatrix} 1 & 0 & 0 & 0 \\ 0 & 1 & 0 & 0 \\ 0 & 0 & 1 & a_1 \\ 0 & 0 & 0 & 1 \end{bmatrix} \cdot \begin{bmatrix} \cos\varphi_{10} & -\sin\varphi_{10} & 0 & 0 \\ \sin\varphi_{10} & \cos\varphi_{10} & 0 & 0 \\ 0 & 0 & 1 & 0 \\ 0 & 0 & 0 & 1 \end{bmatrix} = \begin{bmatrix} \cos\varphi_{10} & -\sin\varphi_{10} & 0 & 0 \\ \sin\varphi_{10} & \cos\varphi_{10} & 0 & 0 \\ 0 & 0 & 1 & a_1 \\ 0 & 0 & 0 & 1 \end{bmatrix} \tag{10}$$

$$X_{1M} = A_{12} + T_{12} \cdot X_{2M}$$
$$X_{1M}^4 = A_{12}^4 \cdot T_{12}^4 \cdot X_{2M}^4 = D_{12} \cdot X_{2M}^4 \Rightarrow D_{12} = A_{12}^4 \cdot T_{12}^4 \tag{11}$$

$$D_{12} = \begin{bmatrix} 1 & 0 & 0 & d_1 \\ 0 & 1 & 0 & a_2 \\ 0 & 0 & 1 & 0 \\ 0 & 0 & 0 & 1 \end{bmatrix} \cdot \begin{bmatrix} 1 & 0 & 0 & 0 \\ 0 & 0 & -1 & 0 \\ 0 & 1 & 0 & 0 \\ 0 & 0 & 0 & 1 \end{bmatrix} = \begin{bmatrix} 1 & 0 & 0 & d_1 \\ 0 & 0 & -1 & a_2 \\ 0 & 1 & 0 & 0 \\ 0 & 0 & 0 & 1 \end{bmatrix} \quad (12)$$

Am găsit trecerile de la 0 la 1 și de la 1 la 2; în acest moment nu mergem mai departe până nu stabilim trecerea de la 0 la 2.

$$X^4_{0M} = D_{01} \cdot X^4_{1M} = D_{01} \cdot D_{12} \cdot X^4_{2M} = D_{02} \cdot X^4_{2M} \\ \Rightarrow D_{02} = D_{01} \cdot D_{12} \quad (13)$$

$$D_{02} = \begin{bmatrix} \cos\varphi_{10} & -\sin\varphi_{10} & 0 & 0 \\ \sin\varphi_{10} & \cos\varphi_{10} & 0 & 0 \\ 0 & 0 & 1 & a_1 \\ 0 & 0 & 0 & 1 \end{bmatrix} \cdot \begin{bmatrix} 1 & 0 & 0 & d_1 \\ 0 & 0 & -1 & a_2 \\ 0 & 1 & 0 & 0 \\ 0 & 0 & 0 & 1 \end{bmatrix} =$$

$$= \begin{bmatrix} \cos\varphi_{10} & 0 & \sin\varphi_{10} & (d_1\cos\varphi_{10} - a_2\sin\varphi_{10}) \\ \sin\varphi_{10} & 0 & -\cos\varphi_{10} & (d_1\sin\varphi_{10} + a_2\cos\varphi_{10}) \\ 0 & 1 & 0 & a_1 \\ 0 & 0 & 0 & 1 \end{bmatrix} \quad (14)$$

Acum se poate merge mai departe pe lanț pentru a determina D_{23}.

$$X_{2M} = A_{23} + T_{23} \cdot X_{3M} \quad \text{trece în}$$

$$X_{2M}^4 = A_{23}^4 \cdot T_{23}^4 \cdot X_{3M}^4 = D_{23} \cdot X_{3M}^4 \Rightarrow D_{23} = A_{23}^4 \cdot T_{23}^4 \qquad (15)$$

$$D_{23} = \begin{bmatrix} 1 & 0 & 0 & d_2\cos\varphi_{20} \\ 0 & 1 & 0 & d_2\sin\varphi_{20} \\ 0 & 0 & 1 & -a_3 \\ 0 & 0 & 0 & 1 \end{bmatrix} \cdot \begin{bmatrix} 1 & 0 & 0 & 0 \\ 0 & 1 & 0 & 0 \\ 0 & 0 & 1 & 0 \\ 0 & 0 & 0 & 1 \end{bmatrix} = \begin{bmatrix} 1 & 0 & 0 & d_2\cos\varphi_{20} \\ 0 & 1 & 0 & d_2\sin\varphi_{20} \\ 0 & 0 & 1 & -a_3 \\ 0 & 0 & 0 & 1 \end{bmatrix} \qquad (16)$$

Matricea de transfer intrare ieșire D_{03} se poate găsi acum cu ușurință.

$$X_{0M}^4 = D_{02} \cdot X_{2M}^4 = D_{02} \cdot D_{23} \cdot X_{3M}^4 = D_{03} \cdot X_{3M}^4 \Rightarrow D_{03} = D_{02} \cdot D_{23} \qquad (17)$$

$$D_{03} = \begin{bmatrix} \cos\varphi_{10} & 0 & \sin\varphi_{10} & (d_1\cos\varphi_{10} - a_2\sin\varphi_{10}) \\ \sin\varphi_{10} & 0 & -\cos\varphi_{10} & (d_1\sin\varphi_{10} + a_2\cos\varphi_{10}) \\ 0 & 1 & 0 & a_1 \\ 0 & 0 & 0 & 1 \end{bmatrix} \cdot \begin{bmatrix} 1 & 0 & 0 & d_2\cos\varphi_{20} \\ 0 & 1 & 0 & d_2\sin\varphi_{20} \\ 0 & 0 & 1 & -a_3 \\ 0 & 0 & 0 & 1 \end{bmatrix} =$$

$$= \begin{bmatrix} \cos\varphi_{10} & 0 & \sin\varphi_{10} & (d_2\cos\varphi_{10}\cos\varphi_{20} - a_3\sin\varphi_{10} + d_1\cos\varphi_{10} - a_2\sin\varphi_{10}) \\ \sin\varphi_{10} & 0 & -\cos\varphi_{10} & (d_2\sin\varphi_{10}\cos\varphi_{20} + a_3\cos\varphi_{10} + d_1\sin\varphi_{10} + a_2\cos\varphi_{10}) \\ 0 & 1 & 0 & (d_2\sin\varphi_{20} + a_1) \\ 0 & 0 & 0 & 1 \end{bmatrix} \qquad (18)$$

Formula (17) se poate utiliza simplificat, reducând matricele X (4x4) la forma vector coloană 4x1, deoarece practic nu mai avem decât o operație de înmulțire între matricea 4x4 de transfer D_{03} și vectorul X_{3M}; ca o observație (se pot utiliza ambele forme, dar nefiind necesară trecerea vectorilor X de tip 4x1 la forma matrice 4x4, e de preferat lucrul cu forma mai simplă).

$$X_{0M}^4 = D_{03} \cdot X_{3M}^4 \Rightarrow X_{0M}^c = D_{03} \cdot X_{3M}^c \tag{19}$$

$$X_{0M}^c = D_{03} \cdot X_{3M}^c \Rightarrow \begin{bmatrix} x_{0M} \\ y_{0M} \\ z_{0M} \\ 1 \end{bmatrix} = D_{03} \cdot \begin{bmatrix} x_{3M} \\ y_{3M} \\ z_{3M} \\ 1 \end{bmatrix} = D_{03} \cdot \begin{bmatrix} d_3 \cdot \cos\varphi_{30} \\ d_3 \cdot \sin\varphi_{30} \\ 0 \\ 1 \end{bmatrix} =$$

$$= \begin{bmatrix} d_3 \cos\varphi_{10} \cos\varphi_{30} + d_2 \cos\varphi_{10} \cos\varphi_{20} - a_3 \sin\varphi_{10} + d_1 \cos\varphi_{10} - a_2 \sin\varphi_{10} \\ d_3 \sin\varphi_{10} \cos\varphi_{30} + d_2 \sin\varphi_{10} \cos\varphi_{20} + a_3 \cos\varphi_{10} + d_1 \sin\varphi_{10} + a_2 \cos\varphi_{10} \\ d_3 \sin\varphi_{30} + d_2 \sin\varphi_{20} + a_1 \\ 1 \end{bmatrix} \tag{20}$$

Din vectorul X_{0M}^c de tip 4x1 se obține ușor vectorul X_{0M} de tip 3x1, care ne interesează efectiv, eliminând linia finală, adică elementul 1.

$$X_{0M} = \begin{bmatrix} d_3 \cos\varphi_{10} \cdot \cos\varphi_{30} + d_2 \cos\varphi_{10} \cdot \cos\varphi_{20} - a_3 \sin\varphi_{10} + d_1 \cos\varphi_{10} - a_2 \sin\varphi_{10} \\ d_3 \sin\varphi_{10} \cdot \cos\varphi_{30} + d_2 \sin\varphi_{10} \cdot \cos\varphi_{20} + a_3 \cos\varphi_{10} + d_1 \sin\varphi_{10} + a_2 \cos\varphi_{10} \\ d_3 \sin\varphi_{30} + d_2 \sin\varphi_{20} + a_1 \end{bmatrix} \tag{21}$$

Putem acum să scriem coordonatele punctului M luate fiecare separat, ca funcții de unghiurile de rotație independente, φ_{10}, φ_{20}, φ_{30} ale celor trei elemente mobile.

$$\begin{cases} x_M = d_3 \cos\varphi_{10} \cdot \cos\varphi_{30} + d_2 \cos\varphi_{10} \cdot \cos\varphi_{20} - \\ \quad - a_3 \sin\varphi_{10} + d_1 \cos\varphi_{10} - a_2 \sin\varphi_{10} \\ y_M = d_3 \sin\varphi_{10} \cdot \cos\varphi_{30} + d_2 \sin\varphi_{10} \cdot \cos\varphi_{20} + \\ \quad + a_3 \cos\varphi_{10} + d_1 \sin\varphi_{10} + a_2 \cos\varphi_{10} \\ z_M = d_3 \sin\varphi_{30} + d_2 \sin\varphi_{20} + a_1 \end{cases} \tag{22}$$

Geometria şi cinematica inversă la MP-3R

Cinematica inversă la manipulatoarele şi roboţii seriali se va exemplifica pentru modelul cinematic 3R (vezi figura 01). În cinematica inversă cunoaştem deja relaţiile de legătură directe (1) şi trebuie să determinăm relaţiile inverse, adică să determinăm rotaţiile independente φ_{10}, φ_{20}, φ_{30} ale celor trei elemente mobile,

în funcţie de parametrii cinematici impuşi endefectorului x_M, y_M, z_M, cunoscuţi (daţi, impuşi). Cu unghiurile independente determinate se vor afla apoi rotaţiile relative corespunzătoare deplasărilor celor trei motoraşe de acţionare din cuplele de rotaţie (deplasările actuatorilor).

$$\begin{cases} x_M = d_3 \cos\varphi_{10} \cdot \cos\varphi_{30} + d_2 \cos\varphi_{10} \cdot \cos\varphi_{20} - a_3 \sin\varphi_{10} + d_1 \cos\varphi_{10} - a_2 \sin\varphi_{10} \\ y_M = d_3 \sin\varphi_{10} \cdot \cos\varphi_{30} + d_2 \sin\varphi_{10} \cdot \cos\varphi_{20} + a_3 \cos\varphi_{10} + d_1 \sin\varphi_{10} + a_2 \cos\varphi_{10} \\ z_M = d_3 \sin\varphi_{30} + d_2 \sin\varphi_{20} + a_1 \end{cases} \quad (1)$$

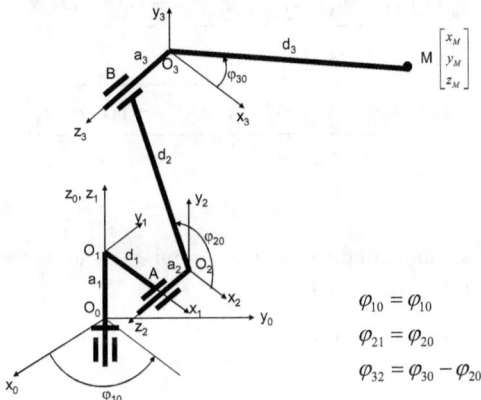

Fig. 1. Geometria şi cinematica unui MP-3R

Sistemul fix de coordonate a fost notat cu $x_0 O_0 y_0 z_0$. Sistemele mobile legate (rigidizate) de cele trei elemente mobile (1, 2, 3) au indicii 1, 2 respectiv 3. Orientarea lor a fost aleasă convenabil.

Sistemul (1) reprezintă un sistem transcedental de trei ecuaţii (1.1-1.3) cu trei necunoscute (φ_{10}, φ_{20}, φ_{30}) ce trebuiesc determinate; ecuaţiile sistemului 1 se rearanjează în forma care se poate vedea în sistemul (1').

$$\begin{cases} x_M = d_1 \cdot \cos\varphi_{10} - a_2 \cdot \sin\varphi_{10} + d_2 \cdot \cos\varphi_{20} \cdot \cos\varphi_{10} - a_3 \cdot \sin\varphi_{10} + d_3 \cdot \cos\varphi_{30} \cdot \cos\varphi_{10} (1.1) \\ y_M = d_1 \cdot \sin\varphi_{10} + a_2 \cdot \cos\varphi_{10} + d_2 \cdot \cos\varphi_{20} \cdot \sin\varphi_{10} + a_3 \cdot \cos\varphi_{10} + d_3 \cdot \cos\varphi_{30} \cdot \sin\varphi_{10} (1.2) \\ z_M = a_1 + d_2 \cdot \sin\varphi_{20} + d_3 \cdot \sin\varphi_{30} (1.3) \end{cases} \quad (1')$$

Se doreşte rezolvarea sistemului (1') în mod direct cu obţinerea de soluţii exacte independente.

Primul pas este înmulţirea ecuaţiei (1.1) cu $-\sin\varphi_{10}$ şi a relaţiei (1.2) cu $\cos\varphi_{10}$, după care se adună cele două expresii rezultate obţinându-se ecuaţia trigonometrică (2) care se rezolvă cu soluţiile (3), adică se determină pentru primul parametru independent φ_{10} valorile trigonometrice ale funcţiilor cosinus şi sinus de φ_{10}.

$$-x_M \cdot \sin\varphi_{10} + y_M \cdot \cos\varphi_{10} = a_2 + a_3 \qquad (2)$$

$$\begin{cases} \cos\varphi_{10} = \dfrac{(a_2 + a_3) \cdot y_M \pm x_M \cdot \sqrt{x_M^2 + y_M^2 - (a_2 + a_3)^2}}{x_M^2 + y_M^2} \\ \sin\varphi_{10} = \dfrac{-(a_2 + a_3) \cdot x_M \pm y_M \cdot \sqrt{x_M^2 + y_M^2 - (a_2 + a_3)^2}}{x_M^2 + y_M^2} \end{cases} \qquad (3)$$

Când vrem să obţinem direct valoarea unui unghi atunci când îi cunoaştem funcţiile sin şi cos, utilizăm expresia (4):

$$\varphi_{10} = \text{semn}(\sin\varphi_{10}) \cdot \arccos(\cos\varphi_{10}) \qquad (4)$$

Unghiul este dat direct de funcţia arccos, iar semnul lui sinus, care poate fi +1 sau -1, trimite unghiul în cadranul său, în semicercul de sus sau cel de jos.

La pasul următor înmulţim ecuaţia (1.1) cu $\cos\varphi_{10}$ şi relaţia (1.2) cu $\sin\varphi_{10}$, adunăm expresiile obţinute şi obţinem ecuaţia trigonometrică (5).

$$x_M \cdot \cos\varphi_{10} + y_M \cdot \sin\varphi_{10} - d_1 = d_2 \cdot \cos\varphi_{20} + d_3 \cdot \cos\varphi_{30} \qquad (5)$$

Aceasta împreună cu relaţia (1.3) formează sistemul (6) care generează ultimii parametri independenţi φ_{20} si φ_{30}.

$$\begin{cases} x_M \cdot \cos\varphi_{10} + y_M \cdot \sin\varphi_{10} - d_1 = d_2 \cdot \cos\varphi_{20} + d_3 \cdot \cos\varphi_{30} & (5) \\ z_M - a_1 = d_2 \cdot \sin\varphi_{20} + d_3 \cdot \sin\varphi_{30} & (1.3) \end{cases} \quad (6)$$

Cu notațiile (7) obținem pentru sistemul de ecuații (6) soluțiile directe și exacte (8); ecuațiile (6) capătă forma (6').

$$\begin{cases} C_1 = d_2 \cdot \cos\varphi_{20} + d_3 \cdot \cos\varphi_{30} & (5') \\ C_2 = d_2 \cdot \sin\varphi_{20} + d_3 \cdot \sin\varphi_{30} & (1.3') \end{cases} \quad (6')$$

Sistemul (6') se scrie sub forma (6'').

$$\begin{cases} C_1 - d_2 \cdot \cos\varphi_{20} = d_3 \cdot \cos\varphi_{30} & (5'') \\ C_2 - d_2 \cdot \sin\varphi_{20} = d_3 \cdot \sin\varphi_{30} & (1.3'') \end{cases} \quad (6'')$$

Ecuațiile (6") se ridică la pătrat fiecare în parte și apoi se adună, obținându-se expresia (6''').

$$K - 2 \cdot C_1 \cdot d_2 \cdot \cos\varphi_{20} = 2 \cdot C_2 \cdot d_2 \cdot \sin\varphi_{20} \quad (6''')$$

Expresia (6''') se ridică la pătrat și rezultă o ecuație de gradul doi în $\cos^2\varphi_{20}$ care generează soluțiile pentru $\cos\varphi_{20}$, iar pentru sin se schimbă forma ecuației (6''') termenii cu sin și cos permutând între ei, astfel încât după ridicarea expresiei la pătrat ecuația rămasă să fie în $\sin^2\varphi_{20}$ și generând astfel soluțiile pentru funcția sin.

Cu cele două expresii sin și cos se poate calcula exact valoarea unghiului, care va fi dată de arccos, și va prelua semicercul superior pentru un sinus pozitiv, și semicercul inferior pentru un semn al lui sinus negativ.

Algoritmul se poate relua și pentru unghiul φ_{30} în mod similar, punând sistemul (6") corespunzător (fac rocada $\cos\varphi_{20}$ cu $\cos\varphi_{30}$, iar $\sin\varphi_{20}$ cu $\sin\varphi_{30}$); urmează algoritmul descris mai sus prin ridicarea la pătrat, etc...

Pentru a fi mai siguri că toate soluțiile satisfac sistemul simultan, valorile funcțiilor trigonometrice pentru unghiul φ_{30} se extrag direct din sistemul (6"). Expresia lor depinde direct de valoarea unghiului calculat la pasul precedent (φ_{20}) dar toate valorile satisfac în mod sigur sistemul din care au fost deduse.

$$\begin{cases} C_1 = x_M \cdot \cos\varphi_{10} + y_M \cdot \sin\varphi_{10} - d_1 \\ C_2 = z_M - a_1 \\ k = C_1^2 + C_2^2 + d_2^2 - d_3^2 \end{cases} \quad (7)$$

$$\begin{cases} \cos\varphi_{20} = \dfrac{k \cdot C_1 \pm C_2 \cdot \sqrt{4 \cdot C_1^2 \cdot d_2^2 + 4 \cdot C_2^2 \cdot d_2^2 - k^2}}{2 \cdot (C_1^2 + C_2^2) \cdot d_2} \\ \sin\varphi_{20} = \dfrac{k \cdot C_2 \mp C_1 \cdot \sqrt{4 \cdot C_1^2 \cdot d_2^2 + 4 \cdot C_2^2 \cdot d_2^2 - k^2}}{2 \cdot (C_1^2 + C_2^2) \cdot d_2} \\ \varphi_{20} = semn(\sin\varphi_{20}) \cdot \arccos(\cos\varphi_{20}) \\ \cos\varphi_{30} = \dfrac{C_1 - d_2 \cdot \cos\varphi_{20}}{d_3} \\ \sin\varphi_{30} = \dfrac{C_2 - d_2 \cdot \sin\varphi_{20}}{d_3} \\ \varphi_{30} = semn(\sin\varphi_{30}) \cdot \arccos(\cos\varphi_{30}) \end{cases} \quad (8)$$

Determinarea vitezelor unghiulare ale actuatorilor

$$-x_M \cdot \sin\varphi_{10} + y_M \cdot \cos\varphi_{10} = a_2 + a_3 \quad (2)$$

Derivăm ecuația (2) și obținem relația (9).

$$\begin{aligned} &-\dot{x}_M \cdot \sin\varphi_{10} - x_M \cdot \cos\varphi_{10} \cdot \omega_{10} + \\ &+ \dot{y}_M \cdot \cos\varphi_{10} - y_M \cdot \sin\varphi_{10} \cdot \omega_{10} = 0 \end{aligned} \quad (9)$$

Ecuația (9) se aranjează în forma (10):

$$\begin{aligned} (x_M \cdot \cos\varphi_{10} + y_M \cdot \sin\varphi_{10}) \cdot \omega_{10} = \\ = \dot{y}_M \cdot \cos\varphi_{10} - \dot{x}_M \cdot \sin\varphi_{10} \end{aligned} \quad (10)$$

Viteza unghiulară a primului actuator are expresia (11):

$$\omega_{10} = \frac{\dot{y}_M \cdot \cos\varphi_{10} - \dot{x}_M \cdot \sin\varphi_{10}}{x_M \cdot \cos\varphi_{10} + y_M \cdot \sin\varphi_{10}} \quad (11)$$

Din sistemul (6") derivat obținem vitezele unghiulare ale celorlalți doi actuatori. Se derivează (6") și rezultă sistemul (12).

$$\begin{cases} C_1 - d_2 \cdot \cos\varphi_{20} = d_3 \cdot \cos\varphi_{30} \quad (5'') \\ C_2 - d_2 \cdot \sin\varphi_{20} = d_3 \cdot \sin\varphi_{30} \quad (1.3'') \end{cases} \quad (6")$$

$$\begin{cases} \dot{C}_1 + d_2 \cdot \sin\varphi_{20} \cdot \omega_{20} = -d_3 \cdot \sin\varphi_{30} \cdot \omega_{30} \\ \dot{C}_2 - d_2 \cdot \cos\varphi_{20} \cdot \omega_{20} = d_3 \cdot \cos\varphi_{30} \cdot \omega_{30} \end{cases} \quad (12)$$

Înmulțim prima relație a sistemului (12) cu $\cos\varphi_{30}$ iar pe a doua cu $\sin\varphi_{30}$, după care adunăm relațiile rezultate și obținem expresia (13):

$$\begin{aligned} &\dot{C}_1 \cdot \cos\varphi_{30} + \dot{C}_2 \cdot \sin\varphi_{30} + d_2 \cdot \sin\varphi_{20} \cdot \cos\varphi_{30} \cdot \omega_{20} - \\ &- d_2 \cdot \sin\varphi_{30} \cdot \cos\varphi_{20} \cdot \omega_{20} = \\ &= -d_3 \cdot \sin\varphi_{30} \cdot \cos\varphi_{30} \cdot \omega_{30} + d_3 \cdot \sin\varphi_{30} \cdot \cos\varphi_{30} \cdot \omega_{30} \end{aligned} \quad (13)$$

Relația (13) se scrie sub forma (14).

$$\begin{aligned} &\dot{C}_1 \cdot \cos\varphi_{30} + \dot{C}_2 \cdot \sin\varphi_{30} + d_2 \cdot \sin\varphi_{20} \cdot \cos\varphi_{30} \cdot \omega_{20} - \\ &- d_2 \cdot \sin\varphi_{30} \cdot \cos\varphi_{20} \cdot \omega_{20} = 0 \end{aligned} \quad (14)$$

Relația (14) se pune sub forma (15).

$$\dot{C}_1 \cdot \cos\varphi_{30} + \dot{C}_2 \cdot \sin\varphi_{30} + d_2 \cdot \sin(\varphi_{20} - \varphi_{30}) \cdot \omega_{20} = 0 \quad (15)$$

Din (15) explicităm viteza unghiulară a celui de al doilea actuator, și obținem relația (16).

$$\omega_{20} = \frac{\dot{C}_1 \cdot \cos\varphi_{30} + \dot{C}_2 \cdot \sin\varphi_{30}}{d_2 \cdot \sin(\varphi_{30} - \varphi_{20})} \quad (16)$$

În continuare înmulțim prima relație a sistemului (12) cu $\cos\varphi_{20}$ iar pe a doua cu $\sin\varphi_{20}$, după care adunăm relațiile rezultate și obținem expresia (17):

$$\begin{aligned} &\dot{C}_1 \cdot \cos\varphi_{20} + \dot{C}_2 \cdot \sin\varphi_{20} + d_2 \cdot \sin\varphi_{20} \cdot \cos\varphi_{20} \cdot \omega_{20} - \\ &- d_2 \cdot \sin\varphi_{20} \cdot \cos\varphi_{20} \cdot \omega_{20} = \\ &= d_3 \cdot \sin\varphi_{20} \cdot \cos\varphi_{30} \cdot \omega_{30} - d_3 \cdot \sin\varphi_{30} \cdot \cos\varphi_{20} \cdot \omega_{30} \end{aligned} \quad (17)$$

Relația (17) se scrie sub forma (18).

$$\dot{C}_1 \cdot \cos\varphi_{20} + \dot{C}_2 \cdot \sin\varphi_{20} = d_3 \cdot \sin(\varphi_{20} - \varphi_{30}) \cdot \omega_{30} \qquad (18)$$

Din (18) explicităm viteza unghiulară a ultimului actuator, și obținem relația (19).

$$\omega_{30} = \frac{\dot{C}_1 \cdot \cos\varphi_{20} + \dot{C}_2 \cdot \sin\varphi_{20}}{d_3 \cdot \sin(\varphi_{20} - \varphi_{30})} \qquad (19)$$

Vitezele unghiulare ale celor trei actuatori se vor explicita în continuare în sistemul (20).

$$\begin{cases} \omega_{10} = \dfrac{\dot{y}_M \cdot \cos\varphi_{10} - \dot{x}_M \cdot \sin\varphi_{10}}{x_M \cdot \cos\varphi_{10} + y_M \cdot \sin\varphi_{10}} \\ \omega_{20} = \dfrac{\dot{C}_1 \cdot \cos\varphi_{30} + \dot{C}_2 \cdot \sin\varphi_{30}}{d_2 \cdot \sin(\varphi_{30} - \varphi_{20})} \\ \omega_{30} = \dfrac{\dot{C}_1 \cdot \cos\varphi_{20} + \dot{C}_2 \cdot \sin\varphi_{20}}{d_3 \cdot \sin(\varphi_{20} - \varphi_{30})} \end{cases} \qquad (20)$$

Pentru determinarea lor mai trebuiesc calculați câțiva parametri.

Cu relația (21) notăm parametrul variabil C_1.

$$C_1 = x_M \cdot \cos\varphi_{10} + y_M \cdot \sin\varphi_{10} - d_1 \qquad (21)$$

Derivăm (21) și obținem $\dot{C}_1$ (relația 22).

$$\begin{aligned}\dot{C}_1 = &\dot{x}_M \cdot \cos\varphi_{10} - x_M \cdot \sin\varphi_{10} \cdot \omega_{10} + \\ &+ \dot{y}_M \cdot \sin\varphi_{10} + y_M \cdot \cos\varphi_{10} \cdot \omega_{10}\end{aligned} \qquad (22)$$

Variabila C_2 are expresia mai simplă (23).

$$C_2 = z_M - a_1 \qquad (23)$$

Se derivează relația (23) și se obține pentru $\dot{C}_2$ expresia (24).

$$\dot{C}_2 = \dot{z}_M \qquad (24)$$

Sinteza traiectoriilor optime cu ajutorul funcțiilor de comandă la nivelul cuplelor cinematice conducătoare

1. Condiții inițiale pentru sinteza traiectoriilor în spațiul cuplelor motoare

Înainte de a studia traiectoria unui punct trasor, prin intermediul legilor de comandă din spațiul cuplelor cinematice active ale robotului, trebuie stabilită configurația MPz în care punctul caracteristic ocupă pozițiile inițială și finală.

În cazul general, traiectoria punctului caracteristic al MPz este materializată printr-o curbă în spațiul geometric 3D, curbă care se poate obține prin interpolare pe anumite porțiuni, în funcție de punctele de precizie stabilite.

Pentru manipularea unui obiect, între pozițiile inițială și finală, sunt necesare următoarele operații de lucru: apucare (în poziția inițială), ridicare-desprindere (de suprafața de așezare), deplasare (spre poziția finală), coborâre-așezare (într-un dispozitiv) și eliberare (în poziția finală).

Corespunzător acestor operații, la nivelul fiecărei cuple cinematice motoare (actuatoare) se identifică 4 poziții distincte (fig. 1): inițială, de ridicare, deplasare, apropiere și finală.

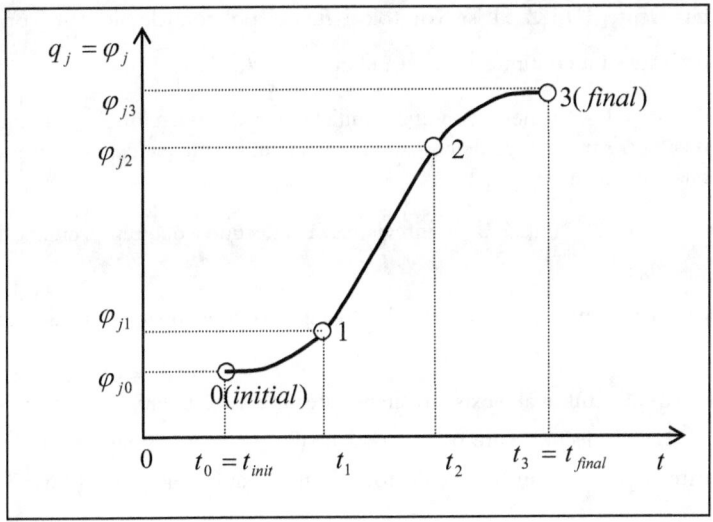

Fig. 1

Extremele "traiectoriei" legii de mișcare, la nivelul unei cuple cinematice motoare, trebuie să fie cuprinse între limitele fizice și geometrice ale MPz.

Intervalele de timp $t_1 - t_0$, $t_3 - t_2$ (fig. 1), ai segmentelor inițial $(0-1)$ și final $(2-3)$, corespund ritmului de avansare a griperului (dispozitiv de apucare) la și de la suprafața obiectului manipulat. Acești timpi sunt un parametru constant și este funcție de caracteristica motorului electric de acționare din fiecare cuplă cinematică activă.

În timpul intermediar $t_2 - t_1$, corespunzător segmentului mijlociu $1-2$, apar valorile maxime ale vitezei și accelerației unghiulare din mișcarea relativă a unui braț j față de cel adiacent $j-1$.

Pentru optimizarea mișcării (din cuplele cinematice motoare) se folosește maximul acestui timp $(t_2 - t_1)_{max}$ ceea ce corespunde timpului maxim al cuplei cinematice active cu viteza cea mai mică.

În ambele puncte intermediare 1 și 2, ale curbei funcției de comandă, trebuie ca poziția (ca deplasare instantanee), viteza și accelerația să îndeplinească condițiile de continuitate față de segmentul anterior $0-1$ respectiv posterior $2-3$.

Pentru a satisface aceste cerințe de continuitate în toate cele 4 puncte cunoscute $(0,1,2,3)$ se vor folosi funcții polinomiale ale căror prime două derivate sunt continue în intervalul de timp (t_0, t_3).

Având în vedere condițiile inițiale impuse traiectoriei punctului trasor, rezultă pentru funcția de comandă (a unei cuple cinematice motoare) următorul bilanț de necunoscute:

- În punctul inițial 0 se înregistrează o necunoscută, reprezentată de poziția φ_0;
- În punctele 1 și 2 sunt 2.3=6 necunoscute (poziția, viteza, accelerația): $\varphi_1, \dot{\varphi}_1, \ddot{\varphi}_1; \varphi_2, \dot{\varphi}_2, \ddot{\varphi}_2$;
- În punctul final 3 există o singură necunoscută: poziția unghiulară φ_3.

Cele 8 necunoscute pot fi coeficienții unei funcții polinomiale de gradul 7 care interpolează întreaga traiectorie, în intervalul de timp menționat $t_3 - t_0$.

O astfel de funcție polinomială se scrie pentru cupla cinematică conducătoare j sub forma:

$$q_j(t) = \sum_{k=0}^{7} a_k t^k = a_7 t^7 + a_6 t^6 + a_5 t^5 + a_4 t^4 + a_3 t^3 + a_2 t^2 + a_1 t + a_0 \quad (1)$$

Extremele unei astfel de funcții polinomiale de gradul 7 tind să fie plasate în afara domeniului de existență a mișcării realizare de cuplele cinematice active, respectiv al brațelor robotului.

O abordare posibilă practic și eficientă pe ansamblu constă în împărțirea întregii traiectorii a punctului trasor, respectiv a curbei funcției de comandă, în mai multe segmente, astfel ca polinoamele de grad mai mic de 7 să poată fi utilizate pentru interpolarea fiecărui segment de traiectorie.

Se cunosc mai multe posibilități de împărțire a traiectoriei la nivelul cuplei cinematice motoare, aceste variante fiind de 3, 4 sau 5 porțiuni distincte.

Cele mai convenabile variante sunt cele cu 3 porțiuni, cu 3 polinoame de grade 4-3-4 sau 3-5-3.

Varianta cu 5 porțiuni folosește 5 polinoame de același grad 3, adică 3-3-3-3-3.

Pentru o traiectorie la care legea de comandă este modelată cu polinomiala 4-3-4, pe un Mp cu n cuple cinematice motoare (c.c.m.) se vor obține $3n$ segmente de curbă și $8n$ coeficienți.

2 Sinteza polinoamelor de interpolare tip 4-3-4

Se introduce pentru fiecare segment de traiectorie, la nivelul c.c.m., o variabilă (adimensională) de timp normat $t \in [0,1]$, ceea ce permite rezolvarea similară a fiecărei porțiuni de curbă, pentru legea de mișcare a fiecărei c.c.m. (ca unghi de rotație relativă a brațului).

Timpul normat variază de la $t = 0$ (timpul inițial al fiecărui segment de traiectorie, la nivelul c.c.m.) la $t = 1$ (timpul final pentru fiecare din segmentele curbei legii de comandă a c.c.m.).

Se definește timpul real τ în secunde, a cărui variație este cuprinsă între limitele τ_{i-1} (minim) și τ_i (maxim), adică $\tau \in [\tau_{i-1}, \tau_i]$.

Timpul normat se calculează cu formula

$$t = \frac{\tau - \tau_{i-1}}{\tau_i - \tau_{i-1}} \in [0, 1] \qquad (2)$$

Curba legii de mișcare a unei c.c.m. constă din segmente polinomiale $p_i(t)$ care împreună formează curba de variație a legii de comandă a c.c.m. j.

Cele 3 funcții polinomiale pentru fiecare c.c.m. sunt:

$$p_1(t) = a_{14}t^4 + a_{13}t^3 + a_{12}t^2 + a_{11}t + a_{10} \qquad (3)$$

$$p_2(t) = a_{23}t^3 + a_{22}t^2 + a_{21}t + a_{20} \qquad (4)$$

$$p_3(t) = a_{34}t^4 + a_{33}t^3 + a_{32}t^2 + a_{31}t + a_{30} \qquad (5)$$

Condițiile la limită care trebuie satisfăcute de funcțiile (13.3, 4, 5), la o c.c.m. de rotație, sunt:

Punctul 0: $\varphi_0 = \varphi(t_0)$; $\omega_0 = 0$; $\varepsilon_0 = 0$;

Punctul 1: $\varphi_1 = \varphi(t_1)$; $\varphi(t_1^-) = \varphi(t_1^+)$; $\omega(t_1^-) = \omega(t_1^+)$; $\varepsilon(t_1^-) = \varepsilon(t_1^+)$;

Punctul 2: $\varphi_2 = \varphi(t_2)$; $\varphi(t_2^-) = \varphi(t_2^+)$; $\omega(t_2^-) = \omega(t_2^+)$; $\varepsilon(t_2^-) = \varepsilon(t_2^+)$;

Punctul 3: $\varphi_3 = \varphi(t_3)$; $\omega_3 = 0$; $\varepsilon_3 = 0$.

Ecuațiile polinomiale (3, 4, 5) se derivează în funcție de timpul real τ:

$$\omega_i(t) = \frac{dp_i(t)}{d\tau} = \frac{dt}{d\tau} \cdot \frac{dp_i(t)}{dt} = \\ = \frac{1}{\tau_i - \tau_{i-1}} \cdot \frac{dp_i(t)}{dt} = \frac{1}{\Delta\tau_i} \cdot \dot{p}_i(t); \quad i = 1,2,3,4 \tag{6}$$

$$\varepsilon_i(t) = \frac{d^2 p_i(t)}{d\tau^2} = \left(\frac{dt}{d\tau}\right)^2 \cdot \frac{d^2 p_i(t)}{dt^2} = \\ = \frac{1}{(\tau_i - \tau_{i-1})^2} \cdot \frac{d^2 p_i(t)}{dt^2} = \frac{1}{(\Delta\tau_i)^2} \cdot \ddot{p}_i(t); \quad i = 1,2,3,4 \tag{7}$$

Pe <u>intervalul</u> $(0-1)$, din polinomul (3) se deduc viteza și accelerația unghiulare, cu ajutorul formulelor (6, 7):

$$\omega_1(t) = \frac{1}{\Delta\tau_1}(4a_{14}t^3 + 3a_{13}t^2 + 2a_{12}t + a_{11}); \tag{8}$$

$$\varepsilon_1(t) = \frac{1}{\Delta\tau_1^2}(12a_{14}t^2 + 6a_{13}t + 2a_{12}) \tag{9}$$

Pentru $t = 0$ ecuațiile (3, 8, 9) devin:

$$\varphi_1(0) = a_{10}; \Rightarrow a_{10} = \varphi_0;$$
$$\omega_1(0) = \frac{1}{\Delta\tau_1}a_{11}; \Rightarrow a_{11} = \omega_0\Delta\tau_1 = 0; \tag{10}$$
$$\varepsilon_1(0) = \frac{2}{\Delta\tau_1^2}a_{12}; \Rightarrow a_{12} = \frac{1}{2}\varepsilon_0\Delta\tau_1^2 = 0.$$

În aceste condiții ecuația (3) se scrie:

$$p_1(t) = a_{14}t^4 + a_{13}t^3 + \varphi_0 \qquad (11)$$

Pentru $t = 1$ ecuațiile (3, 8, 9) devin:

$$\varphi_1(1) = a_{14} + a_{13} + \varphi_0 \qquad (12)$$

$$\omega_1(1) = \frac{1}{\Delta\tau_1}(4a_{14} + 3a_{13}) \qquad (13)$$

$$\varepsilon_1(1) = \frac{6}{\Delta\tau_1^2}(2a_{14} + a_{13}) \qquad (14)$$

Pe <u>intervalul</u> $(1-2)$, din ecuația polinomială (4), se obțin prin derivare formulele:

$$\omega_2(t) = \frac{1}{\Delta\tau_2}(3a_{23}t^2 + 2a_{22}t + a_{21}) \qquad (15)$$

$$\varepsilon_2(t) = \frac{1}{\Delta\tau_1^2}(6a_{23}t + 2a_{22}) \qquad (16)$$

Pentru $t = 0$, ecuațiile (4, 15, 16) devin:

$$\varphi_2(0) = a_{20}; \quad \omega_2(0) = \frac{1}{\Delta\tau_2}a_{21}; \quad \varepsilon_2(0) = \frac{2}{\Delta\tau_2^2}a_{22}. \qquad (17)$$

Din condițiile de continuitate din punctul 1 rezultă egalitățile:

$$\varphi_2(0) = \varphi_1(1); \quad \omega_2(0) = \omega_1(1); \quad \varepsilon_2(0) = \varepsilon_1(1). \qquad (18)$$

sau explicit, observând relațiile (12, 13, 14, 17)

$$\begin{aligned} a_{20} &= a_{14} + a_{13} + \varphi_0; \\ \frac{1}{\Delta\tau_2}a_{21} &= \frac{1}{\Delta\tau_1}(4a_{14} + 3a_{13}); \\ \frac{2}{\Delta\tau_2^2}a_{22} &= \frac{6}{\Delta\tau_1^2}(2a_{14} + a_{13}). \end{aligned} \qquad (19)$$

Pentru $t = 1$ ecuațiile (4, 15, 16) devin:

$$\varphi_2(1) = a_{23} + a_{22} + a_{21} + a_{20} \qquad (20)$$

$$\omega_2(1) = \frac{1}{\Delta\tau_2}(3a_{23} + 2a_{22} + a_{21}) \qquad (21)$$

$$\varepsilon_2(1) = \frac{2}{\Delta\tau_1^2}(3a_{23} + a_{22}) \qquad (22)$$

Pe intervalul $(2-3)$, ecuația polinomială (5) se scrie (dacă se face înlocuirea $\bar{t} = t - 1$):

$$\varphi_3(\bar{t}) = a_{34}\bar{t}^4 + a_{33}\bar{t}^3 + a_{32}\bar{t}^2 + a_{31}\bar{t} + a_{30} \qquad (23)$$

în care pentru $t \in [0,1]$ se deduce $\bar{t} \in [-1,0]$.

Din (23) se obțin, prin derivare, formulele vitezei și accelerației unghiulare în forma:

$$\omega_3(\bar{t}) = \frac{1}{\Delta\tau_3}(4a_{34}\bar{t}^3 + 3a_{33}\bar{t}^2 + 2a_{32}\bar{t} + a_{31}); \qquad (24)$$

$$\varepsilon_3(\bar{t}) = \frac{1}{\Delta\tau_3^2}(12a_{34}\bar{t}^2 + 6a_{33}\bar{t} + 2a_{32}). \qquad (25)$$

Pentru $t = 0$ respectiv $\bar{t} = -1$ ecuațiile (23, 24, 25) se scriu:

$$\varphi_3(-1) = a_{34} - a_{33} + a_{32} - a_{31} + a_{30} \qquad (26)$$

$$\omega_3(-1) = \frac{1}{\Delta\tau_3}(-4a_{34} + 3a_{33} - 2a_{32} + a_{31}) \qquad (27)$$

$$\varepsilon_3(-1) = \frac{1}{\Delta\tau_3^2}(12a_{34} - 6a_{33} + 2a_{32}) \qquad (28)$$

Condițiile de continuitate din punctul 2 se scriu:

$$\varphi_3(-1) = \varphi_2(1); \quad \omega_3(-1) = \omega_2(1); \quad \varepsilon_3(-1) = \varepsilon_2(1). \qquad (29)$$

sau explicit, observând relațiile (20, 21, 22) și (26, 27, 28):

$$a_{34} - a_{33} + a_{32} - a_{31} + a_{30} = a_{23} + a_{22} + a_{21} + a_{20} \qquad (30)$$

$$\frac{1}{\Delta \tau_3}(-4a_{34}+3a_{33}-2a_{32}+a_{31})=\frac{1}{\Delta \tau_2}(3a_{23}+2a_{22}+a_{21}) \qquad (31)$$

$$\frac{1}{\Delta \tau_3^2}(12a_{34}-6a_{33}+2a_{32})=\frac{1}{\Delta \tau_2^2}(6a_{23}+2a_{22}) \qquad (32)$$

Pentru $t=1$ $(\bar{t}=0)$, din ecuațiile (26, 27, 28) se deduc coeficienții termeni liberi:

$$\varphi_3(0)=a_{30};$$
$$\omega_3(0)=\frac{1}{\Delta \tau_3}a_{31}; \Rightarrow a_{31}=0; \qquad (33)$$
$$\varepsilon_3(0)=\frac{2}{\Delta \tau_3^2}a_{32}; \Rightarrow a_{32}=0.$$

În final se rețin următoarele ecuații: (10, 10', 10''), (12, 19, 19',19''), (20, 30, 31, 32), (33, 33', 33''), ale căror expresii sunt:

$a_{10} = \varphi_0$; $a_{11} = 0$; $a_{12} = 0$; $a_{13} + a_{14} = \varphi_1 - \varphi_0$; $a_{20} = a_{13} + a_{14} + \varphi_0$;

$3a_{13} + 4a_{14} =(\Delta\tau_1/\Delta\tau_2)$. a_{21}; $3(a_{13} + 2a_{14}) = (\Delta\tau_1/\Delta\tau_2)^2.a_{22}$;

$a_{20} + a_{21} + a_{22} + a_{23} = \varphi_2$; $a_{20} + a_{21} + a_{22} + a_{23} = a_{30} - a_{31} + a_{32} - a_{33} + a_{34}$;

$a_{21} + 2a_{22} + 3a_{23} = (\Delta\tau_2/\Delta\tau_3).(a_{31} - 2a_{32} + 3a_{33} - 4a_{34})$;

$2a_{22} + 3a_{23} = (\Delta\tau_2/\Delta\tau_3)^2.(a_{32} - 3a_{33} + 6a_{34}$

$a_{30} = \varphi_3$; $a_{31} = 0$; $a_{32} = 0$.

Din cele 14 ecuații rămân numai 7 ecuații distincte:

$$a_{13} + a_{14} = \varphi_1 - \varphi_0; \qquad (1^*)$$
$$a_{13} + a_{14} + a_{21} + a_{22} + a_{23} = \varphi_2 - \varphi_0; \qquad (2^*)$$
$$a_{13} + a_{14} + a_{21} + a_{22} + a_{23} + a_{33} - a_{34} = \varphi_3 - \varphi_0; \qquad (3^*)$$
$$3a_{13} + 4a_{14} =(\Delta\tau_1/\Delta\tau_2). a_{21}; \qquad (4^*)$$
$$3(a_{13} + 2a_{14}) = (\Delta\tau_1/\Delta\tau_2)^2.a_{22}; \qquad (5^*)$$
$$a_{21} + 2a_{22} + 3a_{23} = (\Delta\tau_2/\Delta\tau_3).(3a_{33} - 4a_{34}); \qquad (6^*)$$
$$2a_{22} + 3a_{23} = 3(\Delta\tau_2/\Delta\tau_3)^2.(a_{33} + 2a_{34}. \qquad (7^*)$$

În ecuațiile (1*) - (7*) se cunosc intervalele de timp real $\Delta\tau_1 = \tau_1 - \tau_0$; $\Delta\tau_2 = \tau_2 - \tau_1$; $\Delta\tau_3 = \tau_3 - \tau_2$; și unghiurile relative ($\varphi_1 - \varphi_0$), ($\varphi_2 - \varphi_0$), ($\varphi_3 - \varphi_0$).

Din cele 7 ecuaţii se obţin cele 7 necunoscute, respectiv coeficienţii:

$a_{13}, a_{14}, a_{21}, a_{22}, a_{23}, a_{33}, a_{34}$

<u>Practic</u>, se impun unghiurile relative

$$\varphi_{01} = \varphi_1 - \varphi_0 = \varphi_1(1) - \varphi_1(0) = a_{14} + a_{13}; \qquad (34)$$

$$\varphi_{12} = \varphi_2 - \varphi_1 = \varphi_2(1) - \varphi_2(0) = a_{23} + a_{22} + a_{21}; \qquad (35)$$

$$\varphi_{23} = \varphi_3 - \varphi_2 = \varphi_3(-1) - \varphi_3(0) = a_{34} - a_{33}. \qquad (36)$$

Coeficienţii $a_{14}, a_{13}, a_{23}, a_{22}, a_{21}, a_{34}, a_{33}$ se calculează ca soluţii ale sistemului liniar format din ecuaţiile (34, 35, 36), la care se adaugă două ecuaţii echivalente cu ultimele două din (19) şi alte două ecuaţii echivalente cu relaţiile (31, 32):

$$\frac{1}{\Delta \tau_2} a_{21} = \frac{1}{\Delta \tau_1} (4a_{14} + 3a_{13}); \qquad (37)$$

$$\frac{1}{\Delta \tau_2^2} a_{22} = \frac{3}{\Delta \tau_1^2} (2a_{14} + a_{13}); \qquad (38)$$

$$\frac{1}{\Delta \tau_3} (-4a_{34} + 3a_{33}) = \frac{1}{\Delta \tau_2} (3a_{23} + 2a_{22} + a_{21}); \qquad (39)$$

$$\frac{3}{\Delta \tau_3^2} (2a_{34} - a_{33}) = \frac{1}{\Delta \tau_2^2} (3a_{23} + a_{22}). \qquad (40)$$

În ultimele patru ecuaţii se impun intervalele de timp

$$\Delta \tau_1 = \tau_1 - \tau_0; \; \Delta \tau_2 = \tau_2 - \tau_1; \; \Delta \tau_3 = \tau_3 - \tau_2.$$

care corespund celor trei intervale de deplasări unghiulare din primele trei ecuaţii.

Vitezele și accelerațiile în cinematica directă la MP-3R

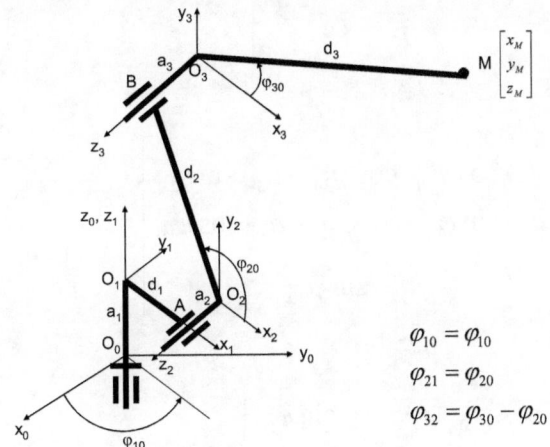

Fig. 1. Geometria și cinematica unui MP-3R

Sistemul fix de coordonate a fost notat cu $x_0O_0y_0z_0$. Sistemele mobile legate (rigidizate) de cele trei elemente mobile (1, 2, 3) au indicii 1, 2 respectiv 3. Orientarea lor a fost aleasă convenabil. Se pornește de la relația matricială a vitezelor (1) deja cunoscută:

$$\begin{aligned}X_{0M} &= A_{01} + T_{01} \cdot X_{1M} = A_{01} + T_{01} \cdot (A_{12} + T_{12} \cdot X_{2M}) = \\ &= A_{01} + T_{01} \cdot A_{12} + T_{01} \cdot T_{12} \cdot X_{2M} = \\ &= A_{01} + T_{01} \cdot A_{12} + T_{01} \cdot T_{12} \cdot (A_{23} + T_{23} \cdot X_{3M}) = \\ &= A_{01} + T_{01} \cdot A_{12} + T_{01} \cdot T_{12} \cdot A_{23} + T_{01} \cdot T_{12} \cdot T_{23} \cdot X_{3M}\end{aligned} \quad (1)$$

Aceasta se scrie sub forma (2) simplificată:

$$X_{0M} = A_{01} + P_1 + P_2 + T_{03} \cdot X_{3M} \quad (2)$$

Unde:

$$A_{01} = \begin{bmatrix} 0 \\ 0 \\ a_1 \end{bmatrix} \quad (3)$$

$$P_1 = \begin{bmatrix} d_1 \cdot \cos\varphi_{10} - a_2 \cdot \sin\varphi_{10} \\ d_1 \cdot \sin\varphi_{10} + a_2 \cdot \cos\varphi_{10} \\ 0 \end{bmatrix} \quad (4)$$

$$P_2 = \begin{bmatrix} d_2 \cdot \cos\varphi_{10} \cdot \cos\varphi_{20} - a_3 \cdot \sin\varphi_{10} \\ d_2 \cdot \sin\varphi_{10} \cdot \cos\varphi_{20} + a_3 \cdot \cos\varphi_{10} \\ d_2 \cdot \sin\varphi_{20} \end{bmatrix} \quad (5)$$

$$T_{03} = \begin{bmatrix} \cos\varphi_{10} & 0 & \sin\varphi_{10} \\ \sin\varphi_{10} & 0 & -\cos\varphi_{10} \\ 0 & 1 & 0 \end{bmatrix} \quad (6)$$

$$X_{3M} = \begin{bmatrix} x_{3M} \\ y_{3M} \\ z_{3M} \end{bmatrix} = \begin{bmatrix} d_3 \cdot \cos\varphi_{30} \\ d_3 \cdot \sin\varphi_{30} \\ 0 \end{bmatrix} \quad (7)$$

Se derivează relația (2) matricială și se obține expresia (8):

$$\begin{aligned}\dot{X}_{0M} &= \dot{A}_{01} + \dot{P}_1 + \dot{P}_2 + \dot{T}_{03} \cdot X_{3M} + T_{03} \cdot \dot{X}_{3M} = \\ &= \dot{P}_1 + \dot{P}_2 + \dot{T}_{03} \cdot X_{3M} + T_{03} \cdot \dot{X}_{3M} = \\ &= \dot{P}_{12} + \dot{T}_{03} \cdot X_{3M} + T_{03} \cdot \dot{X}_{3M} \end{aligned} \quad (8)$$

Deoarece:

$$\dot{A}_{01} = \begin{bmatrix} 0 \\ 0 \\ \dot{a}_1 \end{bmatrix} = \begin{bmatrix} 0 \\ 0 \\ 0 \end{bmatrix} = 0 \quad (9)$$

$$\dot{P}_1 = \begin{bmatrix} -d_1 \cdot \sin\varphi_{10} \cdot \omega_{10} - a_2 \cdot \cos\varphi_{10} \cdot \omega_{10} \\ d_1 \cdot \cos\varphi_{10} \cdot \omega_{10} - a_2 \cdot \sin\varphi_{10} \cdot \omega_{10} \\ 0 \end{bmatrix} \quad (10)$$

$$\dot{P}_2 = \begin{bmatrix} -d_2 \cdot \sin\varphi_{10} \cdot \omega_{10} \cdot \cos\varphi_{20} - d_2 \cdot \cos\varphi_{10} \cdot \sin\varphi_{20} \cdot \omega_{20} - a_3 \cdot \cos\varphi_{10} \cdot \omega_{10} \\ d_2 \cdot \cos\varphi_{10} \cdot \omega_{10} \cdot \cos\varphi_{20} - d_2 \cdot \sin\varphi_{10} \cdot \sin\varphi_{20} \cdot \omega_{20} - a_3 \cdot \sin\varphi_{10} \cdot \omega_{10} \\ d_2 \cdot \cos\varphi_{20} \cdot \omega_{20} \end{bmatrix} \quad (11)$$

$$\dot{T}_{03} = \begin{bmatrix} -\sin\varphi_{10} \cdot \omega_{10} & 0 & \cos\varphi_{10} \cdot \omega_{10} \\ \cos\varphi_{10} \cdot \omega_{10} & 0 & \sin\varphi_{10} \cdot \omega_{10} \\ 0 & 0 & 0 \end{bmatrix} \quad (12)$$

$$\dot{X}_{3M} = \begin{bmatrix} \dot{x}_{3M} \\ \dot{y}_{3M} \\ \dot{z}_{3M} \end{bmatrix} = \begin{bmatrix} -d_3 \cdot \sin\varphi_{30} \cdot \omega_{30} \\ d_3 \cdot \cos\varphi_{30} \cdot \omega_{30} \\ 0 \end{bmatrix} \quad (13)$$

$$\dot{P}_{12} = \dot{P}_1 + \dot{P}_2 =$$
$$\begin{bmatrix} -d_1 \sin\varphi_{10}\omega_{10} - a_2 \cos\varphi_{10}\omega_{10} - a_3 \cos\varphi_{10}\omega_{10} - d_2 \sin\varphi_{10}\omega_{10} \cos\varphi_{20} - d_2 \cos\varphi_{10} \sin\varphi_{20}\omega_{20} \\ d_1 \cos\varphi_{10}\omega_{10} - a_2 \sin\varphi_{10}\omega_{10} - a_3 \sin\varphi_{10}\omega_{10} + d_2 \cos\varphi_{10}\omega_{10} \cos\varphi_{20} - d_2 \sin\varphi_{10} \sin\varphi_{20}\omega_{20} \\ d_2 \cos\varphi_{20}\omega_{20} \end{bmatrix} \quad (14)$$

În continuare se determină cele două produse matriciale (15 și 16) din relația (8).

$$\dot{T}_{03} \cdot X_{3M} = \begin{bmatrix} -\sin\varphi_{10} \cdot \omega_{10} & 0 & \cos\varphi_{10} \cdot \omega_{10} \\ \cos\varphi_{10} \cdot \omega_{10} & 0 & \sin\varphi_{10} \cdot \omega_{10} \\ 0 & 0 & 0 \end{bmatrix} \cdot$$

$$\cdot \begin{bmatrix} d_3 \cdot \cos\varphi_{30} \\ d_3 \cdot \sin\varphi_{30} \\ 0 \end{bmatrix} = \begin{bmatrix} -d_3 \cdot \sin\varphi_{10} \cdot \omega_{10} \cdot \cos\varphi_{30} \\ d_3 \cdot \cos\varphi_{10} \cdot \omega_{10} \cdot \cos\varphi_{30} \\ 0 \end{bmatrix}$$
(15)

$$T_{03} \cdot \dot{X}_{3M} = \begin{bmatrix} \cos\varphi_{10} & 0 & \sin\varphi_{10} \\ \sin\varphi_{10} & 0 & -\cos\varphi_{10} \\ 0 & 1 & 0 \end{bmatrix} \cdot \begin{bmatrix} -d_3 \cdot \sin\varphi_{30} \cdot \omega_{30} \\ d_3 \cdot \cos\varphi_{30} \cdot \omega_{30} \\ 0 \end{bmatrix} =$$

$$= \begin{bmatrix} -d_3 \cdot \cos\varphi_{10} \cdot \sin\varphi_{30} \cdot \omega_{30} \\ -d_3 \cdot \sin\varphi_{10} \cdot \sin\varphi_{30} \cdot \omega_{30} \\ d_3 \cdot \cos\varphi_{30} \cdot \omega_{30} \end{bmatrix}$$
(16)

Putem acum să-l determinăm pe $\dot{X}_{0M}$:

$$\dot{X}_{0M} = \begin{bmatrix} (-d_1\sin\varphi_{10}\omega_{10} - a_2\cos\varphi_{10}\omega_{10} - a_3\cos\varphi_{10}\omega_{10} - d_2\sin\varphi_{10}\omega_{10}\cos\varphi_{20} - \\ - d_2\cos\varphi_{10}\sin\varphi_{20}\omega_{20} - d_3\sin\varphi_{10}\omega_{10}\cos\varphi_{30} - d_3\cos\varphi_{10}\sin\varphi_{30}\omega_{30}) \\ (d_1\cos\varphi_{10}\omega_{10} - a_2\sin\varphi_{10}\omega_{10} - a_3\sin\varphi_{10}\omega_{10} + d_2\cos\varphi_{10}\omega_{10}\cos\varphi_{20} - \\ - d_2\sin\varphi_{10}\sin\varphi_{20}\omega_{20} + d_3\cos\varphi_{10}\omega_{10}\cos\varphi_{30} - d_3\sin\varphi_{10}\sin\varphi_{30}\omega_{30}) \\ (d_2\cos\varphi_{20}\omega_{20} + d_3\cos\varphi_{30}\omega_{30}) \end{bmatrix}$$
(17)

Urmează relațiile accelerațiilor. Se derivează relația (8) și se obține expresia (18):

$$\ddot{X}_{0M} = \ddot{P}_{12} + \ddot{T}_{03} \cdot X_{3M} + \dot{T}_{03} \cdot \dot{X}_{3M} + \dot{T}_{03} \cdot \dot{X}_{3M} + T_{03} \cdot \ddot{X}_{3M} =$$
$$= \ddot{P}_{12} + \ddot{T}_{03} \cdot X_{3M} + 2 \cdot \dot{T}_{03} \cdot \dot{X}_{3M} + T_{03} \cdot \ddot{X}_{3M} \quad (18)$$

Unde:

$$\ddot{P}_{12} = \ddot{P}_1 + \ddot{P}_2 =$$

$$= \begin{bmatrix} (-d_1 \cos\varphi_{10}\omega_{10}^2 + a_2 \sin\varphi_{10}\omega_{10}^2 + a_3 \sin\varphi_{10}\omega_{10}^2 - d_2 \cos\varphi_{10}\omega_{10}^2 \cos\varphi_{20} + \\ + d_2 \sin\varphi_{10}\omega_{10} \sin\varphi_{20}\omega_{20} + d_2 \sin\varphi_{10}\omega_{10} \sin\varphi_{20}\omega_{20} - d_2 \cos\varphi_{10}\cos\varphi_{20}\omega_{20}^2) \\ (-d_1 \sin\varphi_{10}\omega_{10}^2 - a_2 \cos\varphi_{10}\omega_{10}^2 - a_3 \cos\varphi_{10}\omega_{10}^2 - d_2 \sin\varphi_{10}\omega_{10}^2 \cos\varphi_{20} - \\ - d_2 \cos\varphi_{10}\omega_{10} \sin\varphi_{20}\omega_{20} - d_2\cos\varphi_{10}\omega_{10} \sin\varphi_{20}\omega_{20} - d_2 \sin\varphi_{10} \cos\varphi_{20}\omega_{20}^2) \\ (-d_2 \sin\varphi_{20}\omega_{20}^2) \end{bmatrix} \quad (19)$$

Forma destul de simplă a matricei $\ddot{P}_{12}$ se datorează faptului că cele trei viteze unghiulare ale actuatorilor s-au considerat constante (așa cum e normal să fie).

$$\ddot{T}_{03} = \begin{bmatrix} -\cos\varphi_{10} \cdot \omega_{10}^2 & 0 & -\sin\varphi_{10} \cdot \omega_{10}^2 \\ -\sin\varphi_{10} \cdot \omega_{10}^2 & 0 & \cos\varphi_{10} \cdot \omega_{10}^2 \\ 0 & 0 & 0 \end{bmatrix} \quad (20)$$

$$\ddot{X}_{3M} = \begin{bmatrix} -d_3 \cdot \cos\varphi_{30} \cdot \omega_{30}^2 \\ -d_3 \cdot \sin\varphi_{30} \cdot \omega_{30}^2 \\ 0 \end{bmatrix} \quad (21)$$

$$2 \cdot \dot{T}_{03} \cdot \dot{X}_{3M} = \begin{bmatrix} 2 \cdot d_3 \cdot \sin\varphi_{10} \cdot \omega_{10} \cdot \sin\varphi_{30} \cdot \omega_{30} \\ -2 \cdot d_3 \cdot \cos\varphi_{10} \cdot \omega_{10} \cdot \sin\varphi_{30} \cdot \omega_{30} \\ 0 \end{bmatrix} \quad (22)$$

$$\ddot{T}_{03} \cdot X_{3M} = \begin{bmatrix} -\cos\varphi_{10} \cdot \omega_{10}^2 & 0 & -\sin\varphi_{10} \cdot \omega_{10}^2 \\ -\sin\varphi_{10} \cdot \omega_{10}^2 & 0 & \cos\varphi_{10} \cdot \omega_{10}^2 \\ 0 & 0 & 0 \end{bmatrix} \cdot \begin{bmatrix} d_3 \cdot \cos\varphi_{30} \\ d_3 \cdot \sin\varphi_{30} \\ 0 \end{bmatrix} = \qquad (23)$$

$$= \begin{bmatrix} -d_3 \cdot \cos\varphi_{10} \cdot \omega_{10}^2 \cdot \cos\varphi_{30} \\ -d_3 \cdot \sin\varphi_{10} \cdot \omega_{10}^2 \cdot \cos\varphi_{30} \\ 0 \end{bmatrix}$$

$$T_{03} \cdot \ddot{X}_{3M} = \begin{bmatrix} \cos\varphi_{10} & 0 & \sin\varphi_{10} \\ \sin\varphi_{10} & 0 & -\cos\varphi_{10} \\ 0 & 1 & 0 \end{bmatrix} \cdot \begin{bmatrix} -d_3 \cdot \cos\varphi_{30} \cdot \omega_{30}^2 \\ -d_3 \cdot \sin\varphi_{30} \cdot \omega_{30}^2 \\ 0 \end{bmatrix} = \qquad (24)$$

$$= \begin{bmatrix} -d_3 \cdot \cos\varphi_{10} \cdot \cos\varphi_{30} \cdot \omega_{30}^2 \\ -d_3 \cdot \sin\varphi_{10} \cdot \cos\varphi_{30} \cdot \omega_{30}^2 \\ -d_3 \cdot \sin\varphi_{30} \cdot \omega_{30}^2 \end{bmatrix}$$

Se obține matricea accelerațiilor endefectorului în funcție de rotațiile și vitezele unghiulare ale celor trei actuatori, cu $\omega_{10} = ct$, $\omega_{20} = ct$, $\omega_{30} = ct$.

$$\ddot{X}_{0M} = \begin{bmatrix} (-d_1 \cos\varphi_{10}\omega_{10}^2 + a_2 \sin\varphi_{10}\omega_{10}^2 + a_3 \sin\varphi_{10}\omega_{10}^2 - d_2 \cos\varphi_{10}\omega_{10}^2 \cos\varphi_{20} + \\ + 2d_2 \sin\varphi_{10}\omega_{10} \sin\varphi_{20}\omega_{20} - d_2 \cos\varphi_{10} \cos\varphi_{20}\omega_{20}^2 + 2d_3 \sin\varphi_{10}\omega_{10} \sin\varphi_{30}\omega_{30} - \\ - d_3 \cos\varphi_{10}\omega_{10}^2 \cos\varphi_{30} - d_3 \cos\varphi_{10} \cos\varphi_{30}\omega_{30}^2) \\ \\ (-d_1 \sin\varphi_{10}\omega_{10}^2 - a_2 \cos\varphi_{10}\omega_{10}^2 - a_3 \cos\varphi_{10}\omega_{10}^2 - d_2 \sin\varphi_{10}\omega_{10}^2 \cos\varphi_{20} - \\ - 2d_2 \cos\varphi_{10}\omega_{10} \sin\varphi_{20}\omega_{20} - d_2 \sin\varphi_{10} \cos\varphi_{20}\omega_{20}^2 - 2d_3 \cos\varphi_{10}\omega_{10} \sin\varphi_{30}\omega_{30} - \\ - d_3 \sin\varphi_{10}\omega_{10}^2 \cos\varphi_{30} - d_3 \sin\varphi_{10} \cos\varphi_{30}\omega_{30}^2) \\ \\ (-d_2 \sin\varphi_{20}\omega_{20}^2 - d_3 \sin\varphi_{30}\omega_{30}^2) \end{bmatrix} \qquad (25)$$

Elemente de dinamică la MP-3R

(partea I-a)

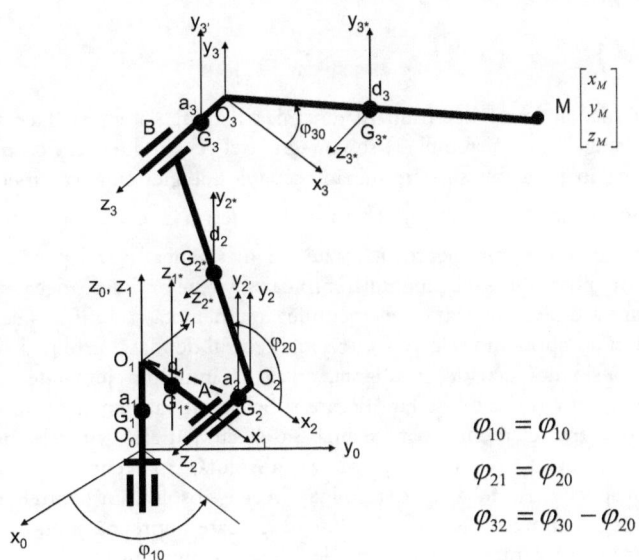

$$\varphi_{10} = \varphi_{10}$$
$$\varphi_{21} = \varphi_{20}$$
$$\varphi_{32} = \varphi_{30} - \varphi_{20}$$

Fig. 1. Geometria, cinematica și dinamica unui MP-3R
Centrele de greutate ale elementelor.

În fig. 1, s-au reprezentat centrele de greutate ale sistemului MP-3R. Pentru fiecare element în parte s-au considerat două elemente pentru a putea efectua calculele separat pentru direcțiile diferite ale părților fiecărui element. Astfel elementul 1 a fost separat în două părți O_0O_1 cu centrul de greutate în G_1 și O_1A cu centrul de greutate în G_{1*}. Elementul doi a fost împărțit în două subelemente: AO_2 cu centrul de greutate în G_2 și O_2B cu centrul de greutate în G_{2*}. Ultimul element (elementul trei al MP-3R) a fost și el reconsiderat fiind divizat în două subelemente: BO_3 cu centrul de greutate în G_3, și O_3M cu centrul de greutate în G_{3*}. Pentru antamarea calculelor s-au considerat toate centrele de greutate poziționate la mijlocul elementelor respective, elementele fiind de tip bară (cilindrică, sau de altă formă).

Dinamica oricărui sistem necesită cunoașterea energiei mecanice cinetice a sistemului. Este punctul de plecare numărul unu al determinării unor calcule și relații de calcul dinamic al oricărui sistem mecanic. Problema la sistemele MP-3R este faptul că ele lucrează spațial și deci energia cinetică a sistemului cuprinde elemente spațiale (nu se poate încadra numai într-un plan).

Ecuația Lagrange utilizată are forma clasică (1) cunoscută:

$$\frac{d}{dt}\left(\frac{\partial \varepsilon}{\partial \dot{q}_k}\right) - \frac{\partial \varepsilon}{\partial q_k} = Q_k \tag{1}$$

cu k=1, 2, 3.

Cea mai normală determinare dinamică a unui sistem se face utilizând ecuațiile „Lagrange". Din sistemul (1) se vor scrie trei ecuații diferite. Pentru aceasta este necesar ca în prealabil să determinăm ecuația energiei cinetice (mecanice) a sistemului considerat ($\varepsilon = \varepsilon(q_k, \dot{q}_k)$). În spațiu energia cinetică are pentru fiecare element în parte șase componente (în cazul cel mai general): trei pentru vitezele liniare și alte trei pentru vitezele unghiulare. În cazul vitezelor liniare, decât să scriem trei energii cinetice (aceeași masă a elementului înjumătățită și înmulțită separat cu pătratul fiecărei componente scalare a vitezei în centrul de masă) este mai simplu să scriem doar o singură ecuație rezultantă, adică să înmulțim jumătate din masa elementului respectiv (în cazul de față fiecare subelement va fi cotat ca un element, astfel încât din trei elemente vor rezulta șase) cu pătratul vitezei absolute a elementului considerat, determinată (viteza absolută) în centrul de masă al elementului respectiv. Astfel vom determina vitezele absolute în centrele de masă ale elementelor și pătratele vitezelor absolute, după care împreună și cu momentele inerțiale (masice) mecanice și cu pătratele vitezelor unghiulare ale elementului determinate pe trei axe mobile (solidare cu elementul în mișcare) așezate în formă rectangulară (se alege practic un sistem de coordonate mobile, rectangular, solidar cu fiecare element în parte). În cazul cel mai general pentru fiecare din cele șase elemente rezultate vom avea maxim patru expresii pentru energia cinetică (mecanică) a sistemului.

În continuare se vor determina vitezele absolute (și pătratele lor) pentru fiecare din cele șase elemente rezultate ale sistemului (MP-3R).

În centrul de greutate G_1 viteza absolută este nulă (2).

$$v_{G_1} = 0 \cdot \omega_1 = 0 \tag{2}$$

În centrul de greutate G_{1^*} viteza absolută are valoarea (3).

$$v_{G_{1^*}} = \frac{d_1}{2} \cdot \omega_1 \quad v_{G_{1^*}}^2 = \frac{1}{4} \cdot d_1^2 \cdot \omega_1^2 \tag{3}$$

În centrul de greutate G_2 viteza absolută capătă expresia (4).

$$\begin{cases} O_1G_2 = \sqrt{d_1^2 + \left(\dfrac{a_2}{2}\right)^2} \\ v_{G_2} = O_1G_2 \cdot \omega_1 \\ v_{G_2}^2 = (O_1G_2)^2 \cdot \omega_1^2 = \left[d_1^2 + \left(\dfrac{a_2}{2}\right)^2\right] \cdot \omega_1^2 \end{cases} \quad (4)$$

În centrul de greutate G_{2^*} pătratul vitezei absolute ia forma (5).

$$\begin{cases} x_{G_{2^*}} = d_1 \cdot \cos\varphi_{10} - a_2 \cdot \sin\varphi_{10} + \dfrac{1}{2} \cdot d_2 \cdot \cos\varphi_{20} \cdot \cos\varphi_{10} \\ y_{G_{2^*}} = d_1 \cdot \sin\varphi_{10} + a_2 \cdot \cos\varphi_{10} + \dfrac{1}{2} \cdot d_2 \cdot \cos\varphi_{20} \cdot \sin\varphi_{10} \\ z_{G_{2^*}} = a_1 + \dfrac{1}{2} \cdot d_2 \cdot \sin\varphi_{20} \\ \dot{x}_{G_{2^*}} = -d_1 \cdot \sin\varphi_{10} \cdot \omega_{10} - a_2 \cdot \cos\varphi_{10} \cdot \omega_{10} - \\ \quad -\dfrac{1}{2} \cdot d_2 \cdot \sin\varphi_{20} \cdot \omega_{20} \cdot \cos\varphi_{10} - \dfrac{1}{2} \cdot d_2 \cdot \cos\varphi_{20} \cdot \sin\varphi_{10} \cdot \omega_{10} \\ \dot{y}_{G_{2^*}} = d_1 \cdot \cos\varphi_{10} \cdot \omega_{10} - a_2 \cdot \sin\varphi_{10} \cdot \omega_{10} - \\ \quad -\dfrac{1}{2} \cdot d_2 \cdot \sin\varphi_{20} \cdot \omega_{20} \cdot \sin\varphi_{10} + \dfrac{1}{2} \cdot d_2 \cdot \cos\varphi_{20} \cdot \cos\varphi_{10} \cdot \omega_{10} \\ \dot{z}_{G_{2^*}} = \dfrac{1}{2} \cdot d_2 \cdot \cos\varphi_{20} \cdot \omega_{20} \\ v_{G_{2^*}}^2 = d_1^2 \cdot \omega_{10}^2 + a_2^2 \cdot \omega_{10}^2 + \dfrac{1}{4} \cdot d_2^2 \cdot \omega_{20}^2 + \dfrac{1}{4} \cdot d_2^2 \cdot \omega_{10}^2 \cdot \cos^2\varphi_{20} + \\ \quad + d_1 \cdot d_2 \cdot \omega_{10}^2 \cdot \cos\varphi_{20} + a_2 \cdot d_2 \cdot \omega_{10} \cdot \omega_{20} \cdot \sin\varphi_{20} \end{cases} \quad (5)$$

În centrul de greutate G_3 coordonatele scalare de poxiţie iau forma (6) iar pătratul vitezei absolute îmbracă forma (7).

$$\begin{cases} x_{G_3} = d_1 \cdot \cos\varphi_{10} - \left(a_2 + \dfrac{1}{2}a_3\right) \cdot \sin\varphi_{10} + d_2 \cdot \cos\varphi_{10} \cdot \cos\varphi_{20} \\ y_{G_3} = d_1 \cdot \sin\varphi_{10} + \left(a_2 + \dfrac{1}{2}a_3\right) \cdot \cos\varphi_{10} + d_2 \cdot \sin\varphi_{10} \cdot \cos\varphi_{20} \\ z_{G_3} = a_1 + d_2 \cdot \sin\varphi_{20} \end{cases} \quad (6)$$

$$\begin{cases} \dot{x}_{G_3} = -d_1 \cdot \sin\varphi_{10} \cdot \omega_{10} - \left(a_2 + \frac{1}{2}a_3\right) \cdot \cos\varphi_{10} \cdot \omega_{10} - \\ - d_2 \cdot \sin\varphi_{10} \cdot \omega_{10} \cdot \cos\varphi_{20} - d_2 \cdot \cos\varphi_{10} \cdot \sin\varphi_{20} \cdot \omega_{20} \\ \dot{y}_{G_3} = d_1 \cdot \cos\varphi_{10} \cdot \omega_{10} - \left(a_2 + \frac{1}{2}a_3\right) \cdot \sin\varphi_{10} \cdot \omega_{10} + \\ + d_2 \cdot \cos\varphi_{10} \cdot \omega_{10} \cdot \cos\varphi_{20} - d_2 \cdot \sin\varphi_{10} \cdot \sin\varphi_{20} \cdot \omega_{20} \\ \dot{z}_{G_3} = d_2 \cdot \cos\varphi_{20} \cdot \omega_{20} \\ v_{G_3}^2 = \dot{x}_{G_3}^2 + \dot{y}_{G_3}^2 + \dot{z}_{G_3}^2 = d_1^2 \cdot \omega_{10}^2 + d_2^2 \cdot \omega_{20}^2 \cdot \cos^2\varphi_{20} + \left(a_2 + \frac{1}{2}a_3\right)^2 \cdot \omega_{10}^2 + \\ + d_2^2 \cdot \omega_{10}^2 \cdot \cos^2\varphi_{20} + d_2^2 \cdot \omega_{20}^2 \cdot \sin^2\varphi_{20} + 2 \cdot d_1 \cdot d_2 \cdot \omega_{10}^2 \cdot \cos\varphi_{20} + \\ + 2 \cdot d_2 \cdot \left(a_2 + \frac{1}{2}a_3\right) \cdot \sin\varphi_{20} \cdot \omega_{10} \cdot \omega_{20} \\ v_{G_3}^2 = \left[d_1^2 + \left(a_2 + \frac{1}{2}a_3\right)^2 + d_2^2 \cdot \cos^2\varphi_{20} + 2 \cdot d_1 \cdot d_2 \cdot \cos\varphi_{20}\right] \cdot \omega_{10}^2 + \\ + d_2^2 \cdot \omega_{20}^2 + 2 \cdot d_2 \cdot \left(a_2 + \frac{1}{2}a_3\right) \cdot \sin\varphi_{20} \cdot \omega_{10} \cdot \omega_{20} \end{cases} \quad (7)$$

În centrul de greutate G$_{3*}$ coordonatele scalare de poziție iau forma (8) iar pătratul vitezei absolute îmbracă forma (9).

$$\begin{cases} x_{G_{3*}} = d_1 \cdot \cos\varphi_{10} - (a_2 + a_3) \cdot \sin\varphi_{10} + \\ + d_2 \cdot \cos\varphi_{10} \cdot \cos\varphi_{20} + \frac{1}{2} \cdot d_3 \cdot \cos\varphi_{30} \cdot \cos\varphi_{10} \\ y_{G_{3*}} = d_1 \cdot \sin\varphi_{10} + (a_2 + a_3) \cdot \cos\varphi_{10} + \\ + d_2 \cdot \sin\varphi_{10} \cdot \cos\varphi_{20} + \frac{1}{2} \cdot d_3 \cdot \cos\varphi_{30} \cdot \sin\varphi_{10} \\ z_{G_{3*}} = a_1 + d_2 \cdot \sin\varphi_{20} + \frac{1}{2} \cdot d_3 \cdot \sin\varphi_{30} \end{cases} \quad (8)$$

$$\begin{cases}
\dot{x}_{G_{3^*}} = -d_1 \cdot \sin\varphi_{10} \cdot \omega_{10} - (a_2 + a_3) \cdot \cos\varphi_{10} \cdot \omega_{10} - \\
\quad - d_2 \cdot \sin\varphi_{10} \cdot \omega_{10} \cdot \cos\varphi_{20} - d_2 \cdot \cos\varphi_{10} \cdot \sin\varphi_{20} \cdot \omega_{20} - \\
\quad - \frac{1}{2} \cdot d_3 \cdot \sin\varphi_{30} \cdot \omega_{30} \cdot \cos\varphi_{10} - \frac{1}{2} \cdot d_3 \cdot \cos\varphi_{30} \cdot \sin\varphi_{10} \cdot \omega_{10} \\
\dot{y}_{G_{3^*}} = d_1 \cdot \cos\varphi_{10} \cdot \omega_{10} - (a_2 + a_3) \cdot \sin\varphi_{10} \cdot \omega_{10} + \\
\quad + d_2 \cdot \cos\varphi_{10} \cdot \omega_{10} \cdot \cos\varphi_{20} - d_2 \cdot \sin\varphi_{10} \cdot \sin\varphi_{20} \cdot \omega_{20} - \\
\quad - \frac{1}{2} \cdot d_3 \cdot \sin\varphi_{30} \cdot \omega_{30} \cdot \sin\varphi_{10} + \frac{1}{2} \cdot d_3 \cdot \cos\varphi_{30} \cdot \cos\varphi_{10} \cdot \omega_{10} \\
\dot{z}_{G_{3^*}} = d_2 \cdot \cos\varphi_{20} \cdot \omega_{20} + \frac{1}{2} \cdot d_3 \cdot \cos\varphi_{30} \cdot \omega_{30} \\
\\
v_{G_{3^*}}^2 = \dot{x}_{G_{3^*}}^2 + \dot{y}_{G_{3^*}}^2 + \dot{z}_{G_{3^*}}^2 = d_1^2 \cdot \omega_{10}^2 + (a_2 + a_3)^2 \cdot \omega_{10}^2 + d_2^2 \cdot \omega_{10}^2 \cdot \cos^2\varphi_{20} + \\
\quad + d_2^2 \cdot \omega_{20}^2 \cdot \sin^2\varphi_{20} + \frac{1}{4} \cdot d_3^2 \cdot \omega_{30}^2 \cdot \sin^2\varphi_{30} + \frac{1}{4} \cdot d_3^2 \cdot \omega_{10}^2 \cdot \cos^2\varphi_{30} + \\
\quad + d_2^2 \cdot \omega_{20}^2 \cdot \cos^2\varphi_{20} + \frac{1}{4} \cdot d_3^2 \cdot \omega_{30}^2 \cdot \cos^2\varphi_{30} + \\
\quad + d_2 \cdot d_3 \cdot \omega_{20} \cdot \omega_{30} \cdot \cos\varphi_{20} \cdot \cos\varphi_{30} + 2 \cdot d_1 \cdot d_2 \cdot \omega_{10}^2 \cdot \cos\varphi_{20} + \\
\quad + d_1 \cdot d_3 \cdot \omega_{10}^2 \cdot \cos\varphi_{30} + 2 \cdot d_2 \cdot (a_2 + a_3) \cdot \omega_{10} \cdot \omega_{20} \cdot \sin\varphi_{20} + \\
\quad + d_3 \cdot (a_2 + a_3) \cdot \omega_{10} \cdot \omega_{30} \cdot \sin\varphi_{30} + d_2 \cdot d_3 \cdot \omega_{10}^2 \cdot \cos\varphi_{20} \cdot \cos\varphi_{30} + \\
\quad + d_2 \cdot d_3 \cdot \omega_{20} \cdot \omega_{30} \cdot \sin\varphi_{20} \cdot \sin\varphi_{30} \qquad\qquad\qquad (9) \\
\\
v_{G_{3^*}}^2 = [d_1^2 + (a_2 + a_3)^2 + d_2^2 \cdot \cos^2\varphi_{20} + \frac{1}{4} \cdot d_3^2 \cdot \cos^2\varphi_{30} + \\
\quad + 2 \cdot d_1 \cdot d_2 \cdot \cos\varphi_{20} + d_1 \cdot d_3 \cdot \cos\varphi_{30} + d_2 \cdot d_3 \cdot \cos\varphi_{20} \cdot \cos\varphi_{30}] \cdot \omega_{10}^2 + \\
\quad + d_2^2 \cdot \omega_{20}^2 + \frac{1}{4} \cdot d_3^2 \cdot \omega_{30}^2 + d_2 \cdot d_3 \cdot \omega_{20} \cdot \omega_{30} \cdot \cos(\varphi_{30} - \varphi_{20}) + \\
\quad + 2 \cdot d_2 \cdot (a_2 + a_3) \cdot \omega_{10} \cdot \omega_{20} \cdot \sin\varphi_{20} + d_3 \cdot (a_2 + a_3) \cdot \omega_{10} \cdot \omega_{30} \cdot \sin\varphi_{30}
\end{cases}$$

Putem acum să recapitulăm valorile tuturor pătratelor vitezelor determinate în cele şase centre de greutate ale sistemului (relaţia 10).

$$\begin{cases} v_{G_1}^2 = 0 \\[4pt] v_{G_{1*}}^2 = \dfrac{1}{4} \cdot d_1^2 \cdot \omega_1^2 \\[6pt] \hline \\[-4pt] v_{G_2}^2 = (O_1 G_2)^2 \cdot \omega_1^2 = \left[d_1^2 + \left(\dfrac{a_2}{2} \right)^2 \right] \cdot \omega_1^2 \\[8pt] v_{G_{2*}}^2 = d_1^2 \cdot \omega_{10}^2 + a_2^2 \cdot \omega_{10}^2 + \dfrac{1}{4} \cdot d_2^2 \cdot \omega_{20}^2 + \dfrac{1}{4} \cdot d_2^2 \cdot \omega_{10}^2 \cdot \cos^2 \varphi_{20} + \\ + d_1 \cdot d_2 \cdot \omega_{10}^2 \cdot \cos \varphi_{20} + a_2 \cdot d_2 \cdot \omega_{10} \cdot \omega_{20} \cdot \sin \varphi_{20} \\[4pt] \hline \\[-4pt] v_{G_3}^2 = \left[d_1^2 + \left(a_2 + \dfrac{1}{2} a_3 \right)^2 + d_2^2 \cdot \cos^2 \varphi_{20} + 2 \cdot d_1 \cdot d_2 \cdot \cos \varphi_{20} \right] \cdot \omega_{10}^2 + \\ + d_2^2 \cdot \omega_{20}^2 + 2 \cdot d_2 \cdot \left(a_2 + \dfrac{1}{2} a_3 \right) \cdot \sin \varphi_{20} \cdot \omega_{10} \cdot \omega_{20} \\[8pt] v_{G_{3*}}^2 = [d_1^2 + (a_2 + a_3)^2 + d_2^2 \cdot \cos^2 \varphi_{20} + \dfrac{1}{4} \cdot d_3^2 \cdot \cos^2 \varphi_{30} + \\ + 2 \cdot d_1 \cdot d_2 \cdot \cos \varphi_{20} + d_1 \cdot d_3 \cdot \cos \varphi_{30} + d_2 \cdot d_3 \cdot \cos \varphi_{20} \cdot \cos \varphi_{30}] \cdot \omega_{10}^2 + \\ + d_2^2 \cdot \omega_{20}^2 + \dfrac{1}{4} \cdot d_3^2 \cdot \omega_{30}^2 + d_2 \cdot d_3 \cdot \omega_{20} \cdot \omega_{30} \cdot \cos(\varphi_{30} - \varphi_{20}) + \\ + 2 \cdot d_2 \cdot (a_2 + a_3) \cdot \omega_{10} \cdot \omega_{20} \cdot \sin \varphi_{20} + d_3 \cdot (a_2 + a_3) \cdot \omega_{10} \cdot \omega_{30} \cdot \sin \varphi_{30} \end{cases} \quad (10)$$

Elemente de dinamică la MP-3R
(partea a II-a)

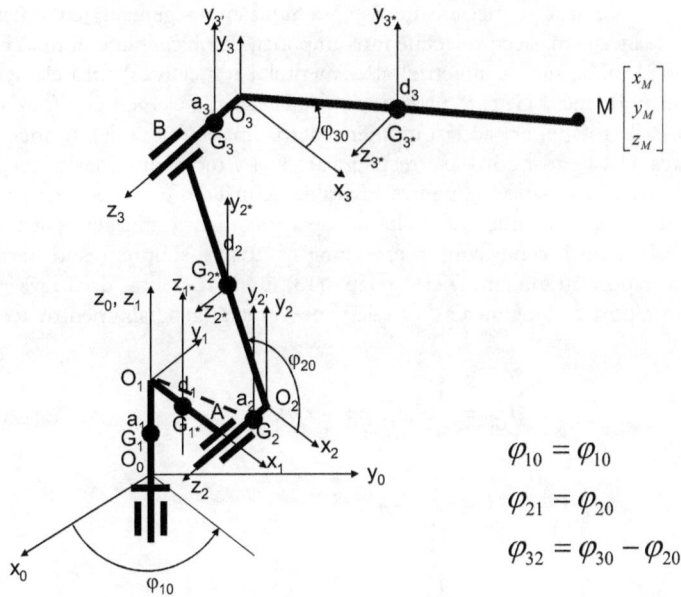

$$\varphi_{10} = \varphi_{10}$$
$$\varphi_{21} = \varphi_{20}$$
$$\varphi_{32} = \varphi_{30} - \varphi_{20}$$

Fig. 1. Geometria, cinematica și dinamica unui MP-3R
Centrele de greutate ale elementelor.

În fig. 1, s-au reprezentat centrele de greutate ale sistemului MP-3R.

În continuare se vor determina momentele de inerție masice (mecanice) și relațiile energiei cinetice pentru fiecare element cinematic considerat (așa cum s-a stabilit deja există șase elemente în loc de trei).

Pentru elementul 1, O_0O_1, se determină momentul de inerție mecanic pe axa principală, singura care permite o rotație a elementului (relația 11).

$$J_{G_1}^{z_1} = \frac{1}{2} \cdot m_1 \cdot r_1^2 \qquad (11)$$

Momentul de inerție mecanic (masic) se notează cu J.

El trebuie să fie deosebit de momentul de inerție geometric (rezistent), care se notează în general (corect) cu I. Momentele inerțiale masic și geometric se leagă între ele întotdeauna printr-o relație fizico-matematică. Dacă momentul inerțial geometric este utilizat cu precădere la calculele de rezistența materialelor și în proiectarea organelor de mașini, în cadrul fizicii mecanice, a mecanicii, mecanismelor, roboticii, motoarelor, transmisiilor, (etc...) studiul dinamic (fiziologic) al mecanismelor și componentelor sistemelor se face obligatoriu și cu ajutorul maselor inerțiale aflate în mișcare; masele obijnuite ale elementelor (notate cu m) sunt utilizate la mișcarea de translație, iar masele inerțiale (notate cu J) au un rol determinant în mișcarea de rotație (a elementelor sistemului). Există momente inerțiale mecanice (masice) proiectate pe un punct, pe o axă, sau pe un plan. Convenția în mecanică și mecanisme este să utilizăm în general (cu precădere) momentele de inerție masice proiectate într-un punct, de obicei punctul fiind centrul de greutate (de masă, sau de simetrie) al elementului respectiv. Pentru elementul 1 utilizăm centrul de masă G_1 care pentru axa principală z, a elementului (care este și axa principală de rotație) are același moment inerțial masic (mecanic) în orice punct al axei (relația 11). Pentru două axe rectangulare x și y momentul masic inerțial are valoarea înjumătățită (relația 12), pentru cazurile cele mai des utilizate, când avem un corp cilindric de rază r_1 oarecare. O altă relație aproximativă utilizată pentru aceste valori inerțiale atunci când corpul este lung și foarte subțire (când raza este neglijabilă în raport cu lungimea) este relația (13), unde l_1 ar fi a_1 dacă raza r_1 ar fi neglijabilă în raport cu lungimea a_1. O relație mai exactă (generală) pentru acest caz ar fi (14).

$$J_{G_1}^{x_1} = J_{G_1}^{y_1} = \frac{1}{2} \cdot J_{G_1}^{z_1} = \frac{1}{4} \cdot m_1 \cdot r_1^2 \tag{12}$$

$$J_{G_1}^{x_1} = J_{G_1}^{y_1} = \frac{1}{12} \cdot m_1 \cdot l_1^2 \tag{13}$$

$$J_{G_1}^{x_1} = J_{G_1}^{y_1} = \frac{1}{4} \cdot m_1 \cdot r_1^2 + \frac{1}{12} \cdot m_1 \cdot a_1^2 \tag{14}$$

În continuare vom utiliza numai relația (12), deoarece sistemele studiate au elemente cilindrice cu diametre semnificative (razele cilindrilor aproximativi sunt suficient de mari). Dacă forma elementului nu este cilindrică ea se poate aproxima tot cu un cilindru.

Pentru elementul 1 nu avem rotație decât după axa z.

Energia cinetică a elementului unu capătă forma (15) (se consideră dublul energiei cinetice):

$$2 \cdot \varepsilon_1 = m_1 \cdot v_{G_1}^2 + J_{G_1}^{z_1} \cdot \omega_{10}^2 =$$
$$= 0 + \frac{1}{2} \cdot m_1 \cdot r_1^2 \cdot \omega_{10}^2 = \frac{1}{2} \cdot m_1 \cdot r_1^2 \cdot \omega_{10}^2 \tag{15}$$

Pe elementul 1*, în centrul de greutate G_{1*} energia cinetică se scrie (16):

$$2 \cdot \varepsilon_{1*} = m_{1*} \cdot v_{G_{1*}}^2 + J_{G_{1*}}^{z_{1*}} \cdot \omega_{10}^2 =$$
$$= \frac{1}{4} \cdot m_{1*} \cdot d_1^2 \cdot \omega_{10}^2 + \frac{1}{4} \cdot m_{1*} \cdot r_{1*}^2 \cdot \omega_{10}^2 = \frac{1}{4} \cdot m_{1*} \cdot \omega_{10}^2 \cdot \left(d_1^2 + r_{1*}^2\right) \tag{16}$$

Pe elementul 2 în centrul de greutate G_2 energia cinetică ia forma (17).

$$2 \cdot \varepsilon_2 = m_2 \cdot v_{G_2}^2 + J_{G_2}^{y_2'} \cdot \omega_{10}^2 + J_{G_2}^{z_2} \cdot \omega_{20}^2 =$$

$$= m_2 \cdot \left(d_1^2 + \frac{1}{4} \cdot a_2^2 \right) \cdot \omega_{10}^2 + \frac{1}{4} \cdot m_2 \cdot r_2^2 \cdot \omega_{10}^2 + \frac{1}{2} \cdot m_2 \cdot r_2^2 \cdot \omega_{20}^2 = \quad (17)$$

$$= m_2 \cdot \left(d_1^2 + \frac{1}{4} \cdot a_2^2 + \frac{1}{4} \cdot r_2^2 \right) \cdot \omega_{10}^2 + \frac{1}{2} \cdot m_2 \cdot r_2^2 \cdot \omega_{20}^2$$

Pe elementul 2* în centrul de greutate G_{2*} energia cinetică ia forma (18 și 20).

$$2 \cdot \varepsilon_{2*} = m_{2*} \cdot v_{G_{2*}}^2 + J_{G_{2*}}^{z_2^*} \cdot \omega_{20}^2 + J_{G_{2*}}^{y_2^*} \cdot \omega_{10}^2 =$$

$$= m_{2*} \cdot \left(d_1^2 + a_2^2 + \frac{1}{4} \cdot d_2^2 \cdot \cos^2 \varphi_{20} + d_1 \cdot d_2 \cdot \cos \varphi_{20} \right) \cdot \omega_{10}^2 +$$

$$+ \frac{1}{4} \cdot m_{2*} \cdot d_2^2 \cdot \omega_{20}^2 + m_{2*} \cdot a_2 \cdot d_2 \cdot \sin \varphi_{20} \cdot \omega_{10} \cdot \omega_{20} + \quad (18)$$

$$+ \frac{J_2}{2} \cdot \omega_{20}^2 + \frac{J_2}{2} \cdot \left(1 + \sin^2 \varphi_{20} \right) \cdot \omega_{10}^2 \quad cu \quad J_2 = \frac{1}{2} \cdot m_{2*} \cdot r_{2*}^2$$

Se utilizează și relațiile intermediare (19 și 21) pentru determinarea energiilor cinetice de pe element corespunzătoare rotațiilor.

$$\begin{cases} J_{G_{2*}}^{z_2^*} \cdot \omega_{20}^2 = \frac{J_2}{2} \cdot \omega_{20}^2 = \frac{1}{4} \cdot m_{2*} \cdot r_{2*}^2 \cdot \omega_{20}^2 \\ J_{G_{2*}}^{y_2^*} \cdot \omega_{10}^2 = \frac{J_2}{2} \cdot \left(1 + \sin^2 \varphi_{20} \right) \cdot \omega_{10}^2 = \quad (19) \\ = \frac{1}{4} \cdot m_{2*} \cdot r_{2*}^2 \cdot \left(1 + \sin^2 \varphi_{20} \right) \cdot \omega_{10}^2 \end{cases}$$

$$2 \cdot \varepsilon_{2^*} = m_{2^*} \cdot v_{G_{2^*}}^2 + J_{G_{2^*}}^{z_2^*} \cdot \omega_{20}^2 + J_{G_{2^*}}^{y_2^*} \cdot \omega_{10}^2 =$$

$$= \left(d_1^2 + a_2^2 + \frac{1}{4} \cdot d_2^2 \cdot \cos^2 \varphi_{20} + d_1 \cdot d_2 \cdot \cos \varphi_{20} + \frac{1}{4} \cdot r_{2^*}^2 \cdot (1 + \sin^2 \varphi_{20}) \right) \cdot \quad (20)$$

$$\cdot m_{2^*} \cdot \omega_{10}^2 + \frac{1}{4} \cdot m_{2^*} \cdot \left(d_2^2 + r_{2^*}^2 \right) \cdot \omega_{20}^2 + m_{2^*} \cdot a_2 \cdot d_2 \cdot \sin \varphi_{20} \cdot \omega_{10} \cdot \omega_{20}$$

Relațiile (21) explică obținerea expresiilor (19); a se urmări și figura 2, în care se pot observa cele două triedre rectangulare diferite formate de axele din punctul G_{2^*}. Se cunosc momentele de inerție mecanice J_{2^*} pe axele z_{2^*} și x_b, momentul inerțial J_2 pe axa principală a elementului 2* și trebuie calculat momentul inerțial de pe axa y_{2^*} verticală, dar înclinată față de element cu unghiul $\varphi_{20} - 90$ (elementul se află dea lungul axei $G_{2^*}y_a$).

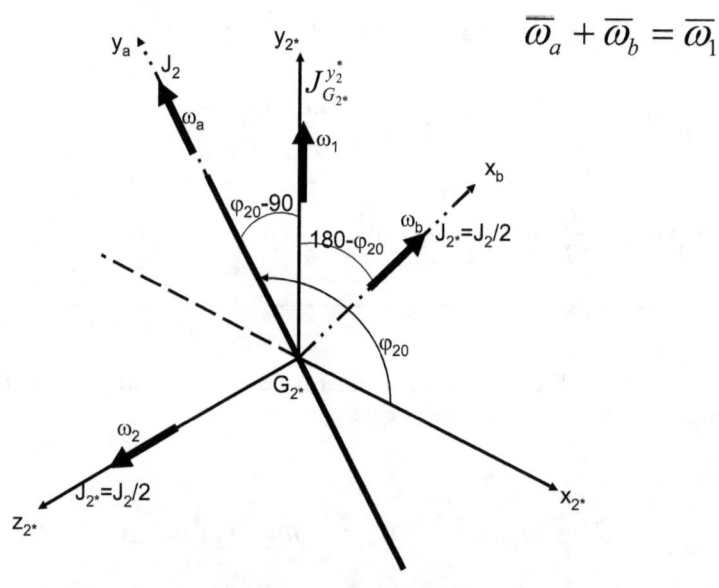

Fig. 2. Geometria și cinematica în punctul G_{2^*}
Momentele inerțiale.

$$\begin{cases} \overline{\omega}_a + \overline{\omega}_b = \overline{\omega}_1 \\ \omega_a^2 + \omega_b^2 = \omega_1^2 \\ \omega_a = \omega_1 \cdot \cos(\varphi_{20} - 90) = \omega_1 \cdot \sin \varphi_{20} \\ \omega_b = \omega_1 \cdot \cos(180 - \varphi_{20}) = \omega_1 \cdot \sin(\varphi_{20} - 90) \\ \\ J_{G_{2^*}}^{y_2^*} \cdot \omega_1^2 = J_2 \cdot \omega_a^2 + \dfrac{J_2}{2} \cdot \omega_b^2 = \dfrac{J_2}{2} \cdot \omega_a^2 + \dfrac{J_2}{2} \cdot (\omega_a^2 + \omega_b^2) = \\ = \dfrac{J_2}{2} \cdot \omega_a^2 + \dfrac{J_2}{2} \cdot \omega_1^2 = \dfrac{J_2}{2} \cdot (\omega_a^2 + \omega_1^2) = \dfrac{J_2}{2} \cdot (\omega_1^2 \cdot \sin^2 \varphi_{20} + \omega_1^2) = \\ = \dfrac{J_2}{2} \cdot \omega_1^2 \cdot (1 + \sin^2 \varphi_{20}) \Rightarrow J_{G_{2^*}}^{y_2^*} = \dfrac{J_2}{2} \cdot (1 + \sin^2 \varphi_{20}) \end{cases} \qquad (21)$$

Pe elementul 3, în centrul de greutate G$_3$, energia cinetică ia forma (22) şi expresia finală (26).

$$2 \cdot \varepsilon_3 = m_3 \cdot v_{G_3}^2 + J_{G_3}^{y_3'} \cdot \omega_{10}^2 + J_{G_3}^{z_3} \cdot \omega_{30}^2 \qquad (22)$$

Unde dublul energiei cinetice datorate translaţiei are expresia (23).

$$\begin{aligned} 2 \cdot \varepsilon_{3t} &= m_3 \cdot v_{G_3}^2 = \\ &= m_3 \cdot \left[d_1^2 + \left(a_2 + \frac{1}{2} \cdot a_3 \right)^2 + d_2^2 \cdot \cos^2 \varphi_{20} + 2 \cdot d_1 \cdot d_2 \cdot \cos \varphi_{20} \right] \cdot \omega_{10}^2 + \\ &+ m_3 \cdot d_2^2 \cdot \omega_{20}^2 + 2 \cdot m_3 \cdot d_2 \cdot \left(a_2 + \frac{1}{2} \cdot a_3 \right) \cdot \sin \varphi_{20} \cdot \omega_{10} \cdot \omega_{20} \end{aligned} \qquad (23)$$

Dublul energiilor cinetice datorate rotaţiei elementului pe cele două axe se determină cu relaţiile (24 şi 25).

$$2 \cdot \varepsilon_{3ry3'} = J_{G_3}^{y_3'} \cdot \omega_{10}^2 = \frac{1}{4} \cdot m_3 \cdot r_3^2 \cdot \omega_{10}^2 \qquad (24)$$

$$2 \cdot \varepsilon_{3rz3} = J_{G_3}^{z_3} \cdot \omega_{30}^2 = \frac{1}{2} \cdot m_3 \cdot r_3^2 \cdot \omega_{30}^2 \qquad (25)$$

$$\begin{aligned} 2 \cdot \varepsilon_3 &= \left[d_1^2 + \left(a_2 + \frac{1}{2} \cdot a_3 \right)^2 + d_2^2 \cdot \cos^2 \varphi_{20} + 2 \cdot d_1 \cdot d_2 \cdot \cos \varphi_{20} + \frac{1}{4} \cdot r_3^2 \right] \cdot \\ \cdot m_3 \cdot \omega_{10}^2 &+ m_3 \cdot d_2^2 \cdot \omega_{20}^2 + \frac{1}{2} \cdot m_3 \cdot r_3^2 \cdot \omega_{30}^2 + \\ &+ 2 \cdot m_3 \cdot d_2 \cdot \left(a_2 + \frac{1}{2} \cdot a_3 \right) \cdot \sin \varphi_{20} \cdot \omega_{10} \cdot \omega_{20} \end{aligned} \qquad (26)$$

Pe elementul 3*, în centrul de greutate G$_{3*}$, energia cinetică ia forma (27) și expresia finală (31).

$$2 \cdot \varepsilon_{3*} = m_{3*} \cdot v_{G_3}^2 + J_{G_{3*}}^{z_3^*} \cdot \omega_{30}^2 + J_{G_{3*}}^{y_3^*} \cdot \omega_{10}^2 \qquad (27)$$

Unde dublul energiei cinetice datorate translației are expresia (28).

$$\begin{aligned}2 \cdot \varepsilon_{3*_t} &= m_{3*} \cdot v_{G_3}^2 = \\ &= m_{3*} \cdot [d_1^2 + (a_2 + a_3)^2 + d_2^2 \cdot \cos^2 \varphi_{20} + \frac{1}{4} \cdot d_3^2 \cdot \cos^2 \varphi_{30} + \\ &+ 2 \cdot d_1 \cdot d_2 \cdot \cos \varphi_{20} + d_1 \cdot d_3 \cdot \cos \varphi_{30} + d_2 \cdot d_3 \cdot \cos \varphi_{20} \cdot \cos \varphi_{30}] \cdot \omega_{10}^2 + \\ &+ m_{3*} \cdot d_2^2 \cdot \omega_{20}^2 + \frac{1}{4} \cdot m_{3*} \cdot d_3^2 \cdot \omega_{30}^2 + m_{3*} \cdot d_2 \cdot d_3 \cdot \omega_{20} \cdot \omega_{30} \cdot \cos(\varphi_{30} - \varphi_{20}) + \\ &+ 2 \cdot m_{3*} \cdot d_2 \cdot (a_2 + a_3) \cdot \omega_{10} \cdot \omega_{20} \cdot \sin \varphi_{20} + \\ &+ m_{3*} \cdot d_3 \cdot (a_2 + a_3) \cdot \omega_{10} \cdot \omega_{30} \cdot \sin \varphi_{30}\end{aligned} \qquad (28)$$

Dublul energiilor cinetice datorate rotației elementului pe cele două axe se determină cu relațiile (29 și 30).

$$2 \cdot \varepsilon_{3*rz3*} = J_{G_{3*}}^{z_3^*} \cdot \omega_{30}^2 = \frac{J_3}{2} \cdot \omega_{30}^2 = \frac{1}{4} \cdot m_{3*} \cdot r_{3*}^2 \cdot \omega_{30}^2 \qquad (29)$$

$$\begin{aligned}2 \cdot \varepsilon_{3*ry3*} &= J_{G_{3*}}^{y_3^*} \cdot \omega_{10}^2 = \frac{J_3}{2} \cdot (1 + \sin^2 \varphi_{30}) \cdot \omega_{10}^2 = \\ &= \frac{1}{4} \cdot m_{3*} \cdot r_{3*}^2 \cdot (1 + \sin^2 \varphi_{30}) \cdot \omega_{10}^2\end{aligned} \qquad (30)$$

$$\begin{aligned}2 \cdot \varepsilon_{3*} &= m_{3*} \cdot [d_1^2 + (a_2 + a_3)^2 + d_2^2 \cdot \cos^2 \varphi_{20} + \frac{1}{4} \cdot d_3^2 \cdot \cos^2 \varphi_{30} + \\ &+ 2 \cdot d_1 \cdot d_2 \cdot \cos \varphi_{20} + d_1 \cdot d_3 \cdot \cos \varphi_{30} + d_2 \cdot d_3 \cdot \cos \varphi_{20} \cdot \cos \varphi_{30} + \\ &+ \frac{1}{4} \cdot r_{3*}^2 \cdot (1 + \sin^2 \varphi_{30})] \cdot \omega_{10}^2 + m_{3*} \cdot d_2^2 \cdot \omega_{20}^2 + \frac{1}{4} \cdot m_{3*} \cdot (d_3^2 + r_{3*}^2) \cdot \omega_{30}^2 + \\ &+ m_{3*} \cdot d_2 \cdot d_3 \cdot \cos(\varphi_{30} - \varphi_{20}) \cdot \omega_{20} \cdot \omega_{30} + \\ &+ 2 \cdot m_{3*} \cdot d_2 \cdot (a_2 + a_3) \cdot \sin \varphi_{20} \cdot \omega_{10} \cdot \omega_{20} + \\ &+ m_{3*} \cdot d_3 \cdot (a_2 + a_3) \cdot \sin \varphi_{30} \cdot \omega_{10} \cdot \omega_{30}\end{aligned} \qquad (31)$$

Elemente de dinamică la MP-3R

(partea a III-a)

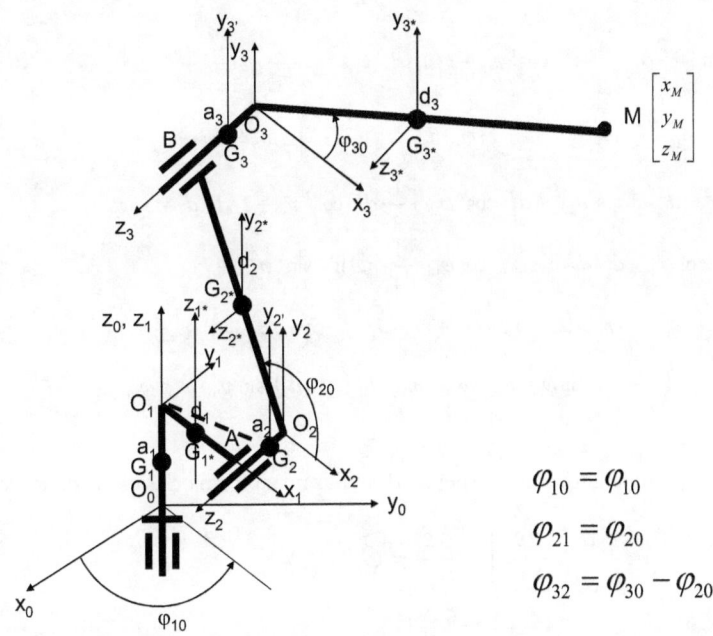

Fig. 1. Geometria, cinematica și dinamica unui MP-3R
Centrele de greutate ale elementelor.

În fig. 1, s-au reprezentat centrele de greutate ale sistemului MP-3R.

În continuare se vor determina momentele motoarelor de acționare (variația momentelor necesare ale celor trei actuatori).

Se scrie pentru început energia cinetică a întregului sistem, cuprinzând cele trei elemente desfăcute fiecare în câte două (32). Relația energiei cinetice a întregului sistem (32) este foarte lungă.

Se utilizează relația (1) Lagrange (curs 07) din care se obțin practic trei expresii, corespunzătoare celor trei actuatori, mai precis corespunzătoare momentelor celor trei actuatori.

$$\varepsilon_c \equiv \varepsilon = \frac{1}{2} \cdot \left\{ \frac{1}{2} \cdot m_1 \cdot r_1^2 \cdot \omega_{10}^2 + \frac{1}{4} \cdot m_{1*} \cdot \omega_{10}^2 \cdot \left(d_1^2 + r_{1*}^2\right) + \right.$$

$$+ m_2 \cdot \left(d_1^2 + \frac{1}{4} \cdot a_2^2 + \frac{1}{4} \cdot r_2^2\right) \cdot \omega_{10}^2 + \frac{1}{2} \cdot m_2 \cdot r_2^2 \cdot \omega_{20}^2 +$$

$$+ m_{2*} \cdot \left[d_1^2 + a_2^2 + \frac{1}{4} \cdot d_2^2 \cdot \cos^2 \varphi_{20} + d_1 \cdot d_2 \cdot \cos \varphi_{20} + \frac{1}{4} \cdot r_{2*}^2 \cdot \left(1 + \sin^2 \varphi_{20}\right) \right] \cdot$$

$$\cdot \omega_{10}^2 + \frac{1}{4} \cdot m_{2*} \cdot \left(d_2^2 + r_{2*}^2\right) \cdot \omega_{20}^2 + m_{2*} \cdot a_2 \cdot d_2 \cdot \sin \varphi_{20} \cdot \omega_{10} \cdot \omega_{20} + m_3 \cdot \omega_{10}^2 \cdot$$

$$\cdot \left[d_1^2 + \left(a_2 + \frac{1}{2} \cdot a_3\right)^2 + d_2^2 \cdot \cos^2 \varphi_{20} + 2 \cdot d_1 \cdot d_2 \cdot \cos \varphi_{20} + \frac{1}{4} \cdot r_3^2 \right] +$$

$$+ m_3 \cdot d_2^2 \cdot \omega_{20}^2 + \frac{1}{2} \cdot m_3 \cdot r_3^2 \cdot \omega_{30}^2 + 2 \cdot m_3 \cdot d_2 \cdot \left(a_2 + \frac{1}{2} \cdot a_3\right) \cdot \sin \varphi_{20} \cdot \omega_{10} \cdot \omega_{20} +$$

$$+ m_{3*} \cdot \omega_{10}^2 \cdot [d_1^2 + (a_2 + a_3)^2 + d_2^2 \cdot \cos^2 \varphi_{20} + \frac{1}{4} \cdot d_3^2 \cdot \cos^2 \varphi_{30} + 2 \cdot d_1 \cdot d_2 \cdot \cos \varphi_{20} +$$

$$+ d_1 \cdot d_3 \cdot \cos \varphi_{30} + d_2 \cdot d_3 \cdot \cos \varphi_{20} \cdot \cos \varphi_{30} + \frac{1}{4} \cdot r_{3*}^2 \cdot \left(1 + \sin^2 \varphi_{30}\right)] +$$

$$+ m_{3*} \cdot d_2^2 \cdot \omega_{20}^2 + \frac{1}{4} \cdot m_{3*} \cdot \left(d_3^2 + r_{3*}^2\right) \cdot \omega_{30}^2 + m_{3*} \cdot d_2 \cdot d_3 \cdot \cos(\varphi_{30} - \varphi_{20}) \cdot \omega_{20} \cdot \omega_{30} +$$

$$\left. + 2 \cdot m_{3*} \cdot d_2 \cdot (a_2 + a_3) \cdot \sin \varphi_{20} \cdot \omega_{10} \cdot \omega_{20} + m_{3*} \cdot d_3 \cdot (a_2 + a_3) \cdot \sin \varphi_{30} \cdot \omega_{10} \cdot \omega_{30} \right\} \quad (32)$$

Ecuațiile Lagrange de speța a II-a utilizate au forma clasică (1) cunoscută:

$$\frac{d}{dt}\left(\frac{\partial \varepsilon}{\partial \dot{q}_k}\right) - \frac{\partial \varepsilon}{\partial q_k} = Q_k \quad (1)$$

cu k=1, 2, 3.

Se utilizează expresia (32) a energiei cinetice a întregului sistem.
Parametrii independenți (coordonatele generalizate neolonome) se scriu sub forma (33). Q_k reprezintă forțele generalizate (la noi ele sunt chiar momentele motoare ale actuatorilor).

$$\begin{cases} q_1 \equiv \varphi_{10}; \quad q_2 \equiv \varphi_{20}; \quad q_3 \equiv \varphi_{30}; \\ \dot{q}_1 \equiv \dot{\varphi}_{10} = \omega_{10}; \quad \dot{q}_2 \equiv \dot{\varphi}_{20} = \omega_{20}; \quad \dot{q}_3 \equiv \dot{\varphi}_{30} = \omega_{30} \end{cases} \quad (33)$$

Prima derivată (relația 34) este derivata parțială a energiei cinetice totale (a întregului sistem) la parametrul independent ω_{10} (adică se derivează parțial energia cinetică a sistemului la viteza unghiulară a primului actuator).

$$\frac{\partial \varepsilon}{\partial \omega_{10}} = \frac{1}{2} \cdot m_1 \cdot r_1^2 \cdot \omega_{10} + \frac{1}{4} \cdot m_{1*} \cdot \left(d_1^2 + r_{1*}^2\right) \cdot \omega_{10} +$$

$$+ m_2 \cdot \left(d_1^2 + \frac{1}{4} \cdot a_2^2 + \frac{1}{4} \cdot r_2^2\right) \cdot \omega_{10} + m_{2*} \cdot \left(d_1^2 + a_2^2 + \frac{1}{4} \cdot r_{2*}^2\right) \cdot \omega_{10} +$$

$$+ m_{2*} \cdot \omega_{10} \cdot \left(\frac{1}{4} \cdot d_2^2 \cdot \cos^2 \varphi_{20} + d_1 \cdot d_2 \cdot \cos \varphi_{20} + \frac{1}{4} \cdot r_{2*}^2 \cdot \sin^2 \varphi_{20}\right) +$$

$$+ \frac{1}{2} \cdot m_{2*} \cdot a_2 \cdot d_2 \cdot \omega_{20} \cdot \sin \varphi_{20} + m_3 \cdot \omega_{10} \cdot \left[d_1^2 + \left(a_2 + \frac{1}{2} \cdot a_3\right)^2 + \frac{1}{4} \cdot r_3^2\right] +$$

$$+ m_3 \cdot \omega_{10} \cdot \left(d_2^2 \cdot \cos^2 \varphi_{20} + 2 \cdot d_1 \cdot d_2 \cdot \cos \varphi_{20}\right) +$$

$$+ m_3 \cdot \omega_{20} \cdot d_2 \cdot \left(a_2 + \frac{1}{2} \cdot a_3\right) \cdot \sin \varphi_{20} + m_{3*} \cdot \omega_{10} \cdot \left[d_1^2 + (a_2 + a_3)^2 + \frac{1}{4} \cdot r_{3*}^2\right] +$$

$$+ m_{3*} \cdot \omega_{10} \cdot \left(d_2^2 \cdot \cos^2 \varphi_{20} + \frac{1}{4} \cdot d_3^2 \cdot \cos^2 \varphi_{30} + 2 \cdot d_1 \cdot d_2 \cdot \cos \varphi_{20} +\right.$$

$$\left.+ d_1 \cdot d_3 \cdot \cos \varphi_{30} + d_2 \cdot d_3 \cdot \cos \varphi_{20} \cdot \cos \varphi_{30} + \frac{1}{4} \cdot r_{3*}^2 \cdot \sin^2 \varphi_{30}\right) +$$

$$+ m_{3*} \cdot \omega_{20} \cdot d_2 \cdot (a_2 + a_3) \cdot \sin \varphi_{20} + \frac{1}{2} \cdot m_{3*} \cdot \omega_{30} \cdot d_3 \cdot (a_2 + a_3) \cdot \sin \varphi_{30} \qquad (34)$$

Expresia (34) obţinută se derivează absolut cu timpul şi se obţine relaţia (35). S-au considerat vitezele unghiulare constante în timp.

$$\frac{d}{dt}\left(\frac{\partial \varepsilon}{\partial \omega_{10}}\right) = m_{2*} \cdot \omega_{10} \cdot \left(-\frac{1}{2} \cdot d_2^2 \cdot \cos \varphi_{20} \cdot \sin \varphi_{20} \cdot \omega_{20} - d_1 \cdot d_2 \cdot \sin \varphi_{20} \cdot \omega_{20} +\right.$$

$$\left.+ \frac{1}{2} \cdot r_{2*}^2 \cdot \sin \varphi_{20} \cdot \cos \varphi_{20} \cdot \omega_{20}\right) + \frac{1}{2} \cdot m_{2*} \cdot a_2 \cdot d_2 \cdot \omega_{20} \cdot \cos \varphi_{20} \cdot \omega_{20} +$$

$$+ m_3 \cdot \omega_{10} \cdot \left(-2 \cdot d_2^2 \cdot \cos \varphi_{20} \cdot \sin \varphi_{20} \cdot \omega_{20} - 2 \cdot d_1 \cdot d_2 \cdot \sin \varphi_{20} \cdot \omega_{20}\right) +$$

$$+ m_3 \cdot \omega_{20} \cdot d_2 \cdot \left(a_2 + \frac{1}{2} \cdot a_3\right) \cdot \cos \varphi_{20} \cdot \omega_{20} + m_{3*} \cdot \omega_{10} \cdot \qquad (35)$$

$$\cdot \left(-2 \cdot d_2^2 \cdot \cos \varphi_{20} \cdot \sin \varphi_{20} \cdot \omega_{20} - \frac{1}{2} \cdot d_3^2 \cdot \cos \varphi_{30} \cdot \sin \varphi_{30} \cdot \omega_{30} -\right.$$

$$- 2 \cdot d_1 \cdot d_2 \cdot \sin \varphi_{20} \cdot \omega_{20} - d_1 \cdot d_3 \cdot \sin \varphi_{30} \cdot \omega_{30} - d_2 \cdot d_3 \cdot \sin \varphi_{20} \cdot \omega_{20} \cdot \cos \varphi_{30} -$$

$$\left.- d_2 \cdot d_3 \cdot \cos \varphi_{20} \cdot \sin \varphi_{30} \cdot \omega_{30} + \frac{1}{2} \cdot r_{3*}^2 \cdot \sin \varphi_{30} \cdot \cos \varphi_{30} \cdot \omega_{30}\right) +$$

$$+ m_{3*} \cdot \omega_{20} \cdot d_2 \cdot (a_2 + a_3) \cdot \cos \varphi_{20} \cdot \omega_{20} + \frac{1}{2} \cdot m_{3*} \cdot \omega_{30} \cdot d_3 \cdot (a_2 + a_3) \cdot \cos \varphi_{30} \cdot \omega_{30}$$

Urmează derivata parțială a energiei cinetice a întregului sistem cu parametrul independent φ_{10} (36).

$$\frac{\partial \varepsilon}{\partial \varphi_{10}} = 0 \qquad (36)$$

Prima ecuație Lagrange (din cele trei) se poate scrie acum sub forma (37).

$$\frac{d}{dt}\left(\frac{\partial \varepsilon}{\partial \omega_{10}}\right) - \frac{\partial \varepsilon}{\partial \varphi_{10}} = M_{10} \qquad (37)$$

Înlocuind expresiile derivate mai sus în ecuația (37) aceasta capătă forma (38). Expresia (38) reprezintă variația necesară a momentului motor al primului actuator.

$$\begin{aligned}
M_{10} &= \frac{d}{dt}\left(\frac{\partial \varepsilon}{\partial \omega_{10}}\right) = m_{2*} \cdot \omega_{10} \cdot \left(-\frac{1}{2} \cdot d_2^2 \cdot \cos\varphi_{20} \cdot \sin\varphi_{20} \cdot \omega_{20} - d_1 \cdot d_2 \cdot \sin\varphi_{20} \cdot \omega_{20} + \right. \\
&\left. + \frac{1}{2} \cdot r_{2*}^2 \cdot \sin\varphi_{20} \cdot \cos\varphi_{20} \cdot \omega_{20}\right) + \frac{1}{2} \cdot m_{2*} \cdot a_2 \cdot d_2 \cdot \omega_{20} \cdot \cos\varphi_{20} \cdot \omega_{20} + \\
&+ m_3 \cdot \omega_{10} \cdot \left(-2 \cdot d_2^2 \cdot \cos\varphi_{20} \cdot \sin\varphi_{20} \cdot \omega_{20} - 2 \cdot d_1 \cdot d_2 \cdot \sin\varphi_{20} \cdot \omega_{20}\right) + \\
&+ m_3 \cdot \omega_{20} \cdot d_2 \cdot \left(a_2 + \frac{1}{2} \cdot a_3\right) \cdot \cos\varphi_{20} \cdot \omega_{20} + m_{3*} \cdot \omega_{10} \cdot \\
&\cdot \left(-2 \cdot d_2^2 \cdot \cos\varphi_{20} \cdot \sin\varphi_{20} \cdot \omega_{20} - \frac{1}{2} \cdot d_3^2 \cdot \cos\varphi_{30} \cdot \sin\varphi_{30} \cdot \omega_{30} - \right. \\
&- 2 \cdot d_1 \cdot d_2 \cdot \sin\varphi_{20} \omega_{20} - d_1 \cdot d_3 \cdot \sin\varphi_{30} \cdot \omega_{30} - d_2 \cdot d_3 \cdot \sin\varphi_{20} \cdot \omega_{20} \cdot \cos\varphi_{30} - \\
&\left. - d_2 \cdot d_3 \cdot \cos\varphi_{20} \cdot \sin\varphi_{30} \cdot \omega_{30} + \frac{1}{2} \cdot r_{3*}^2 \cdot \sin\varphi_{30} \cdot \cos\varphi_{30} \cdot \omega_{30}\right) + \\
&+ m_{3*} \cdot \omega_{20} \cdot d_2 \cdot (a_2 + a_3) \cdot \cos\varphi_{20} \cdot \omega_{20} + \frac{1}{2} \cdot m_{3*} \cdot \omega_{30} \cdot d_3 \cdot (a_2 + a_3) \cdot \cos\varphi_{30} \cdot \omega_{30}
\end{aligned} \qquad (38)$$

În continuare repetăm procedura anterioară pentru elementul al doilea, derivând parțial energia cinetică totală a sistemului în raport cu coordonata generalizată ω_{20} (care reprezintă viteza unghiulară a celui de al doilea actuator). Se obține astfel relația (39).

$$\frac{\partial \varepsilon}{\partial \omega_{20}} = \frac{1}{2} \cdot m_2 \cdot r_2^2 \cdot \omega_{20} + \frac{1}{4} \cdot m_{2*} \cdot \left(d_2^2 + r_{2*}^2\right) \cdot \omega_{20} +$$

$$+ \frac{1}{2} \cdot m_{2*} \cdot a_2 \cdot d_2 \cdot \sin\varphi_{20} \cdot \omega_{10} + m_3 \cdot d_2^2 \cdot \omega_{20} +$$

$$+ m_3 \cdot d_2 \cdot \left(a_2 + \frac{1}{2} \cdot a_3\right) \cdot \sin\varphi_{20} \cdot \omega_{10} + m_{3*} \cdot d_2^2 \cdot \omega_{20} + \quad (39)$$

$$+ \frac{1}{2} \cdot m_{3*} \cdot d_2 \cdot d_3 \cdot \cos(\varphi_{30} - \varphi_{20}) \cdot \omega_{30} +$$

$$+ m_{3*} \cdot d_2 \cdot (a_2 + a_3) \cdot \sin\varphi_{20} \cdot \omega_{10}$$

Relația rezultată (39) se derivează a doua oară, de data asta absolut, în funcție de timp și se obține expresia (40). Se consideră pe parcursul acestei derivări absolute că vitezele unghiulare ale actuatorilor nu variază în raport cu timpul (sunt aproximativ constante).

$$\frac{d}{dt}\left(\frac{\partial \varepsilon}{\partial \omega_{20}}\right) = \frac{1}{2} \cdot m_{2*} \cdot a_2 \cdot d_2 \cdot \cos\varphi_{20} \cdot \omega_{20} \cdot \omega_{10} +$$

$$+ m_3 \cdot d_2 \cdot \left(a_2 + \frac{1}{2} \cdot a_3\right) \cdot \cos\varphi_{20} \cdot \omega_{20} \cdot \omega_{10} -$$

$$- \frac{1}{2} \cdot m_{3*} \cdot d_2 \cdot d_3 \cdot \sin(\varphi_{30} - \varphi_{20}) \cdot (\omega_{30} - \omega_{20}) \cdot \omega_{30} + \quad (40)$$

$$+ m_{3*} \cdot d_2 \cdot (a_2 + a_3) \cdot \cos\varphi_{20} \cdot \omega_{20} \cdot \omega_{10}$$

Urmează derivata parțială a energiei cinetice a sistemului în funcție de deplasarea unghiulară a celui de al doilea actuator (41).

$$\frac{\partial \varepsilon}{\partial \varphi_{20}} = -\frac{1}{4} \cdot m_{2*} \cdot d_2^2 \cdot \cos\varphi_{20} \cdot \sin\varphi_{20} \cdot \omega_{10}^2 - \frac{1}{2} \cdot m_{2*} \cdot d_1 \cdot d_2 \cdot \sin\varphi_{20} \cdot \omega_{10}^2 +$$
$$+ \frac{1}{4} \cdot m_{2*} \cdot r_{2*}^2 \cdot \sin\varphi_{20} \cdot \cos\varphi_{20} \cdot \omega_{10}^2 + \frac{1}{2} \cdot m_{2*} \cdot a_2 \cdot d_2 \cdot \cos\varphi_{20} \cdot \omega_{10} \cdot \omega_{20} -$$
$$- m_3 \cdot d_2^2 \cdot \cos\varphi_{20} \cdot \sin\varphi_{20} \cdot \omega_{10}^2 - m_3 \cdot d_1 \cdot d_2 \cdot \sin\varphi_{20} \cdot \omega_{10}^2 + \qquad (41)$$
$$+ m_3 \cdot d_2 \cdot \left(a_2 + \frac{1}{2} \cdot a_3\right) \cdot \cos\varphi_{20} \cdot \omega_{20} \cdot \omega_{10} - m_{3*} \cdot d_2^2 \cdot \cos\varphi_{20} \cdot \sin\varphi_{20} \cdot \omega_{10}^2 -$$
$$- m_{3*} \cdot d_1 \cdot d_2 \cdot \sin\varphi_{20} \cdot \omega_{10}^2 - \frac{1}{2} \cdot m_{3*} \cdot d_2 \cdot d_3 \cdot \sin\varphi_{20} \cdot \cos\varphi_{30} \cdot \omega_{10}^2 +$$
$$+ \frac{1}{2} \cdot m_{3*} \cdot d_2 \cdot d_3 \cdot \sin(\varphi_{30} - \varphi_{20}) \cdot \omega_{20} \cdot \omega_{30} + m_{3*} \cdot d_2 \cdot (a_2 + a_3) \cdot \cos\varphi_{20} \cdot \omega_{10} \cdot \omega_{20}$$

Utilizând relațiile (40) și (41) introduse în ecuația Lagrange (42) se obține expresia (43) a variației momentului motor al celui de al doilea actuator.

$$\frac{d}{dt}\left(\frac{\partial \varepsilon}{\partial \omega_{20}}\right) - \frac{\partial \varepsilon}{\partial \varphi_{20}} = M_{20} \qquad (42)$$

$$M_{20} = -\frac{1}{2} \cdot m_{3*} \cdot d_2 \cdot d_3 \cdot \sin(\varphi_{30} - \varphi_{20}) \cdot \omega_{30}^2 +$$
$$+ \left(m_3 + m_{3*} + \frac{1}{4} \cdot m_{2*}\right) \cdot d_2^2 \cdot \cos\varphi_{20} \cdot \sin\varphi_{20} \cdot \omega_{10}^2 -$$
$$- \frac{1}{4} \cdot m_{2*} \cdot r_{2*}^2 \cdot \cos\varphi_{20} \cdot \sin\varphi_{20} \cdot \omega_{10}^2 + \qquad (43)$$
$$+ \left(m_3 + m_{3*} + \frac{1}{2} \cdot m_{2*}\right) \cdot d_1 \cdot d_2 \cdot \sin\varphi_{20} \cdot \omega_{10}^2 +$$
$$+ \frac{1}{2} \cdot m_{3*} \cdot d_2 \cdot d_3 \cdot \sin\varphi_{20} \cdot \cos\varphi_{30} \cdot \omega_{10}^2$$

Se derivează acum parțial energia cinetică totală a sistemului și pentru elementul al treilea, derivând parțial energia cinetică totală a sistemului în raport cu coordonata generalizată ω_{30} (care reprezintă viteza unghiulară a celui de al treilea actuator). Se obține astfel relația (44).

$$\frac{\partial \varepsilon}{\partial \omega_{30}} = \frac{1}{4} \cdot m_{3*} \cdot \omega_{30} \cdot \left(d_3^2 + r_{3*}^2\right) +$$

$$+ \frac{1}{2} \cdot m_{3*} \cdot d_2 \cdot d_3 \cdot \omega_{20} \cdot \cos(\varphi_{30} - \varphi_{20}) + \quad (44)$$

$$+ \frac{1}{2} \cdot m_{3*} \cdot d_3 \cdot (a_2 + a_3) \cdot \sin \varphi_{30} \cdot \omega_{10}$$

Se derivează absolut în funcţie de timp expresia (44) obţinută, considerând vitezele unghiulare ale actuatorilor aproximativ constante în timp, şi se obţine relaţia (45).

$$\frac{d}{dt}\left(\frac{\partial \varepsilon}{\partial \omega_{30}}\right) = -\frac{1}{2} \cdot m_{3*} \cdot d_2 \cdot d_3 \cdot \sin(\varphi_{30} - \varphi_{20}) \cdot (\omega_{30} - \omega_{20}) \cdot \omega_{20} +$$
$$+ \frac{1}{2} \cdot m_{3*} \cdot d_3 \cdot (a_2 + a_3) \cdot \cos \varphi_{30} \cdot \omega_{30} \cdot \omega_{10} \quad (45)$$

Se derivează parţial energia cinetică a întregului sistem în funcţie de deplasarea unghiulară a celui de al treilea actuator şi rezultă expresia (46).

$$\frac{\partial \varepsilon}{\partial \varphi_{30}} = -\frac{1}{4} \cdot m_{3*} \cdot d_3^2 \cdot \cos \varphi_{30} \cdot \sin \varphi_{30} \cdot \omega_{10}^2 -$$
$$- \frac{1}{2} \cdot d_1 \cdot d_3 \cdot m_{3*} \cdot \sin \varphi_{30} \cdot \omega_{10}^2 - \frac{1}{2} \cdot m_{3*} \cdot d_2 \cdot d_3 \cdot \cos \varphi_{20} \cdot \sin \varphi_{30} \cdot \omega_{10}^2 + \quad (46)$$
$$+ \frac{1}{4} \cdot m_{3*} \cdot r_{3*}^2 \cdot \sin \varphi_{30} \cdot \cos \varphi_{30} \cdot \omega_{10}^2 - \frac{1}{2} \cdot m_{3*} \cdot d_2 \cdot d_3 \cdot \sin(\varphi_{30} - \varphi_{20}) \cdot$$
$$\cdot \omega_{20} \cdot \omega_{30} + \frac{1}{2} \cdot m_{3*} \cdot d_3 \cdot (a_2 + a_3) \cdot \cos \varphi_{30} \cdot \omega_{10} \cdot \omega_{30}$$

Utilizând relaţiile (45) şi (46) prin introducerea lor în ecuaţia Lagrange (47) se obţine expresia (48) a variaţiei momentului motor al celui de al treilea actuator.

$$\frac{d}{dt}\left(\frac{\partial \varepsilon}{\partial \omega_{30}}\right) - \frac{\partial \varepsilon}{\partial \varphi_{30}} = M_{30} \tag{47}$$

$$\begin{aligned}
M_{30} =& \frac{1}{2} \cdot m_{3*} \cdot d_2 \cdot d_3 \cdot \sin(\varphi_{30} - \varphi_{20}) \cdot \omega_{20}^2 + \\
&+ \frac{1}{2} \cdot m_{3*} \cdot d_2 \cdot d_3 \cdot \cos\varphi_{20} \cdot \sin\varphi_{30} \cdot \omega_{10}^2 + \\
&+ \frac{1}{4} \cdot m_{3*} \cdot d_3^2 \cdot \cos\varphi_{30} \cdot \sin\varphi_{30} \cdot \omega_{10}^2 - \\
&- \frac{1}{4} \cdot m_{3*} \cdot r_{3*}^2 \cdot \cos\varphi_{30} \cdot \sin\varphi_{30} \cdot \omega_{10}^2 + \\
&+ \frac{1}{2} \cdot m_{3*} \cdot d_1 \cdot d_3 \cdot \sin\varphi_{30} \cdot \omega_{10}^2
\end{aligned} \tag{48}$$

Utilizând expresiile (38), (43), și (48), se pot determina variațiile momentelor motoare, momentelor actuatorilor, pentru întreaga plajă de utilizare. Se utilizează deplasările și vitezele unghiulare determinate la primele cursuri, valori care se dau sub forma unor funcții (în cinematica directă), se obțin din relațiile studiate (în cinematica indirectă), sau se determină din condițiile impuse endefectorului pentru a parcurge anumite traiectorii optimizate (prestabilite), (a se revedea cursul 5). **Se poate face o sinteză dinamică pentru alegerea optimă a celor trei actuatori.**

Interesant este faptul că momentele motoarelor depind de masele, formele și dimensiunile elementelor, dar și de parametrii cinematici ai actuatorilor, ω_{10}, φ_{20}, ω_{20}, φ_{30}, ω_{30}, mai puțin φ_{10}.

Deci motoarele nu sunt influențate dinamic de poziția primului element, sau mai clar spus de unghiul de rotație al primului element (vezi figura 1), mișcarea reală, dinamică fiind influențată doar de pozițiile elementelor doi și trei, cât și de vitezele unghiulare ale celor trei actuatori (motoare de acționare).

Sistemele mecatronice seriale pot fi tratate mai simplu în plan (2R)

În figura 1 este prezentată schema geometro-cinematică a unei structuri de bază 3R.

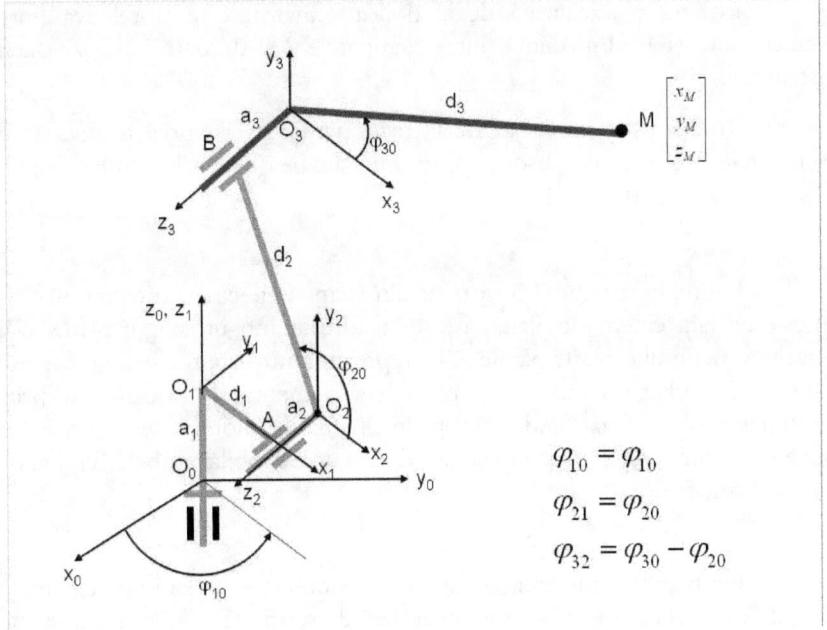

Fig. 1. *Schema geometro-cinematică a unei structuri 3R moderne (antropomorfe)*

Pornind de la această platformă se poate studia prin adaus orice altă schemă, n-R modernă.

Platforma (sistemul) din figura 1, are trei grade de mobilitate, realizate prin trei actuatoare (motoare electrice) sau actuatori. Primul motor electric antrenează întregul sistem într-o mișcare de rotație în jurul unui ax vertical $O_0 z_0$. Motorul (actuatorul) numărul 1, este montat pe elementul fix (batiu, 0) și antrenează elementul mobil 1 într-o mișcare de rotație, în jurul unui ax vertical. Pe elementul mobil 1, se construiesc apoi toate celelalte elemente (componente) ale sistemului.

Urmează un lanț cinematic plan (vertical), format din două elemente mobile și două cuple cinematice motoare. E vorba de elementele cinematice mobile 2 și 3, ansamblul 2,3 fiind mișcat de actuatorul al doilea montat în cupla A, fix pe elementul 1. Deci al doilea motor electric fixat de elementul 1 va antrena elementul 2 în mișcare de rotație relativă față de elementul 1, dar automat el va mișca întregul lanț cinematic 2-3.

Ultimul actuator (motor electric) fixat de elementul 2, în B, va roti elementul 3 (relativ în raport cu 2).

Rotația φ_{10} realizată de primul actuator, este și relativă (între elementele 1 și 0) și absolută (între elementele 1 și 0).

Rotația φ_{20} realizată de al doilea actuator, este și relativă (între elementele 2 și 1) și absolută (între elementele 2 și 0), datorită poziționării sistemului.

Rotația $\theta=\varphi_{32}$ realizată de al treilea actuator, este doar relativă (între elementele 3 și 2), cea absolută corespunzătoare (între elementele 3 și 0) fiind o funcție de $\theta=\varphi_{32}$ și de φ_{20}.

Lanțul cinematic 2-3 (format din elementele cinematice mobile 2 și 3) este un lanț cinematic plan, care se încadrează într-un singur plan sau în unul sau mai multe plane paralele. El reprezintă un sistem cinematic aparte, care va fi studiat separat. Se va considera elementul 1 de care este prins lanțul cinematic 2-3 ca fiind fix, cuplele cinematice motoare $A(O_2)$ și $B(O_3)$ devenind prima cuplă fixă, iar cea dea doua cuplă mobilă, ambele fiind cuple cinematice C5, de rotație.

Pentru determinarea gradului de mobilitate al lanțului cinematic plan 2-3, se aplică formula structurală dată de relația (1), unde m reprezintă numărul elementelor mobile ale lanțului cinematic plan, în cazul nostru m=2 (fiind vorba de cele două elemente cinematice mobile notate cu 2 și respectiv 3), iar C_5 reprezintă numărul cuplelor cinematice de clasa a cincea, în cazul de față $C_5=2$ (fiind vorba de cuplele A și B sau O_2 și O_3).

$$M_3 = 3 \cdot m - 2 \cdot C_5 = 3 \cdot 2 - 2 \cdot 2 = 6 - 4 = 2 \tag{1}$$

Lanțul cinematic 2-3 având gradul de mobilitate 2, trebuie să fie acționat de două motoare.

Se preferă ca cei doi actuatori să fie două motoare electrice, de curent continuu, sau alternativ. Acționarea se poate realiza însă și cu altfel de motoare. Motoare hidraulice, pneumatice, sonice, etc.

Schema structurală a lanțului cinematic plan 2-3 (fig. 2) seamănă cu schema sa cinematică.

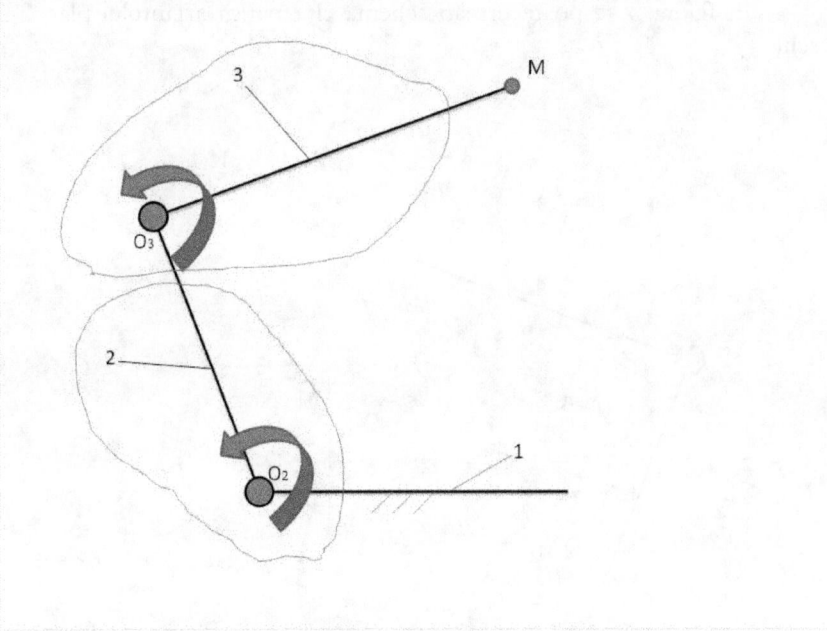

Fig. 2. *Schema structurală a lanțului cinematic plan 2-3 legat la elementul 1 considerat fix*

Elementul conducător 2 este legat de elementul considerat fix 1 prin cupla motoare O_2, iar elementul conducător 3 este legat de elementul mobil 2 prin cupla motoare O_3.

Rezultă un lanț cinematic deschis cu două grade de mobilitate, realizate de cele două actuatoare, adică de cele două motoare electrice, montate în cuplele cinematice motoare A și B sau O_2 respectiv O_3.

Cinematica directă a lanțului plan 2-3

În figura 3 se poate urmări schema cinematică a lanțului plan 2-3 deschis.

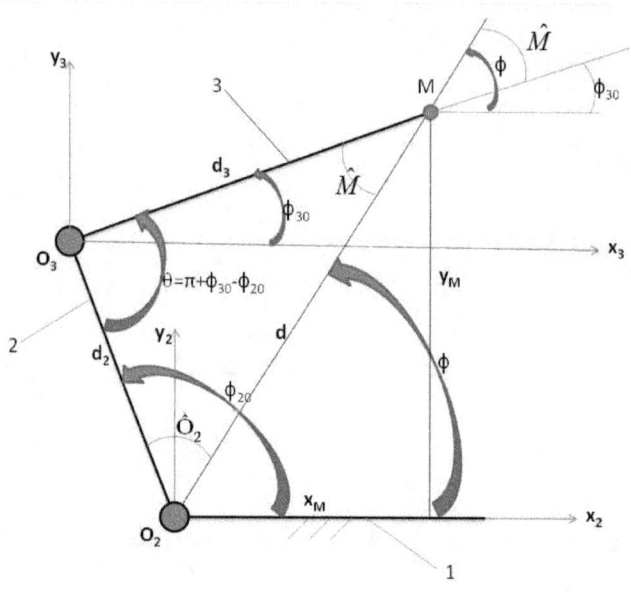

Fig. 3. *Schema cinematică a lanțului cinematic plan 2-3 legat la elementul 1 considerat fix*

În cinematica directă se cunosc parametrii cinematici φ_{20} și φ_{30} și trebuiesc determinați prin calcul analitic parametrii x_M și y_M, care reprezintă coordonatele scalare ale punctului M (endefectorul M). Se proiectează vectorii $d_2 + d_3$ pe sistemul de axe cartezian considerat fix, xOy, identic cu $x_2O_2y_2$. Se obține sistemul de ecuații scalare (2).

$$\begin{cases} x_{2M} \equiv x_M = x_{O_3} + x_{3M} = d_2 \cdot \cos\varphi_{20} + d_3 \cdot \cos\varphi_{30} = d \cdot \cos\varphi \\ y_{2M} \equiv y_M = y_{O_3} + y_{3M} = d_2 \cdot \sin\varphi_{20} + d_3 \cdot \sin\varphi_{30} = d \cdot \sin\varphi \end{cases} \quad (2)$$

După ce se determină coordonatele carteziene ale punctului M cu ajutorul relațiilor date de sistemul (2), se pot obține imediat și parametrii unghiului φ cu ajutorul relațiilor stabilite în cadrul sistemului (3).

$$\begin{cases} d^2 = x_M^2 + y_M^2 \\ d = \sqrt{x_M^2 + y_M^2} \\ \cos\varphi = \dfrac{x_M}{d} = \dfrac{x_M}{\sqrt{x_M^2 + y_M^2}} \\ \sin\varphi = \dfrac{y_M}{d} = \dfrac{y_M}{\sqrt{x_M^2 + y_M^2}} \\ \varphi = semn(\sin\varphi) \cdot \arccos(\cos\varphi) \end{cases} \quad (3)$$

Sistemul (2) se scrie mai concis în forma (4) care se derivează în funcție de timp, obținându-se sistemul de viteze (5), care derivat cu timpul generează la rândul său sistemul de accelerații (6).

$$\begin{cases} x_M = d_2 \cdot \cos\varphi_{20} + d_3 \cdot \cos\varphi_{30} = \\ \quad = d_2 \cdot \cos\varphi_{20} + d_3 \cdot \cos(\theta + \varphi_{20} - \pi) \\ y_M = d_2 \cdot \sin\varphi_{20} + d_3 \cdot \sin\varphi_{30} = \\ \quad = d_2 \cdot \sin\varphi_{20} + d_3 \cdot \sin(\theta + \varphi_{20} - \pi) \end{cases} \quad (4)$$

$$\begin{cases} v_M^x \equiv \dot{x}_M = -d_2 \cdot \sin\varphi_{20} \cdot \omega_{20} - d_3 \cdot \sin\varphi_{30} \cdot \omega_{30} = \\ \quad = -d_2 \cdot \sin\varphi_{20} \cdot \omega_{20} - d_3 \cdot \sin\varphi_{30} \cdot (\dot{\theta} + \omega_{20}) \\ v_M^y \equiv \dot{y}_M = d_2 \cdot \cos\varphi_{20} \cdot \omega_{20} + d_3 \cdot \cos\varphi_{30} \cdot \omega_{30} = \\ \quad = d_2 \cdot \cos\varphi_{20} \cdot \omega_{20} + d_3 \cdot \cos\varphi_{30} \cdot (\dot{\theta} + \omega_{20}) \end{cases} \quad (5)$$

$$\begin{cases} a_M^x \equiv \ddot{x}_M = -d_2 \cdot \cos\varphi_{20} \cdot \omega_{20}^2 - d_3 \cdot \cos\varphi_{30} \cdot \omega_{30}^2 = \\ \quad = -d_2 \cdot \cos\varphi_{20} \cdot \omega_{20}^2 - d_3 \cdot \cos\varphi_{30} \cdot (\dot{\theta} + \omega_{20})^2 \\ a_M^y \equiv \ddot{y}_M = -d_2 \cdot \sin\varphi_{20} \cdot \omega_{20}^2 - d_3 \cdot \sin\varphi_{30} \cdot \omega_{30}^2 = \\ \quad = -d_2 \cdot \sin\varphi_{20} \cdot \omega_{20}^2 - d_3 \cdot \sin\varphi_{30} \cdot (\dot{\theta} + \omega_{20})^2 \end{cases} \quad (6)$$

Observație: vitezele unghiulare ale actuatorilor s-au considerat constante (relațiile 7).

$$\dot{\varphi}_{20} = \omega_{20} = ct; \quad \dot{\theta} = ct \Rightarrow si \quad \omega_{30} = ct. \tag{7}$$
$$Se \quad consideră \quad \varepsilon_{20} = \ddot{\theta} = \varepsilon_{30} = 0.$$

Relațiile (3) se derivează și ele și se obțin sistemul de viteze (8) și cel de accelerații (9).

$$\begin{cases} d^2 = x_M^2 + y_M^2 \\ 2 \cdot d \cdot \dot{d} = 2 \cdot x_M \cdot \dot{x}_M + 2 \cdot y_M \cdot \dot{y}_M \\ d \cdot \dot{d} = x_M \cdot \dot{x}_M + y_M \cdot \dot{y}_M \\ \\ \dot{d} = \dfrac{x_M \cdot \dot{x}_M + y_M \cdot \dot{y}_M}{d} \\ \\ d \cdot \cos\varphi = x_M \\ d \cdot \sin\varphi = y_M \\ \dot{d} \cdot \cos\varphi - d \cdot \sin\varphi \cdot \dot{\varphi} = \dot{x}_M \,|\cdot(-\sin\varphi) \\ \dot{d} \cdot \sin\varphi + d \cdot \cos\varphi \cdot \dot{\varphi} = \dot{y}_M \,|\cdot(\cos\varphi) \\ \hline d \cdot \dot{\varphi} = \dot{x}_M \cdot (-\sin\varphi) + \dot{y}_M \cdot (\cos\varphi) \\ \\ \dot{\varphi} = \dfrac{\dot{y}_M \cdot \cos\varphi - \dot{x}_M \cdot \sin\varphi}{d} \\ \hline \\ \dot{d} = \dfrac{x_M \cdot \dot{x}_M + y_M \cdot \dot{y}_M}{d} \end{cases} \tag{8}$$

$$\begin{cases}
d^2 = x_M^2 + y_M^2 \\
2 \cdot d \cdot \dot{d} = 2 \cdot x_M \cdot \dot{x}_M + 2 \cdot y_M \cdot \dot{y}_M \\
d \cdot \dot{d} = x_M \cdot \dot{x}_M + y_M \cdot \dot{y}_M \\
\dot{d}^2 + d \cdot \ddot{d} = \dot{x}_M^2 + x_M \cdot \ddot{x}_M + \dot{y}_M^2 + y_M \cdot \ddot{y}_M \\
\\
\ddot{d} = \dfrac{\dot{x}_M^2 + x_M \cdot \ddot{x}_M + \dot{y}_M^2 + y_M \cdot \ddot{y}_M - \dot{d}^2}{d} \\
\\
d \cdot \cos\varphi = x_M \\
d \cdot \sin\varphi = y_M \\
\dot{d} \cdot \cos\varphi - d \cdot \sin\varphi \cdot \dot{\varphi} = \dot{x}_M \mid \cdot(-\sin\varphi) \\
\dot{d} \cdot \sin\varphi + d \cdot \cos\varphi \cdot \dot{\varphi} = \dot{y}_M \mid \cdot(\cos\varphi) \\
\\
\overline{d \cdot \dot{\varphi} = -\dot{x}_M \cdot \sin\varphi + \dot{y}_M \cdot \cos\varphi} \\
\\
\dot{d} \cdot \dot{\varphi} + d \cdot \ddot{\varphi} = \ddot{y}_M \cdot \cos\varphi - \dot{y}_M \cdot \sin\varphi \cdot \dot{\varphi} - \\
- \ddot{x}_M \cdot \sin\varphi - \dot{x}_M \cdot \cos\varphi \cdot \dot{\varphi} \\
\\
\ddot{\varphi} = \dfrac{\ddot{y}_M \cdot \cos\varphi - \ddot{x}_M \cdot \sin\varphi - \dot{y}_M \cdot \sin\varphi \cdot \dot{\varphi} - \dot{x}_M \cdot \cos\varphi \cdot \dot{\varphi} - \dot{d} \cdot \dot{\varphi}}{d} \\
\\
\ddot{d} = \dfrac{\dot{x}_M^2 + x_M \cdot \ddot{x}_M + \dot{y}_M^2 + y_M \cdot \ddot{y}_M - \dot{d}^2}{d}
\end{cases} \quad (9)$$

În continuare se vor determina pozițiile, vitezele și accelerațiile, în funcție de pozițiile scalare ale punctului O_3.

Se pornește de la coordonatele scalare ale punctului O_3 (10).

$$\begin{cases} x_{O_3} = d_2 \cdot \cos\varphi_{20} \\ y_{O_3} = d_2 \cdot \sin\varphi_{20} \end{cases} \quad (10)$$

Se determină apoi vitezele scalare, şi acceleraţiile punctului O_3, prin derivarea succesivă a sistemului (10), în care se înlocuiesc după derivare produsele d.cos sau d.sin cu poziţiile respective, x_{O3} sau y_{O3}, care devin în acest fel variabile (a se vedea relaţiile 11 şi 12).

$$\begin{cases} \dot{x}_{O_3} = -d_2 \cdot \sin\varphi_{20} \cdot \omega_{20} = -y_{O_3} \cdot \omega_{20} \\ \dot{y}_{O_3} = d_2 \cdot \cos\varphi_{20} \cdot \omega_{20} = x_{O_3} \cdot \omega_{20} \end{cases} \quad (11)$$

$$\begin{cases} \ddot{x}_{O_3} = -d_2 \cdot \cos\varphi_{20} \cdot \omega_{20}^2 = -x_{O_3} \cdot \omega_{20}^2 \\ \ddot{y}_{O_3} = -d_2 \cdot \sin\varphi_{20} \cdot \omega_{20}^2 = -y_{O_3} \cdot \omega_{20}^2 \end{cases} \quad (12)$$

S-au pus astfel în evidenţă vitezele şi acceleraţiile scalare ale punctului O_3 în funcţie de poziţiile iniţiale (scalare) şi de viteza unghiulară absolută a elementului 2. Viteza unghiulară s-a considerat constantă.

Aplicaţii:

Tehnica determinării vitezelor şi acceleraţiilor în funcţie de poziţii, este extrem de utilă în studiul dinamicii sistemului, a vibraţiilor şi zgomotelor provocate de sistemul respectiv. Această tehnică este des întâlnită în studiul vibraţiilor sistemului. Se cunosc vibraţiile poziţiilor scalare ale punctului O_3 şi se determină apoi cu uşurinţă vibraţiile vitezelor şi acceleraţiilor punctului respectiv cât şi a altor puncte ale sistemului toate ca funcţii de poziţiile scalare cunoscute ale punctului O_3. Tot prin această tehnică se pot calcula nivelele de zgomot locale în diverse puncte ale sistemului, cât şi nivelul global de zgomot generat de sistem, cu o aproximaţie suficient de mare în comparaţie cu zgomotele obţinute prin măsurători experimentale, cu aparatura adecvată. Studiul dinamicii sistemului poate fi dezvoltat şi prin această tehnică.

Viteza absolută a punctului O_3 (modulul vitezei) este dată de relaţia (13).

$$v_{O_3} = \sqrt{\dot{x}_{O_3}^2 + \dot{y}_{O_3}^2} = \sqrt{d_2^2 \cdot \omega_{20}^2 \cdot \sin^2 \varphi_{20} + d_2^2 \cdot \omega_{20}^2 \cdot \cos^2 \varphi_{20}} =$$
$$= \sqrt{d_2^2 \cdot \omega_{20}^2} = d_2 \cdot \omega_{20} \quad (13)$$

Acceleraţia absolută a punctului O_3 pentru viteză unghiulară constantă, este dată de relaţia (14).

$$a_{O_3} = \sqrt{\ddot{x}_{O_3}^2 + \ddot{y}_{O_3}^2} = \sqrt{d_2^2 \cdot \omega_{20}^4 \cdot \cos^2 \varphi_{20} + d_2^2 \cdot \omega_{20}^4 \cdot \sin^2 \varphi_{20}} =$$
$$= \sqrt{d_2^2 \cdot \omega_{20}^4} = d_2 \cdot \omega_{20}^2 \quad (14)$$

În continuare se vor determina parametrii cinematici scalari ai punctului M, endefector, în funcţie şi de parametrii de poziţie ai punctelor O_3 şi M (sistemele de relaţii 15-17).

$$\begin{cases} x_M = x_{O_3} + d_3 \cdot \cos \varphi_{30} \\ y_M = y_{O_3} + d_3 \cdot \sin \varphi_{30} \\ d_3 \cdot \cos \varphi_{30} = x_M - x_{O_3} \\ d_3 \cdot \sin \varphi_{30} = y_M - y_{O_3} \end{cases} \quad (15)$$

$$\begin{cases} \dot{x}_M = \dot{x}_{O_3} - d_3 \cdot \sin \varphi_{30} \cdot \dot{\varphi}_{30} = \\ = -y_{O_3} \cdot \omega_{20} + (y_{O_3} - y_M) \cdot (\omega_{20} + \dot{\theta}) = \\ = y_{O_3} \cdot \dot{\theta} - y_M \cdot (\omega_{20} + \dot{\theta}) = (y_{O_3} - y_M) \cdot \dot{\theta} - y_M \cdot \omega_{20} \\ \\ \dot{y}_M = \dot{y}_{O_3} + d_3 \cdot \cos \varphi_{30} \cdot \dot{\varphi}_{30} = \\ = x_{O_3} \cdot \omega_{20} + (x_M - x_{O_3}) \cdot (\omega_{20} + \dot{\theta}) = \\ = x_M \cdot (\omega_{20} + \dot{\theta}) - x_{O_3} \cdot \dot{\theta} = (x_M - x_{O_3}) \cdot \dot{\theta} + x_M \cdot \omega_{20} \\ \dot{y}_{O_3} - \dot{y}_M = -d_3 \cdot \cos \varphi_{30} \cdot (\omega_{20} + \dot{\theta}) \\ \dot{x}_M - \dot{x}_{O_3} = -d_3 \cdot \sin \varphi_{30} \cdot (\omega_{20} + \dot{\theta}) \end{cases} \quad (16)$$

$$\begin{cases}
\ddot{x}_M = (\dot{y}_{O_3} - \dot{y}_M)\cdot\dot{\theta} - \dot{y}_M\cdot\omega_{20} \\
\ddot{y}_M = (\dot{x}_M - \dot{x}_{O_3})\cdot\dot{\theta} + \dot{x}_M\cdot\omega_{20} \\
\\
\dot{y}_{O_3} - \dot{y}_M = (x_{O_3} - x_M)\cdot(\omega_{20} + \dot{\theta}) \\
\dot{x}_M - \dot{x}_{O_3} = (y_{O_3} - y_M)\cdot(\omega_{20} + \dot{\theta}) \\
\\
\ddot{x}_M = (x_{O_3} - x_M)\cdot(\omega_{20} + \dot{\theta})\cdot\dot{\theta} + (x_{O_3} - x_M)\cdot\dot{\theta}\cdot\omega_{20} - x_M\cdot\omega_{20}^2 \\
\ddot{y}_M = (y_{O_3} - y_M)\cdot(\omega_{20} + \dot{\theta})\cdot\dot{\theta} + (y_{O_3} - y_M)\cdot\dot{\theta}\cdot\omega_{20} - y_M\cdot\omega_{20}^2 \\
\\
\ddot{x}_M = 2\cdot(x_{O_3} - x_M)\cdot\dot{\theta}\cdot\omega_{20} + (x_{O_3} - x_M)\cdot\dot{\theta}^2 - x_M\cdot\omega_{20}^2 \\
\ddot{y}_M = 2\cdot(y_{O_3} - y_M)\cdot\dot{\theta}\cdot\omega_{20} + (y_{O_3} - y_M)\cdot\dot{\theta}^2 - y_M\cdot\omega_{20}^2 \\
\\
\ddot{x}_M = (x_{O_3} - x_M)\cdot(2\cdot\dot{\theta}\cdot\omega_{20} + \dot{\theta}^2) - x_M\cdot\omega_{20}^2 \\
\ddot{y}_M = (y_{O_3} - y_M)\cdot(2\cdot\dot{\theta}\cdot\omega_{20} + \dot{\theta}^2) - y_M\cdot\omega_{20}^2 \\
\\
\ddot{x}_M = (x_{O_3} - x_M)\cdot(\omega_{20} + \dot{\theta})^2 - x_{O_3}\cdot\omega_{20}^2 \\
\ddot{y}_M = (y_{O_3} - y_M)\cdot(\omega_{20} + \dot{\theta})^2 - y_{O_3}\cdot\omega_{20}^2
\end{cases} \quad (17)$$

Cinematica inversă a lanțului plan 2-3.

În figura 4 se poate urmări schema cinematică a lanțului plan 2-3 deschis.

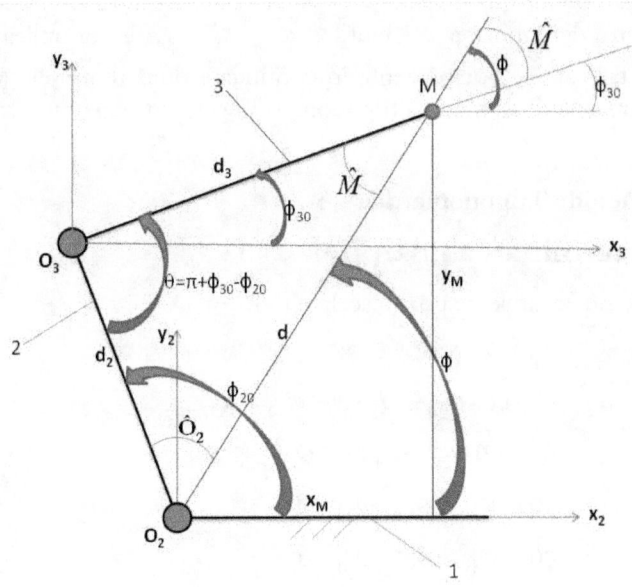

Fig. 4. *Schema cinematică a lanțului cinematic plan 2-3 legat la elementul 1 considerat fix*

În cinematica inversă se cunosc parametrii cinematici x_M și y_M, care reprezintă coordonatele scalare ale punctului M (endefectorul M) și trebuiesc determinați prin calcule analitice parametrii φ_{20} și φ_{30}. Se determină mai întâi parametrii intermediari d și φ cu relațiile (3) deja cunoscute.

$$\begin{cases} d^2 = x_M^2 + y_M^2; \quad d = \sqrt{x_M^2 + y_M^2} \\ \cos\varphi = \dfrac{x_M}{d} = \dfrac{x_M}{\sqrt{x_M^2 + y_M^2}}; \quad \sin\varphi = \dfrac{y_M}{d} = \dfrac{y_M}{\sqrt{x_M^2 + y_M^2}} \\ \varphi = semn(\sin\varphi) \cdot \arccos(\cos\varphi) \end{cases} \quad (3)$$

În triunghiul oarecare O_2O_3M se cunosc lungimile celor trei laturi ale sale, d_2, d_3 (constante) și d (variabilă), astfel încât se pot determina în funcție de lungimile laturilor toate celelalte elemente ale triunghiului, mai exact unghiurile sale, și funcțiile trigonometrice ale lor (ne interesează în mod deosebit sin și cos).

Pentru determinarea unghiurilor φ_{20} *si* φ_{30} se pot utiliza diverse metode, dintre care se vor prezenta în continuare două dintre ele (ca fiind cele mai reprezentative): metoda trigonometrică și metoda geometrică.

o Metoda Trigonometrică
Determinarea pozițiilor
Se scriu ecuațiile de poziții scalare (18):

$$\begin{cases} d_2 \cdot \cos\varphi_{20} + d_3 \cdot \cos\varphi_{30} = x_M \\ d_2 \cdot \sin\varphi_{20} + d_3 \cdot \sin\varphi_{30} = y_M \\ \cos^2\varphi_{20} + \sin^2\varphi_{20} = 1 \\ \cos^2\varphi_{30} + \sin^2\varphi_{30} = 1 \end{cases} \quad (18)$$

Problema acestor două ecuații scalare, trigonometrice, cu două necunoscute (φ_{20} *si* φ_{30}) este că ele transced (sunt ecuații trigonometrice, transcedentale, unde necunoscuta nu apare direct φ_{20} ci sub forma $\cos\varphi_{20}$ și $\sin\varphi_{20}$, astfel încât în realitate în cadrul celor două ecuații trigonometrice nu mai avem două necunoscute ci patru: $\cos\varphi_{20}$, $\sin\varphi_{20}$, $\cos\varphi_{30}$ și $\sin\varphi_{30}$). Pentru rezolvarea sistemului avem nevoie de încă două ecuații, astfel încât în sistemul (18) s-au mai adăugat încă două ecuații trigonometrice, mai exact ecuațiile trigonometrice de bază „de aur" cum li se mai zice, pentru unghiul φ_{20} și separat pentru unghiul φ_{30}.

În vederea rezolvării primele două ecuații ale sistemului (18) se scriu sub forma (19).

$$\begin{cases} d_2 \cdot \cos\varphi_{20} - x_M = -d_3 \cdot \cos\varphi_{30} \\ d_2 \cdot \sin\varphi_{20} - y_M = -d_3 \cdot \sin\varphi_{30} \end{cases} \quad (19)$$

Fiecare ecuație a sistemului (19) se ridică la pătrat, după care se însumează ambele ecuații (ridicate la pătrat) și se obține ecuația de forma (20).

$$d_2^2 \cdot (\cos^2 \varphi_{20} + \sin^2 \varphi_{20}) + x_M^2 + y_M^2 - 2 \cdot d_2 \cdot x_M \cdot \cos \varphi_{20} - 2 \cdot d_2 \cdot y_M \cdot \sin \varphi_{20} = d_3^2 \cdot (\cos^2 \varphi_{30} + \sin^2 \varphi_{30}) \quad (20)$$

Acum este momentul să se utilizeze cele două „ecuații de aur" trigonometrice scrise în finalul sistemului (18), cu ajutorul cărora ecuația (20) capătă forma simplificată (21).

$$d_2^2 + x_M^2 + y_M^2 - 2 \cdot d_2 \cdot x_M \cdot \cos \varphi_{20} - 2 \cdot d_2 \cdot y_M \cdot \sin \varphi_{20} = d_3^2 \quad (21)$$

Se aranjează termenii ecuației (21) în forma mai convenabilă (22).

$$d_2^2 - d_3^2 + x_M^2 + y_M^2 = 2 \cdot d_2 \cdot (x_M \cdot \cos \varphi_{20} + y_M \cdot \sin \varphi_{20}) \quad (22)$$

Se împarte ecuația (22) cu 2.d_2 și rezultă o nouă formă (23).

$$x_M \cdot \cos \varphi_{20} + y_M \cdot \sin \varphi_{20} = \frac{d_2^2 - d_3^2 + x_M^2 + y_M^2}{2 \cdot d_2} \quad (23)$$

Din figura 7 se observă relația (24) care e scrisă și în sistemul (3).

$$x_M^2 + y_M^2 = d^2 \quad (24)$$

Se introduce (24) în (23) și se amplifică fracția din dreapta cu d, astfel încât expresia (23) să capete forma (25), convenabilă.

$$x_M \cdot \cos \varphi_{20} + y_M \cdot \sin \varphi_{20} = \frac{d_2^2 + d^2 - d_3^2}{2 \cdot d_2 \cdot d} \cdot d \quad (25)$$

Acum e momentul introducerii expresiei cosinusului unghiului O_2, în funcție de laturile triunghiului oarecare O_2O_3M (26).

$$\cos \hat{O}_2 = \frac{d_2^2 + d^2 - d_3^2}{2 \cdot d_2 \cdot d} \qquad (26)$$

Cu relația (26) ecuația (25) capătă forma simplificată (27).

$$x_M \cdot \cos \varphi_{20} - d \cdot \cos \hat{O}_2 = -y_M \cdot \sin \varphi_{20} \qquad (27)$$

Dorim să eliminăm $\sin\varphi_{20}$, fapt pentru care am izolat termenul în sin, și se ridică la pătrat ecuația (27), pentru ca prin utilizarea ecuației de aur trigonometrice a unghiului φ_{20} să transformăm sin în cos, ecuația devenind una de gradul al doilea în $\cos\varphi_{20}$. După ridicarea la pătrat (27) capătă forma (28).

$$\begin{aligned}x_M^2 \cdot \cos^2 \varphi_{20} + d^2 \cdot \cos^2 \hat{O}_2 - 2 \cdot d \cdot x_M \cdot \cos \hat{O}_2 \cdot \cos \varphi_{20} = \\ = y_M^2 \cdot \sin^2 \varphi_{20}\end{aligned} \qquad (28)$$

Se utilizează formula de aur și expresia (28) capătă forma (29) care se aranjează convenabil prin gruparea termenilor aducându-se la forma (30).

$$\begin{aligned}x_M^2 \cdot \cos^2 \varphi_{20} + d^2 \cdot \cos^2 \hat{O}_2 - 2 \cdot d \cdot x_M \cdot \cos \hat{O}_2 \cdot \cos \varphi_{20} = \\ = y_M^2 - y_M^2 \cdot \cos^2 \varphi_{20}\end{aligned} \qquad (29)$$

$$\begin{aligned}(x_M^2 + y_M^2) \cdot \cos^2 \varphi_{20} - 2 \cdot d \cdot x_M \cdot \cos \hat{O}_2 \cdot \cos \varphi_{20} - \\ -(y_M^2 - d^2 \cdot \cos^2 \hat{O}_2) = 0\end{aligned} \qquad (30)$$

Discriminantul ecuației (30) de gradul doi în cos obținute se calculează cu relația (31).

$$\begin{aligned}\Delta &= d^2 \cdot x_M^2 \cdot \cos^2 \hat{O}_2 + d^2 \cdot (y_M^2 - d^2 \cdot \cos^2 \hat{O}_2) = \\ &= d^2 \cdot (x_M^2 \cdot \cos^2 \hat{O}_2 + y_M^2 - d^2 \cdot \cos^2 \hat{O}_2) = \\ &= d^2 \cdot (y_M^2 - y_M^2 \cdot \cos^2 \hat{O}_2) \\ &= d^2 \cdot y_M^2 \cdot (1 - \cos^2 \hat{O}_2) = d^2 \cdot y_M^2 \cdot \sin^2 \hat{O}_2 \end{aligned} \qquad (31)$$

Radicalul de ordinul doi din discriminant se exprimă sub forma (32).

$$R = \sqrt{\Delta} = \sqrt{d^2 \cdot y_M^2 \cdot \sin^2 \hat{O}_2} = d \cdot y_M \cdot \sin \hat{O}_2 \qquad (32)$$

Soluțiile ecuației (30) de gradul doi în cos se scriu sub forma (33).

$$\begin{aligned}\cos \varphi_{20_{1,2}} &= \frac{d \cdot x_M \cdot \cos \hat{O}_2 \mp d \cdot y_M \cdot \sin \hat{O}_2}{d^2} = \\ &= \frac{x_M \cdot \cos \hat{O}_2 \mp y_M \cdot \sin \hat{O}_2}{d} = \\ &= \frac{x_M}{d} \cdot \cos \hat{O}_2 \mp \frac{y_M}{d} \cdot \sin \hat{O}_2 \end{aligned} \qquad (33)$$

În continuare în soluțiile (33) se înlocuiesc rapoartele cu funcțiile trigonometrice corespunzătoare ale unghiului φ, expresiile (33) căpătând forma (34).

$$\begin{aligned}\cos \varphi_{20_{1,2}} &= \frac{x_M}{d} \cdot \cos \hat{O}_2 \mp \frac{y_M}{d} \cdot \sin \hat{O}_2 = \\ &= \cos \varphi \cdot \cos \hat{O}_2 \mp \sin \varphi \cdot \sin \hat{O}_2 = \cos(\varphi \pm \hat{O}_2)\end{aligned} \qquad (34)$$

$$\cos \varphi_{20} = \cos(\varphi \pm \hat{O}_2)$$

Ne întoarcem acum la ecuația (27) pe care o ordonăm în forma (35), cu scopul rezolvării ei în sin. Ecuația (35) se ridică la pătrat și prin utilizarea ecuației de aur trigonometrice a unghiului φ_{20} se obține forma (36).

$$x_M \cdot \cos\varphi_{20} = d \cdot \cos\hat{O}_2 - y_M \cdot \sin\varphi_{20} \qquad (35)$$

$$\begin{cases} x_M^2 \cdot \cos^2\varphi_{20} = d^2 \cdot \cos^2\hat{O}_2 + y_M^2 \cdot \sin^2\varphi_{20} - \\ -2 \cdot y_M \cdot d \cdot \cos\hat{O}_2 \cdot \sin\varphi_{20} \\ \\ x_M^2 - x_M^2 \cdot \sin^2\varphi_{20} = d^2 \cdot \cos^2\hat{O}_2 + y_M^2 \cdot \sin^2\varphi_{20} - \\ -2 \cdot y_M \cdot d \cdot \cos\hat{O}_2 \cdot \sin\varphi_{20} \\ \\ (x_M^2 + y_M^2) \cdot \sin^2\varphi_{20} - 2 \cdot y_M \cdot d \cdot \cos\hat{O}_2 \cdot \sin\varphi_{20} - \\ -(x_M^2 - d^2 \cdot \cos^2\hat{O}_2) = 0 \\ \\ d^2 \cdot \sin^2\varphi_{20} - 2 \cdot y_M \cdot d \cdot \cos\hat{O}_2 \cdot \sin\varphi_{20} - (x_M^2 - d^2 \cdot \cos^2\hat{O}_2) = 0 \end{cases} \qquad (36)$$

Discriminantul ecuației (36) de gradul doi în cos ia forma (37).

$$\begin{aligned} \Delta &= y_M^2 \cdot d^2 \cdot \cos^2\hat{O}_2 + d^2 \cdot (x_M^2 - d^2 \cdot \cos^2\hat{O}_2) = \\ &= d^2 \cdot (x_M^2 + y_M^2 \cdot \cos^2\hat{O}_2 - x_M^2 \cdot \cos^2\hat{O}_2 - y_M^2 \cdot \cos^2\hat{O}_2) = \\ &= d^2 \cdot (x_M^2 - x_M^2 \cdot \cos^2\hat{O}_2) = d^2 \cdot x_M^2 \cdot \sin^2\hat{O}_2 \end{aligned} \qquad (37)$$

Soluțiile ecuației (36) se scriu sub forma (38).

$$\begin{aligned} \sin\varphi_{20} &= \frac{y_M \cdot d \cdot \cos\hat{O}_2 \pm x_M \cdot d \cdot \sin\hat{O}_2}{d^2} = \\ &= \frac{y_M \cdot \cos\hat{O}_2 \pm x_M \cdot \sin\hat{O}_2}{d} = \frac{y_M}{d} \cdot \cos\hat{O}_2 \pm \frac{x_M}{d} \cdot \sin\hat{O}_2 = \\ &= \sin\varphi \cdot \cos\hat{O}_2 \pm \cos\varphi \cdot \sin\hat{O}_2 = \sin(\varphi \pm \hat{O}_2) \end{aligned} \qquad (38)$$

$$\sin\varphi_{20} = \sin(\varphi \pm \hat{O}_2)$$

Am obținut relațiile (39), din care se deduce relația de bază (40).

$$\begin{cases} \cos\varphi_{20} = \cos(\varphi \pm \hat{O}_2) \\ \sin\varphi_{20} = \sin(\varphi \pm \hat{O}_2) \end{cases} \tag{39}$$

$$\varphi_{20} = \varphi \pm \hat{O}_2 \tag{40}$$

Se repetă procedura și pentru determinarea unghiului φ_{30}, pornind din nou de la sistemul (18), în care primele două ecuații transcedentale se rescriu sub forma (41), în vederea eliminării unghiului φ_{20} de data aceasta.

$$\begin{cases} d_2 \cdot \cos\varphi_{20} + d_3 \cdot \cos\varphi_{30} = x_M \\ d_2 \cdot \sin\varphi_{20} + d_3 \cdot \sin\varphi_{30} = y_M \\ \cos^2\varphi_{20} + \sin^2\varphi_{20} = 1 \\ \cos^2\varphi_{30} + \sin^2\varphi_{30} = 1 \end{cases} \tag{18}$$

$$\begin{cases} d_2 \cdot \cos\varphi_{20} = x_M - d_3 \cdot \cos\varphi_{30} \\ d_2 \cdot \sin\varphi_{20} = y_M - d_3 \cdot \sin\varphi_{30} \end{cases} \tag{41}$$

Se ridică cele două ecuații ale sistemului (41) la pătrat și se adună, rezultând ecuația de forma (42), care se aranjează în formele mai convenabile (43) și (44).

$$d_2^2 = x_M^2 + y_M^2 + d_3^2 - 2 \cdot d_3 \cdot x_M \cdot \cos\varphi_{30} - 2 \cdot d_3 \cdot y_M \cdot \sin\varphi_{30} \tag{42}$$

$$x_M \cdot \cos\varphi_{30} + y_M \cdot \sin\varphi_{30} = d \cdot \frac{d^2 + d_3^2 - d_2^2}{2 \cdot d \cdot d_3} \tag{43}$$

$$x_M \cdot \cos\varphi_{30} + y_M \cdot \sin\varphi_{30} = d \cdot \cos\hat{M} \tag{44}$$

Dorim să-l determinăm mai întâi pe cos astfel încât vom izola pentru început termenul în sin, ecuația (44) punându-se sub forma (45), care prin ridicare la pătrat generează expresia (46), expresie ce se aranjează sub forma (47).

$$x_M \cdot \cos \varphi_{30} - d \cdot \cos \hat{M} = -y_M \cdot \sin \varphi_{30} \tag{45}$$

$$\begin{aligned}x_M^2 \cdot \cos^2 \varphi_{30} + d^2 \cdot \cos^2 \hat{M} - 2 \cdot d \cdot x_M \cdot \cos \hat{M} \cdot \cos \varphi_{30} = \\ = y_M^2 - y_M^2 \cdot \cos^2 \varphi_{30}\end{aligned} \tag{46}$$

$$d^2 \cdot \cos^2 \varphi_{30} - 2 \cdot d \cdot x_M \cdot \cos \hat{M} \cdot \cos \varphi_{30} - (y_M^2 - d^2 \cdot \cos^2 \hat{M}) = 0 \tag{47}$$

Ecuația (47) este o ecuație de gradul II în cos, cu soluțiile date de expresia (48).

$$\begin{aligned}\cos \varphi_{30} &= \\ &= \frac{d \cdot x_M \cdot \cos \hat{M} \pm \sqrt{d^2 \cdot x_M^2 \cdot \cos^2 \hat{M} + d^2 \cdot (y_M^2 - d^2 \cdot \cos^2 \hat{M})}}{d^2} = \\ &= \frac{d \cdot x_M \cdot \cos \hat{M} \pm \sqrt{d^2 \cdot y_M^2 \cdot (1 - \cos^2 \hat{M})}}{d^2} = \\ &= \frac{d \cdot x_M \cdot \cos \hat{M} \pm d \cdot y_M \cdot \sin \hat{M}}{d^2} = \\ &= \frac{x_M}{d} \cdot \cos \hat{M} \pm \frac{y_M}{d} \cdot \sin \hat{M} = \cos \varphi \cdot \cos \hat{M} \pm \sin \varphi \cdot \sin \hat{M} = \\ &= \cos(\varphi \mp \hat{M})\end{aligned} \tag{48}$$

$$\cos \varphi_{30} = \cos(\varphi \mp \hat{M})$$

Scriem în continuare ecuația (44) sub forma (49), unde se izolează de data aceasta termenul în cos în vederea eliminării sale, pentru a-l putea determina pe sin.

$$x_M \cdot \cos\varphi_{30} = d \cdot \cos\hat{M} - y_M \cdot \sin\varphi_{30} \qquad (49)$$

Ecuația (49) se ridică la pătrat și se obține ecuația de forma (50), care se aranjează sub forma convenabilă (51).

$$x_M^2 \cdot (1 - \sin^2\varphi_{30}) = \\ = d^2 \cdot \cos^2\hat{M} + y_M^2 \cdot \sin^2\varphi_{30} - 2 \cdot y_M \cdot d \cdot \cos\hat{M} \cdot \sin\varphi_{30} \qquad (50)$$

$$d^2 \cdot \sin^2\varphi_{30} - 2 \cdot y_M \cdot d \cdot \cos\hat{M} \cdot \sin\varphi_{30} - (x_M^2 - d^2 \cdot \cos^2\hat{M}) = 0 \quad (51)$$

Expresia (51) este o ecuație de geadul II în sin, care admite soluțiile date de relația (52).

$$\sin\varphi_{30} = \\ = \frac{d \cdot y_M \cdot \cos\hat{M} \mp \sqrt{d^2 \cdot y_M^2 \cdot \cos^2\hat{M} + d^2 \cdot (x_M^2 - d^2 \cdot \cos^2\hat{M})}}{d^2} = \\ = \frac{d \cdot y_M \cdot \cos\hat{M} \mp \sqrt{d^2 \cdot x_M^2 \cdot (1 - \cos^2\hat{M})}}{d^2} = \\ = \frac{d \cdot y_M \cdot \cos\hat{M} \mp d \cdot x_M \cdot \sin\hat{M}}{d^2} = \qquad (52) \\ = \frac{y_M}{d} \cdot \cos\hat{M} \mp \frac{x_M}{d} \cdot \sin\hat{M} = \sin\varphi \cdot \cos\hat{M} \mp \cos\varphi \cdot \sin\hat{M} = \\ = \sin(\varphi \mp \hat{M})$$

$$\sin\varphi_{30} = \sin(\varphi \mp \hat{M})$$

Se rețin relațiile (53) din care se deduce și expresia (54).

$$\begin{cases} \cos\varphi_{30} = \cos(\varphi \mp \hat{M}) \\ \sin\varphi_{30} = \sin(\varphi \mp \hat{M}) \end{cases} (53) \qquad \varphi_{30} = \varphi \mp \hat{M} \quad (54)$$

Determinarea vitezelor și accelerațiilor

Determinarea vitezelor

Din sistemul (8) se rețin doar relațiile (55), necesare în studiul vitezelor la cinematica inversă. Se pornește de la relația care leagă cosinusul unghiului $\hat{O}_2$ de laturile triunghiului, relație care se derivează în funcție de timp, și se obține astfel valoarea $\dot{\hat{O}}_2$ scris mai simplu, $\dot{O}_2$ (relațiile 56).

$$\begin{cases} \dot{\varphi} = \dfrac{\dot{y}_M \cdot \cos\varphi - \dot{x}_M \cdot \sin\varphi}{d} \\ \dot{d} = \dfrac{x_M \cdot \dot{x}_M + y_M \cdot \dot{y}_M}{d} \end{cases} \quad (55)$$

$$\begin{cases} 2 \cdot d_2 \cdot d \cdot \cos O_2 - d_2^2 - d_3^2 + d^2 \\ \\ 2 \cdot d_2 \cdot \dot{d} \cdot \cos O_2 - 2 \cdot d_2 \cdot d \cdot \sin O_2 \cdot \dot{O}_2 = 2 \cdot d \cdot \dot{d} \Rightarrow \\ \\ \Rightarrow \dot{O}_2 = \dfrac{d_2 \cdot \dot{d} \cdot \cos O_2 - d \cdot \dot{d}}{d_2 \cdot d \cdot \sin O_2} \end{cases} \quad (56)$$

Se derivează relația (40) și se obține viteza unghiulară $\omega_{20} \equiv \dot{\varphi}_{20}$ (relația 57).

$$\varphi_{20} = \varphi \pm \hat{O}_2 \quad (40)$$

$$\omega_{20} \equiv \dot{\varphi}_{20} = \dot{\varphi} \pm \dot{O}_2 \quad (57)$$

Pentru a-l determina pe ω_{20} (relația 57) avem nevoie de $\dot{\varphi}$ care se calculează din (55), și de $\dot{O}_2$ care se determină din (56). La rândul său $\dot{O}_2$ necesită pentru calculul său $\dot{d}$ care se calculează tot din sistemul (55).

Vitezele de intrare $\dot{x}_M$ si $\dot{y}_M$ se cunosc, sunt impuse ca date de intrare, sau se aleg convenabil, ori se pot calcula pe baza unor criterii impuse.

În mod similar se determină și viteza unghiulară $\omega_{30} \equiv \dot{\varphi}_{30}$.

$$\begin{cases} 2 \cdot d_3 \cdot d \cdot \cos M = d_3^2 - d_2^2 + d^2 \\ 2 \cdot d_3 \cdot \dot{d} \cdot \cos M - 2 \cdot d_3 \cdot d \cdot \sin M \cdot \dot{M} = 2 \cdot d \cdot \dot{d} \Rightarrow \\ \Rightarrow \dot{M} = \dfrac{d_3 \cdot \dot{d} \cdot \cos M - d \cdot \dot{d}}{d_3 \cdot d \cdot \sin M} \end{cases} \quad (58)$$

Se derivează relația (54) pentru a obține viteza unghiulară $\omega_{30} \equiv \dot{\varphi}_{30}$, (expresia 59). $\dot{\varphi}$ se calculează cu expresia deja cunoscută din sistemul (55), iar $\dot{M}$ se determină din sistemul (58) și cu ajutorul sistemului (55) care-l determină și pe $\dot{d}$.

$$\varphi_{30} = \varphi \mp \hat{M} \quad (54)$$

$$\omega_{30} \equiv \dot{\varphi}_{30} = \dot{\varphi} \mp \dot{M} \quad (59)$$

Determinarea accelerațiilor

Din sistemul (9) se rețin doar relațiile (60), necesare în studiul accelerațiilor în cinematica inversă. Relația din sistemul (56) se derivează a doua oară cu timpul, și se obține sistemul (61).

$$\begin{cases} \ddot{\varphi} = \dfrac{\ddot{y}_M \cdot \cos\varphi - \ddot{x}_M \cdot \sin\varphi - \dot{y}_M \cdot \sin\varphi \cdot \dot{\varphi} - \dot{x}_M \cdot \cos\varphi \cdot \dot{\varphi} - \dot{d} \cdot \dot{\varphi}}{d} \\ \ddot{d} = \dfrac{\dot{x}_M^2 + x_M \cdot \ddot{x}_M + \dot{y}_M^2 + y_M \cdot \ddot{y}_M - \dot{d}^2}{d} \end{cases} \quad (60)$$

$$\begin{cases} 2 \cdot d_2 \cdot d \cdot \cos O_2 = d_2^2 - d_3^2 + d^2 \\\\ 2 \cdot d_2 \cdot \dot{d} \cdot \cos O_2 - 2 \cdot d_2 \cdot d \cdot \sin O_2 \cdot \dot{O}_2 = 2 \cdot d \cdot \dot{d} \Rightarrow \\ \Rightarrow d_2 \cdot d \cdot \sin O_2 \cdot \dot{O}_2 = d_2 \cdot \dot{d} \cdot \cos O_2 - d \cdot \dot{d} \\\\ \ddot{O}_2 = \dfrac{\ddot{d}d_2 \cos O_2 - \ddot{d}d - 2\dot{d}d_2 \sin O_2 \cdot \dot{O}_2 - dd_2 \cos O_2 \cdot \dot{O}_2^2 - \dot{d}^2}{d_2 \cdot d \cdot \sin O_2} \end{cases} \quad (61)$$

În continuare se derivează expresia (57) și se obține relația (62), care generează accelerația unghiulară absolută $\varepsilon_2 \equiv \varepsilon_{20}$, care se calculează cu $\ddot{\varphi}$ scos din sistemul (60), și cu $\ddot{O}_2$ scos din sistemul (61), iar pentru determinarea lui $\ddot{O}_2$ mai este necesar $\ddot{d}$ scos tot din (60).

$$\omega_{20} \equiv \dot{\varphi}_{20} = \dot{\varphi} \pm \dot{O}_2 \quad (57)$$

$$\varepsilon_2 \equiv \varepsilon_{20} = \dot{\omega}_{20} \equiv \ddot{\varphi}_{20} = \ddot{\varphi} \pm \ddot{O}_2 \quad (62)$$

Acum se derivează a doua oară (58) și se obține sistemul (63).

$$\begin{cases} 2 \cdot d_3 \cdot d \cdot \cos M = d_3^2 - d_2^2 + d^2 \\\\ 2 \cdot d_3 \cdot \dot{d} \cdot \cos M - 2 \cdot d_3 \cdot d \cdot \sin M \cdot \dot{M} = 2 \cdot d \cdot \dot{d} \Rightarrow \\ \Rightarrow d_3 \cdot d \cdot \sin M \cdot \dot{M} = d_3 \cdot \dot{d} \cdot \cos M - d \cdot \dot{d} \\\\ \ddot{M} = \dfrac{\ddot{d}d_3 \cos M - \ddot{d}d - 2\dot{d}d_3 \sin M \cdot \dot{M} - dd_3 \cos M \cdot \dot{M}^2 - \dot{d}^2}{d_3 \cdot d \cdot \sin M} \end{cases} \quad (63)$$

Se derivează din nou cu timpul relația (59), și se obține expresia (64) a accelerației unghiulare absolute $\varepsilon_3 \equiv \varepsilon_{30}$ care se determină cu $\ddot{\varphi}$ și $\ddot{M}$.

$\ddot{\varphi}$ se scoate din sistemul (60), iar $\dddot{M}$ se scoate din sistemul (63), și are nevoie și de $\ddot{d}$ care se scoate tot din sistemul (60).

$$\omega_{30} \equiv \dot{\varphi}_{30} = \dot{\varphi} \mp \dot{M} \tag{59}$$

$$\varepsilon_3 \equiv \varepsilon_{30} = \dot{\omega}_{30} \equiv \ddot{\varphi}_{30} = \ddot{\varphi} \mp \ddot{M} \tag{64}$$

oo Metoda Geometrică

Determinarea pozițiilor

Se pornește prin scrierea ecuațiilor de poziții, geometrice (geometro-analitice) (65).

Coordonatele scalare (x_M, y_M) ale punctului M (endefectorul) sunt cunoscute, și trebuiesc determinate și coordonatele scalare ale punctului O$_3$, pe care le vom nota cu (x, y).

Relațiile sistemului (65) se obțin prin scrierea ecuațiilor geometro-analitice ale celor două cercuri, de raze d$_3$ și respectiv d$_2$.

$$\begin{cases} (x - x_M)^2 + (y - y_M)^2 = d_3^2 \\ x^2 + y^2 = d_2^2 \end{cases} \tag{65}$$

Se desfac binoamele primei ecuații a sistemului, se introduce ecuația a doua în prima, se mai utilizează și expresia lui $d^2 = x_M^2 + y_M^2$, se amplifică fracția cu factorul convenabil $d \cdot d_2$, și se obține expresia finală din sistemul (66), care se scrie împreună cu ecuația a doua a sistemului (65) în noul system (67), care trebuie rezolvat.

$$\begin{cases} x_M \cdot x + y_M \cdot y = \dfrac{d_2^2 + d^2 - d_3^2}{2} \\\\ x_M \cdot x + y_M \cdot y = d \cdot d_2 \cdot \dfrac{d_2^2 + d^2 - d_3^2}{2 \cdot d \cdot d_2} \\\\ x_M \cdot x + y_M \cdot y = d \cdot d_2 \cdot \cos O_2 \end{cases} \qquad (66)$$

$$\begin{cases} x_M \cdot x + y_M \cdot y = d \cdot d_2 \cdot \cos O_2 \\\\ x^2 + y^2 = d_2^2 \end{cases} \qquad (67)$$

Din prima ecuație a sistemului (67) se explicitează valoarea lui y, care se ridică și la pătrat (68).

$$\begin{cases} y = \dfrac{d \cdot d_2 \cdot \cos O_2 - x_M \cdot x}{y_M} \\\\ y^2 = \dfrac{d^2 \cdot d_2^2 \cdot \cos^2 O_2 + x_M^2 \cdot x^2 - 2 \cdot x_M \cdot d_2 \cdot d \cdot \cos O_2 \cdot x}{y_M^2} \end{cases} \qquad (68)$$

Expresia a doua a lui (68) se introduce în relația a doua a lui (67) și se obține ecuația (69), care se aranjează convenabil sub forma (70).

$$\begin{aligned} y_M^2 \cdot x^2 + d^2 \cdot d_2^2 \cdot \cos^2 O_2 + x_M^2 \cdot x^2 - \\ - 2 \cdot x_M \cdot d_2 \cdot d \cdot \cos O_2 \cdot x - y_M^2 \cdot d_2^2 = 0 \end{aligned} \qquad (69)$$

$$d^2 \cdot x^2 - 2 \cdot x_M \cdot d_2 \cdot d \cdot \cos O_2 \cdot x - d_2^2 \cdot (y_M^2 - d^2 \cdot \cos^2 O_2) = 0 \qquad (70)$$

Ecuația (70) este o ecuație de gradul II în x, care admite soluțiile reale (71).

$$x = \frac{x_M \cdot d_2 \cdot d \cdot \cos O_2}{d^2} \mp$$

$$\mp \frac{\sqrt{x_M^2 \cdot d_2^2 \cdot d^2 \cdot \cos O_2 + d^2 \cdot d_2^2 \cdot (y_M^2 - d^2 \cdot \cos^2 O_2)}}{d^2} =$$

$$= \frac{x_M \cdot d_2 \cdot d \cdot \cos O_2 \mp d_2 \cdot d \cdot y_M \cdot \sqrt{1 - \cos^2 O_2}}{d^2} =$$

$$= \frac{x_M \cdot d_2 \cdot \cos O_2 \mp d_2 \cdot y_M \cdot \sqrt{\sin^2 O_2}}{d} =$$

$$= \frac{x_M \cdot d_2 \cdot \cos O_2 \mp d_2 \cdot y_M \cdot \sin O_2}{d} = \qquad (71)$$

$$= d_2 \cdot \left(\frac{x_M}{d} \cdot \cos O_2 \mp \frac{y_M}{d} \cdot \sin O_2 \right) =$$

$$= d_2 \cdot (\cos \varphi \cdot \cos O_2 \mp \sin \varphi \cdot \sin O_2) =$$

$$= d_2 \cdot \cos(\varphi \pm O_2)$$

$$x = d_2 \cdot \cos(\varphi \pm O_2)$$

În continuare se determină și necunoscuta y, introducând valoarea x obținută la (71) în prima relație a sistemului (68). Se obține expresia (72).

$$y = \frac{d \cdot d_2 \cdot \cos O_2 - x_M \cdot d_2 \cdot \left(\frac{x_M}{d} \cdot \cos O_2 \mp \frac{y_M}{d} \cdot \sin O_2 \right)}{y_M} =$$

$$= \frac{d_2 \cdot \left((x_M^2 + y_M^2) \cdot \cos O_2 - x_M^2 \cdot \cos O_2 \pm x_M \cdot y_M \cdot \sin O_2 \right)}{d \cdot y_M} =$$

$$= d_2 \cdot \left(\frac{y_M}{d} \cdot \cos O_2 \pm \frac{x_M}{d} \cdot \sin O_2 \right) = \qquad (72)$$

$$= d_2 \cdot (\sin \varphi \cdot \cos O_2 \pm \cos \varphi \cdot \sin O_2) =$$

$$= d_2 \cdot \sin(\varphi \pm O_2)$$

Din (71) și (72) reținem doar ultimile expresii concentrate în (73).

$$\begin{cases} x = d_2 \cdot \cos(\varphi \pm O_2) \\ y = d_2 \cdot \sin(\varphi \pm O_2) \end{cases} \quad (73)$$

Din figura (7) se pot scrie ecuațiile (74).

$$\begin{cases} x = d_2 \cdot \cos \varphi_{20} \\ y = d_2 \cdot \sin \varphi_{20} \end{cases} \quad (74)$$

Comparând sistemele (73) și (74) rezultă sistemul (75), din care se deduce direct relația (76).

$$\begin{cases} \cos \varphi_{20} = \cos(\varphi \pm O_2) \\ \sin \varphi_{20} = \sin(\varphi \pm O_2) \end{cases} \quad (75)$$

$$\varphi_{20} = \varphi \pm O_2 \quad (76)$$

Determinarea vitezelor

Se pleacă de la sistemul de poziții (65) care se derivează în funcție de timp și se obține sistemul de viteze (77). Sistemul (77) se rescrie sub forma simplificată (78).

$$\begin{cases} (x - x_M)^2 + (y - y_M)^2 = d_3^2 \\ x^2 + y^2 = d_2^2 \end{cases} \quad (65)$$

$$\begin{cases} 2 \cdot (x - x_M) \cdot (\dot{x} - \dot{x}_M) + 2 \cdot (y - y_M) \cdot (\dot{y} - \dot{y}_M) = 0 \\ 2 \cdot x \cdot \dot{x} + 2 \cdot y \cdot \dot{y} = 0 \end{cases} \quad (77)$$

$$\begin{cases} (x-x_M)\cdot \dot{x}+(y-y_M)\cdot \dot{y}=(x-x_M)\cdot \dot{x}_M+(y-y_M)\cdot \dot{y}_M \\ x\cdot \dot{x}+y\cdot \dot{y}=0 \end{cases} \quad (78)$$

În (78) desfacem parantezele şi obţinem sistemul (79).

$$\begin{cases} x\cdot \dot{x}+y\cdot \dot{y}-(x_M\cdot \dot{x}+y_M\cdot \dot{y})=(x-x_M)\cdot \dot{x}_M+(y-y_M)\cdot \dot{y}_M \\ x\cdot \dot{x}+y\cdot \dot{y}=0 \end{cases} \quad (79)$$

Se introduce relaţia a doua a sistemului (79) în prima, după care prima expresie se înmulţeşte cu (-1), astfel încât sistemul se simplifică, căpătând forma (80).

$$\begin{cases} x_M\cdot \dot{x}+y_M\cdot \dot{y}=(x_M-x)\cdot \dot{x}_M+(y_M-y)\cdot \dot{y}_M \\ x\cdot \dot{x}+y\cdot \dot{y}=0 \end{cases} \quad (80)$$

Sistemul (80) se rezolvă în doi paşi.

La primul pas se înmulţeşte prima relaţie a sistemului cu (y), iar cea de-a doua cu (-y_M), după care expresiile rezultate se adună membru cu membru obţinându-se relaţia (81) în care se explicitează $\dot{x}$.

La pasul doi dorim să-l obţinem pe $\dot{y}$ fapt pentru care se înmulţeşte prima relaţie a sistemului (80) cu (x) iar cea de-a doua cu (-x_M), se adună relaţiile obţinute membru cu membru şi se explicitează $\dot{y}$, rezultând relaţia (82).

$$\dot{x}=\frac{y\cdot \left[(x_M-x)\cdot \dot{x}_M+(y_M-y)\cdot \dot{y}_M\right]}{x_M\cdot y-y_M\cdot x} \quad (81)$$

$$\dot{y}=\frac{-x\cdot \left[(x_M-x)\cdot \dot{x}_M+(y_M-y)\cdot \dot{y}_M\right]}{x_M\cdot y-y_M\cdot x} \quad (82)$$

Relațiile (81) și (82) se scriu restrâns, în cadrul sistemului (83).

$$\dot{x} = y \cdot h$$

$$\dot{y} = -x \cdot h \qquad (83)$$

$$h = \frac{(x_M - x) \cdot \dot{x}_M + (y_M - y) \cdot \dot{y}_M}{x_M \cdot y - y_M \cdot x}$$

Determinarea accelerațiilor

Se pleacă de la sistemul de viteze (83) care se derivează în funcție de timp și se obține sistemul de accelerații (84). Sistemul (84) se rescrie sub forma (85).

$$\ddot{x} = \dot{y} \cdot h + y \cdot \dot{h} = -x \cdot h^2 + y \cdot \dot{h}$$

$$\ddot{y} = -\dot{x} \cdot h - x \cdot \dot{h} = -y \cdot h^2 - x \cdot \dot{h}$$

$$h \cdot (x_M \cdot y - y_M \cdot x) = (x_M - x) \cdot \dot{x}_M + (y_M - y) \cdot \dot{y}_M$$

$$\dot{h} \cdot (x_M \cdot y - y_M \cdot x) + h \cdot (\dot{x}_M \cdot y + x_M \cdot \dot{y} - \dot{y}_M \cdot x - y_M \cdot \dot{x}) =$$
$$= (\dot{x}_M - \dot{x}) \cdot \dot{x}_M + (x_M - x) \cdot \ddot{x}_M + (\dot{y}_M - \dot{y}) \cdot \dot{y}_M + (y_M - y) \cdot \ddot{y}_M$$

$$\dot{h} = \frac{(\dot{x}_M - \dot{x}) \cdot \dot{x}_M + (x_M - x) \cdot \ddot{x}_M + (\dot{y}_M - \dot{y}) \cdot \dot{y}_M + (y_M - y) \cdot \ddot{y}_M}{x_M \cdot y - y_M \cdot x} -$$

$$- h \cdot \frac{\dot{x}_M \cdot y + x_M \cdot \dot{y} - \dot{y}_M \cdot x - y_M \cdot \dot{x}}{x_M \cdot y - y_M \cdot x} \qquad (84)$$

$$\ddot{x} = \dot{y} \cdot h + y \cdot \dot{h} = -x \cdot h^2 + y \cdot \dot{h}$$

$$\ddot{y} = -\dot{x} \cdot h - x \cdot \dot{h} = -y \cdot h^2 - x \cdot \dot{h}$$

(85)

$$\dot{h} = \frac{(\dot{x}_M - \dot{x} - y \cdot h) \cdot \dot{x}_M + (\dot{y}_M - \dot{y} + x \cdot h) \cdot \dot{y}_M}{x_M \cdot y - y_M \cdot x} +$$

$$+ \frac{(x_M - x) \cdot \ddot{x}_M + (y_M - y) \cdot \ddot{y}_M + y_M \cdot \dot{x} \cdot h - x_M \cdot \dot{y} \cdot h}{x_M \cdot y - y_M \cdot x}$$

Determinarea vitezelor și accelerațiilor unghiulare

Odată determinate vitezele și accelerațiile punctului O_3, vom putea trece mai departe la determinarea vitezelor unghiulare și a accelerațiilor unghiulare absolute ale sistemului.

Se pleacă de la sistemul (74), care se derivează în funcție de timp și se obține sistemul (86).

$$\begin{cases} x = d_2 \cdot \cos \varphi_{20} \\ y = d_2 \cdot \sin \varphi_{20} \end{cases} \quad (74)$$

$$\begin{cases} \dot{x} = -d_2 \cdot \sin \varphi_{20} \cdot \dot{\varphi}_{20} \\ \dot{y} = d_2 \cdot \cos \varphi_{20} \cdot \dot{\varphi}_{20} \end{cases} \quad (86)$$

Pentru rezolvarea corectă a sistemului (86), se amplifică prima relație a sa cu $(-\sin \varphi_{20})$, iar cea de-a doua cu $(\cos \varphi_{20})$, după care se adună ambele relații obținute (membru cu membru), și prin explicitarea lui $\dot{\varphi}_{20}$ se obține expresia căutată, (87).

$$\omega_2 \equiv \omega_{20} \equiv \dot{\varphi}_{20} = \frac{\dot{y} \cdot \cos\varphi_{20} - \dot{x} \cdot \sin\varphi_{20}}{d_2} \qquad (87)$$

Sistemul de viteze (86) se derivează din nou cu timpul, și se obține sistemul de accelerații unghiulare absolute (88).

$$\begin{cases} \dot{x} = -d_2 \cdot \sin\varphi_{20} \cdot \dot{\varphi}_{20} \\ \dot{y} = d_2 \cdot \cos\varphi_{20} \cdot \dot{\varphi}_{20} \end{cases} \qquad (86)$$

$$\begin{cases} \ddot{x} = -d_2 \cdot \cos\varphi_{20} \cdot \dot{\varphi}_{20}^2 - d_2 \cdot \sin\varphi_{20} \cdot \ddot{\varphi}_{20} \\ \ddot{y} = -d_2 \cdot \sin\varphi_{20} \cdot \dot{\varphi}_{20}^2 + d_2 \cdot \cos\varphi_{20} \cdot \ddot{\varphi}_{20} \end{cases} \qquad (88)$$

Pentru rezolvarea corectă a sistemului (88), se înmulțește prima relație a lui cu $(-\sin\varphi_{20})$ și se amplifică și cea de-a doua cu $(\cos\varphi_{20})$, după care se adună membru cu membru cele două relații obținute, și se explicitează $\ddot{\varphi}_{20}$, rezultând astfel expresia căutată, (89).

$$\begin{cases} \ddot{x} = -d_2 \cdot \cos\varphi_{20} \cdot \dot{\varphi}_{20}^2 - d_2 \cdot \sin\varphi_{20} \cdot \ddot{\varphi}_{20} \quad | \cdot (-\sin\varphi_{20}) \\ \ddot{y} = -d_2 \cdot \sin\varphi_{20} \cdot \dot{\varphi}_{20}^2 + d_2 \cdot \cos\varphi_{20} \cdot \ddot{\varphi}_{20} \quad | \cdot (\cos\varphi_{20}) \end{cases} \qquad (88')$$

$$\varepsilon_2 \equiv \varepsilon_{20} \equiv \dot{\omega}_{20} \equiv \ddot{\varphi}_{20} = \frac{\ddot{y} \cdot \cos\varphi_{20} - \ddot{x} \cdot \sin\varphi_{20}}{d_2} \qquad (89)$$

Reținem cele două relații în sistemul (90).

$$\begin{cases} \omega_2 \equiv \omega_{20} \equiv \dot{\varphi}_{20} = \dfrac{\dot{y} \cdot \cos\varphi_{20} - \dot{x} \cdot \sin\varphi_{20}}{d_2} \\ \varepsilon_2 \equiv \varepsilon_{20} \equiv \dot{\omega}_{20} \equiv \ddot{\varphi}_{20} = \dfrac{\ddot{y} \cdot \cos\varphi_{20} - \ddot{x} \cdot \sin\varphi_{20}}{d_2} \end{cases} \qquad (90)$$

Cu ajutorul figurii 7 exprimăm în continuare ecuațiile (91).

$$\begin{cases} x_M - x = d_3 \cdot \cos \varphi_{30} \\ y_M - y = d_3 \cdot \sin \varphi_{30} \end{cases} \quad (91)$$

Relațiile sistemului (91) se derivează în continuare cu timpul, și se obțin ecuațiile de viteze date de sistemul (92).

$$\begin{cases} \dot{x}_M - \dot{x} = -d_3 \cdot \sin \varphi_{30} \cdot \dot{\varphi}_{30} \\ \dot{y}_M - \dot{y} = d_3 \cdot \cos \varphi_{30} \cdot \dot{\varphi}_{30} \end{cases} \quad (92)$$

Pentru rezolvarea corectă a sistemului de viteze (92) se amplifică prima sa relație cu $(-\sin \varphi_{30})$, iar cea de-a doua cu $(\cos \varphi_{30})$, după care se adună cele două relații obținute (membru cu membru), și se explicitează în expresia obținută viteza unghiulară absolută, $\dot{\varphi}_{30}$, rezultând în final relația dorită, (93).

$$\omega_3 \equiv \omega_{30} \equiv \dot{\varphi}_{30} = \frac{(\dot{y}_M - \dot{y}) \cdot \cos \varphi_{30} - (\dot{x}_M - \dot{x}) \cdot \sin \varphi_{30}}{d_3} \quad (93)$$

Se derivează apoi cu timpul, sistemul de viteze (92), și se obține sistemul de accelerații unghiulare absolute (94).

$$\begin{cases} \dot{x}_M - \dot{x} = -d_3 \cdot \sin \varphi_{30} \cdot \dot{\varphi}_{30} \\ \dot{y}_M - \dot{y} = d_3 \cdot \cos \varphi_{30} \cdot \dot{\varphi}_{30} \end{cases} \quad (92)$$

$$\begin{cases} \ddot{x}_M - \ddot{x} = -d_3 \cdot \cos \varphi_{30} \cdot \dot{\varphi}_{30}^2 - d_3 \cdot \sin \varphi_{30} \cdot \ddot{\varphi}_{30} \\ \ddot{y}_M - \ddot{y} = -d_3 \cdot \sin \varphi_{30} \cdot \dot{\varphi}_{30}^2 + d_3 \cdot \cos \varphi_{30} \cdot \ddot{\varphi}_{30} \end{cases} \quad (94)$$

Sistemul (94) se rezolvă corect prin amplificarea primei sale relaţii cu $(-\sin\varphi_{30})$, şi a celei de a doua cu $(\cos\varphi_{30})$, după care ecuaţiile obţinute se adună (membru cu membru), iar din relaţia rezultantă se explicitează acceleraţia unghiulară absolută $\ddot{\varphi}_{30}$, rezultând expresia (95).

$$\varepsilon_3 \equiv \varepsilon_{30} \equiv \dot{\omega}_{30} \equiv \ddot{\varphi}_{30} = \frac{(\ddot{y}_M - \ddot{y})\cdot\cos\varphi_{30} - (\ddot{x}_M - \ddot{x})\cdot\sin\varphi_{30}}{d_3} \qquad (95)$$

Păstrăm în sistemul (96) cele două soluţii găsite, iar în sistemul (97) le centralizăm pe toate patru.

$$\begin{cases} \omega_3 \equiv \omega_{30} \equiv \dot{\varphi}_{30} = \dfrac{(\dot{y}_M - \dot{y})\cdot\cos\varphi_{30} - (\dot{x}_M - \dot{x})\cdot\sin\varphi_{30}}{d_3} \\ \\ \varepsilon_3 \equiv \varepsilon_{30} \equiv \dot{\omega}_{30} \equiv \ddot{\varphi}_{30} = \dfrac{(\ddot{y}_M - \ddot{y})\cdot\cos\varphi_{30} - (\ddot{x}_M - \ddot{x})\cdot\sin\varphi_{30}}{d_3} \end{cases} \qquad (96)$$

$$\begin{cases} \omega_2 \equiv \omega_{20} \equiv \dot{\varphi}_{20} = \dfrac{\dot{y}\cdot\cos\varphi_{20} - \dot{x}\cdot\sin\varphi_{20}}{d_2} \\ \\ \omega_3 \equiv \omega_{30} \equiv \dot{\varphi}_{30} = \dfrac{(\dot{y}_M - \dot{y})\cdot\cos\varphi_{30} - (\dot{x}_M - \dot{x})\cdot\sin\varphi_{30}}{d_3} \\ \\ \varepsilon_2 \equiv \varepsilon_{20} \equiv \dot{\omega}_{20} \equiv \ddot{\varphi}_{20} = \dfrac{\ddot{y}\cdot\cos\varphi_{20} - \ddot{x}\cdot\sin\varphi_{20}}{d_2} \\ \\ \varepsilon_3 \equiv \varepsilon_{30} \equiv \dot{\omega}_{30} \equiv \ddot{\varphi}_{30} = \dfrac{(\ddot{y}_M - \ddot{y})\cdot\cos\varphi_{30} - (\ddot{x}_M - \ddot{x})\cdot\sin\varphi_{30}}{d_3} \end{cases} \qquad (97)$$

Trecerea de la mişcarea plană la cea spaţială

În figura 5 se poate urmări schema cinematică a lanţului plan, iar în figura 6 este prezentată schema cinematică a lanţului spaţial.

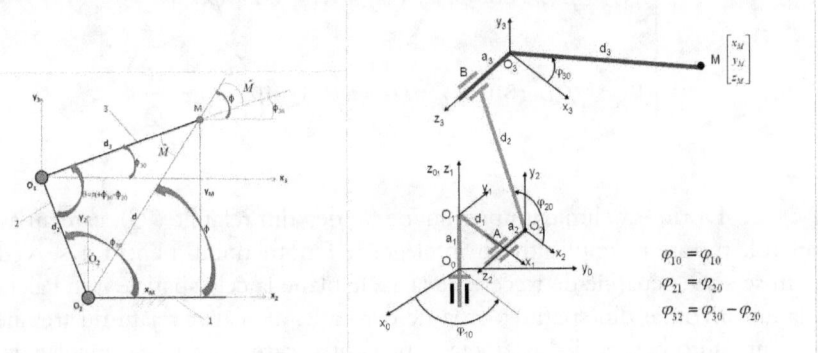

Fig. 5. *Schema cinematică a lanţului plan*   **Fig. 6.** *Schema cinematică spaţială*

În continuare se va face trecerea de la mişcarea plană la cea spaţială.

Dimensiunile plane x_2Oy_2 se vor proiecta pe axele $zO\rho$. Astfel lungimea pe axa verticală plană Oy se va proiecta pe axa verticală spaţială Oz prin adăugarea constantei a_1, iar lungimea de pe axa orizontală plană Ox se va proiecta pe axa orizontală spaţială Oρ prin adăugarea constantei d_1, conform relaţiilor date de sistemul (98).

$$\begin{cases} \rho_{M'} = d_1 + x_M^P \\ z_M = a_1 + y_M^P \end{cases} \quad (98)$$

Proiecţiile punctului M pe axele plane se vor marca cu indicele superior P (Plan), pentru a se deosebi de axele spaţiale corespunzătoare.

Datorită faptului că planul de proiecţie vertical este îndepărtat de axa Oρ cu o distanţă constantă a_2+a_3, (planul de lucru vertical nu se proiectează direct pe axa Oρ, ci pe o axă paralelă cu ea distanţată cu lungimea a_2+a_3), proiecţia punctului M pe planul orizontal din spaţiu nu va cădea în M' ci în punctul M" (vezi figura 6).

103

Din această cauză proiecțiile lui M pe axele Ox și Oy spațiale, nu vor fi cele ale punctului M' ci cele ale punctului M", conform relațiilor date de sistemul (99).

$$\begin{cases} x_M = \rho_{M'} \cdot \cos\varphi_{10} + (a_2 + a_3) \cdot \cos\left(\varphi_{10} + \dfrac{\pi}{2}\right) \\ y_M = \rho_{M'} \cdot \sin\varphi_{10} + (a_2 + a_3) \cdot \sin\left(\varphi_{10} + \dfrac{\pi}{2}\right) \end{cases} \quad (99)$$

Dorim să eliminăm unghiul de 90 deg din relațiile (99), care au avut un rol important explicativ în înțelegerea fenomenului, pentru a se vedea cum se scriu ecuațiile de trecere de la axele plane la cele spațiale, fiind aici (în planul orizontal din spațiu) vorba de o rotație, ale căror relații nu trebuiesc reținute automat, ci deduse logic, fapt pentru care vom trece imediat de la sistemul determinat logic (99) la sistemul convenabil (100), care se va obține acum din (99) prin eliminarea unghiului de 90 deg, din relațiile trigonometrice.

$$\begin{cases} x_M = \rho_{M'} \cdot \cos\varphi_{10} - (a_2 + a_3) \cdot \sin\varphi_{10} \\ y_M = \rho_{M'} \cdot \sin\varphi_{10} + (a_2 + a_3) \cdot \cos\varphi_{10} \end{cases} \quad (100)$$

Poate că poate părea cam dificilă metoda utilizată, dar în comparație cu metodele matriciale spațiale, ea este extrem de simplă și directă, contribuind la transformarea mișcării spațiale într-o mișcare plană, mult mai ușor de înțeles și studiat.

În sistemul (101) centralizăm toate relațiile de trecere de la mișcarea plană la cea spațială.

$$\begin{cases} x_M = \left(d_1 + x_M^P\right) \cdot \cos\varphi_{10} - (a_2 + a_3) \cdot \sin\varphi_{10} \\ y_M = \left(d_1 + x_M^P\right) \cdot \sin\varphi_{10} + (a_2 + a_3) \cdot \cos\varphi_{10} \\ z_M = a_1 + y_M^P \end{cases} \quad (101)$$

Înlocuind în (101) valorile lui x_M^P și y_M^P se obține sistemul de ecuații spațiale absolute (102).

$$\begin{cases} x_M = (d_1 + d_2 \cdot \cos\varphi_{20} + d_3 \cdot \cos\varphi_{30}) \cdot \cos\varphi_{10} - (a_2 + a_3) \cdot \sin\varphi_{10} \\ y_M = (d_1 + d_2 \cdot \cos\varphi_{20} + d_3 \cdot \cos\varphi_{30}) \cdot \sin\varphi_{10} + (a_2 + a_3) \cdot \cos\varphi_{10} \\ z_M = a_1 + d_2 \cdot \sin\varphi_{20} + d_3 \cdot \sin\varphi_{30} \end{cases} \quad (102)$$

Pentru determinarea mai simplă a vitezelor și accelerațiilor în sistemul (101) de la care se pleacă, se notează $a_2 + a_3$ cu a, astfel încât (101) capătă aspectul (103) simplificat.

$$\begin{cases} x_M = (d_1 + x_M^P) \cdot \cos\varphi_{10} - a \cdot \sin\varphi_{10} \\ y_M = (d_1 + x_M^P) \cdot \sin\varphi_{10} + a \cdot \cos\varphi_{10} \\ z_M = a_1 + y_M^P \end{cases} \quad (103)$$

Se derivează în funcție de timp sistemul de poziții spațial (103) și se obține sistemul spațial de viteze (104).

$$\begin{cases} \dot{x}_M = \dot{x}_M^P \cdot \cos\varphi_{10} - (d_1 + x_M^P) \cdot \sin\varphi_{10} \cdot \dot{\varphi}_{10} - a \cdot \cos\varphi_{10} \cdot \dot{\varphi}_{10} \\ \dot{y}_M = \dot{x}_M^P \cdot \sin\varphi_{10} + (d_1 + x_M^P) \cdot \cos\varphi_{10} \cdot \dot{\varphi}_{10} - a \cdot \sin\varphi_{10} \cdot \dot{\varphi}_{10} \\ \dot{z}_M = \dot{y}_M^P \end{cases} \quad (104)$$

Se derivează în funcție de timp sistemul de viteze spațial (104) și se obține sistemul spațial de accelerații (105), care se restrânge la forma (106).

$$\begin{cases} \ddot{x}_M = \ddot{x}_M^P \cdot \cos\varphi_{10} - \dot{x}_M^P \cdot \sin\varphi_{10} \cdot \dot{\varphi}_{10} - \dot{x}_M^P \cdot \sin\varphi_{10} \cdot \dot{\varphi}_{10} - \\ \quad - (d_1 + x_M^P) \cdot \cos\varphi_{10} \cdot \dot{\varphi}_{10}^2 + a \cdot \sin\varphi_{10} \cdot \dot{\varphi}_{10}^2 \\ \ddot{y}_M = \ddot{x}_M^P \cdot \sin\varphi_{10} + \dot{x}_M^P \cdot \cos\varphi_{10} \cdot \dot{\varphi}_{10} + \dot{x}_M^P \cdot \cos\varphi_{10} \cdot \dot{\varphi}_{10} - \\ \quad - (d_1 + x_M^P) \cdot \sin\varphi_{10} \cdot \dot{\varphi}_{10}^2 - a \cdot \cos\varphi_{10} \cdot \dot{\varphi}_{10}^2 \\ \ddot{z}_M = \ddot{y}_M^P \end{cases} \quad (105)$$

$$\begin{cases} \ddot{x}_M = \left[\ddot{x}_M^P - (d_1 + x_M^P)\cdot \dot{\varphi}_{10}^2\right]\cdot \cos\varphi_{10} - \\ \quad - (2\cdot \dot{x}_M^P - a\cdot \dot{\varphi}_{10})\cdot \dot{\varphi}_{10}\cdot \sin\varphi_{10} \\ \\ \ddot{y}_M = \left[\ddot{x}_M^P - (d_1 + x_M^P)\cdot \dot{\varphi}_{10}^2\right]\cdot \sin\varphi_{10} + \\ \quad + (2\cdot \dot{x}_M^P - a\cdot \dot{\varphi}_{10})\cdot \dot{\varphi}_{10}\cdot \cos\varphi_{10} \\ \\ \ddot{z}_M = \ddot{y}_M^P \end{cases} \quad (106)$$

Sistemul spațial de viteze (104) se restrânge la forma (107), care prin utilizarea notațiilor u și v se rescrie sub forma simplificată (108). Și sistemul de accelerații (106) se poate restrânge la forma (109), cu notațiile w, t.

$$\begin{cases} \dot{x}_M = (\dot{x}_M^P - a\cdot \dot{\varphi}_{10})\cdot \cos\varphi_{10} - (d_1 + x_M^P)\cdot \dot{\varphi}_{10}\cdot \sin\varphi_{10} \\ \dot{y}_M = (\dot{x}_M^P - a\cdot \dot{\varphi}_{10})\cdot \sin\varphi_{10} + (d_1 + x_M^P)\cdot \dot{\varphi}_{10}\cdot \cos\varphi_{10} \\ \dot{z}_M = \dot{y}_M^P \end{cases} \quad (107)$$

$$\begin{cases} \dot{x}_M = u\cdot \cos\varphi_{10} - v\cdot \sin\varphi_{10} \\ \dot{y}_M = u\cdot \sin\varphi_{10} + v\cdot \cos\varphi_{10} \\ \dot{z}_M = \dot{y}_M^P \\ \\ u = \dot{x}_M^P - a\cdot \dot{\varphi}_{10}; \quad v = (d_1 + x_M^P)\cdot \dot{\varphi}_{10} \end{cases} \quad (108)$$

$$\begin{cases} \ddot{x}_M = w\cdot \cos\varphi_{10} - t\cdot \sin\varphi_{10} \\ \ddot{y}_M = w\cdot \sin\varphi_{10} + t\cdot \cos\varphi_{10} \\ \ddot{z}_M = \ddot{y}_M^P \\ \\ w = \ddot{x}_M^P - (d_1 + x_M^P)\cdot \dot{\varphi}_{10}^2; \quad t = (2\cdot \dot{x}_M^P - a\cdot \dot{\varphi}_{10})\cdot \dot{\varphi}_{10} \end{cases} \quad (109)$$

În continuare se vor prezenta pozițiile, vitezele și accelerațiile spațiale, scrise toate restrâns în cadrul sistemului (110).

$$\begin{cases} Pozitii: \\ x_M = s \cdot \cos\varphi_{10} - a \cdot \sin\varphi_{10} \\ y_M = s \cdot \sin\varphi_{10} + a \cdot \cos\varphi_{10} \\ z_M = a_1 + y_M^P \\ cu \quad s = d_1 + x_M^P; \quad a = a_2 + a_3 \\ \\ Viteze: \\ \dot{x}_M = u \cdot \cos\varphi_{10} - v \cdot \sin\varphi_{10} \\ \dot{y}_M = u \cdot \sin\varphi_{10} + v \cdot \cos\varphi_{10} \\ \dot{z}_M = \dot{y}_M^P \\ cu \quad u = \dot{x}_M^P - a \cdot \dot{\varphi}_{10}; \quad v = \left(d_1 + x_M^P\right) \cdot \dot{\varphi}_{10} \\ \\ Accelerati i: \\ \ddot{x}_M = w \cdot \cos\varphi_{10} - t \cdot \sin\varphi_{10} \\ \ddot{y}_M = w \cdot \sin\varphi_{10} + t \cdot \cos\varphi_{10} \\ \ddot{z}_M = \ddot{y}_M^P \\ cu \quad w = \ddot{x}_M^P - \left(d_1 + x_M^P\right) \cdot \dot{\varphi}_{10}^2; \quad t = \left(2 \cdot \dot{x}_M^P - a \cdot \dot{\varphi}_{10}\right) \cdot \dot{\varphi}_{10} \end{cases} \quad (110)$$

Modulul vectorului de poziție spațial al punctului endefector M, în sistemul spațial cartezian fix e dat de relația (111).

$$r_M = \sqrt{x_M^2 + y_M^2 + z_M^2} = \sqrt{s^2 + a^2 + \left(a_1 + y_M^P\right)^2} \quad (111)$$

Modulul vectorului viteză absolută a punctului M se obține cu relația (112).

$$v_M = \sqrt{\dot{x}_M^2 + \dot{y}_M^2 + \dot{z}_M^2} = \sqrt{u^2 + v^2 + \dot{y}_M^{P\,2}} \qquad (112)$$

Modulul vectorului accelerație absolută a punctului M se obține cu relația (113).

$$a_M = \sqrt{\ddot{x}_M^2 + \ddot{y}_M^2 + \ddot{z}_M^2} = \sqrt{w^2 + t^2 + \ddot{y}_M^{P\,2}} \qquad (113)$$

În sistemul (114) se face o recapitulare a celor trei parametri absoluți spațiali ai punctului M: deplasare (sau mai corect poziție) absolută, viteză absolută, accelerație absolută.

$$\begin{cases} r_M = \sqrt{x_M^2 + y_M^2 + z_M^2} = \sqrt{s^2 + a^2 + (a_1 + y_M^P)^2} \\ \\ v_M = \sqrt{\dot{x}_M^2 + \dot{y}_M^2 + \dot{z}_M^2} = \sqrt{u^2 + v^2 + \dot{y}_M^{P\,2}} \\ \\ a_M = \sqrt{\ddot{x}_M^2 + \ddot{y}_M^2 + \ddot{z}_M^2} = \sqrt{w^2 + t^2 + \ddot{y}_M^{P\,2}} \end{cases} \qquad (114)$$

Echilibrarea statică totală şi cinetostatica lanţului cinematic plan

Echilibrarea statică totală a lanţului cinematic plan, prin metoda clasică (cu contragreutăţi)

Mecanismul din figura 5 (lanţul cinematic plan), trebuie echilibrat pentru a avea o funcţionare normală. Printr-o echilibrare statică totală a sa, se realizează echilibrarea forţelor gravitaţionale şi a momentelor generate de forţele de greutate, se realizează echilibrarea forţelor de inerţie şi a momentelor (cuplurilor) generate de prezenţa forţelor de inerţie (a nu se confunda cu momentele inerţiale ale mecanismului, care apar separat de celelalte forţe, ele făcând parte din torsorul inerţial al unui mecanism, şi depinzând atât de masele inerţiale ale mecanismului cât şi de acceleraţiile unghiulare ale sale).

Echilibrarea mecanismului se poate face prin diverse metode.

O echilibrare parţială se realizează aproape în toate cazurile în care actuatorii (motoarele electrice de acţionare) sunt montaţi împreună cu o reducţie mecanică, o transmisie mecanică, un angrenaj cu roţi dinţate hipoid, elicoidal, de tip şurub melc – roată melcată.

Un astfel de reductor numit unisens (mişcarea permisă de el este o rotaţie în ambele sensuri, dar transmiterea forţei şi a momentului motor, se poate face doar într-un singur sens, de la melc către roata melcată, invers dinspre roata melcată către şurubul melc forţa nu se poate transmite şi nici mişcarea nu este posibilă mecanismul blocându-se, fapt ce îl face apt pentru transmiterea mişcării de la volanul unui vehicul către roţile acestuia, în cadrul mecanismului de direcţie, el nepermiţând ca forţele de la roţi datorate denivelărilor terenului, să fie transmise către volan şi implicit şoferului, sau acest mecanism este apt pentru contoarele mecanice, astfel încât acestea să nu se răsucească şi invers, etc) poate echilibra transmisia lăsând forţele şi momentele motoare să se desfăşoare, dar nepermiţând elementelor cinematice să influenţeze mişcarea prin forţele lor de greutate şi de inerţie. Se realizează astfel o echilibrare „forţată" motoare, din transmisie, care face ca funcţionarea ansamblului să fie corectă, însă rigidă şi cu şocuri mecanice.

O astfel de echilibrare nu este posibilă atunci când actuatoarele acţionează direct elementele lanţului cinematic, fără a mai utiliza şi reductoare mecanice. E nevoie în această situaţie de o echilibrare reală, permanentă.

În plus și în situațiile în care se utilizează reductoare hipoide, este bine să existe și o echilibrare statică totală, permanentă, care realizează o funcționare normală, liniștită, a mecanismului și a întregului ansamblu.

Așa cum s-a arătat deja, prin echilibrarea statică totală a unui lanț cinematic mobil, se realizează echilibrarea forțelor de greutate și a cuplurilor produse de ele, cât și echilibrarea forțelor de inerție și a cuplurilor produse de ele, dar nu și echilibrarea momentelor de inerție.

Metodele de echilibrări cu arcuri, în general nu au dat rezultate foarte bune, arcurile trebuind să fie foarte bine calibrate, astfel încât forțele elastice realizate (înmagazinate) de ele să nu fie nici prea mici (insuficiente echilibrării), dar nici prea mari (deoarece uzează prematur elementele și cuplele lanțului cinematic, și forțează mult, suplimentar, actuatorii).

Metoda cea mai utilizată este cea clasică, cu mase adiționale, de tip contragreutăți, asemenea celor de la tradiționalele fântâni populare cu cumpănă. Echilibrarea totală a lanțului cinematic robotic deschis este prezentată în figura 7.

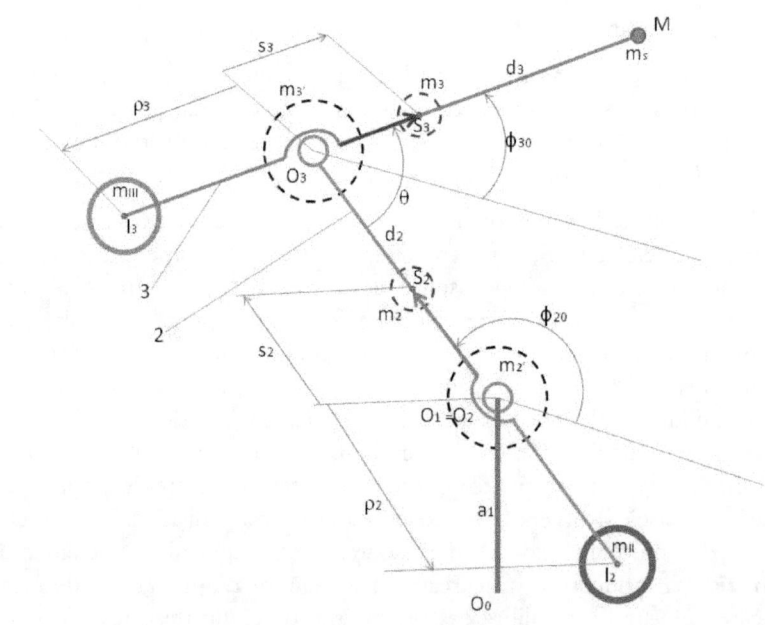

Fig. 7. *Echilibrarea lanțului cinematic plan*

Se scrie suma momentelor forțelor de greutate de pe elementul 3 în raport cu punctul O_3 (relația 115).

$$\sum M_{O_3}^{(3)} = 0 \Rightarrow m_s \cdot d_3 + m_3 \cdot s_3 = m_{III} \cdot \rho_3 \qquad (115)$$

Astfel masa sarcinii endefectorului (cu tot cu masa transportată de el), aflată la distanţa d_3 faţă de O_3, plus masa elementului 3 concentrată în centrul de masă sau de greutate S_3 aflat la distanţa s_3 faţă de punctul O_3, sunt echilibrate prin greutatea masei suplimentare m_{III} montată la distanţa ρ_3 faţă de articulaţia O_3 de partea cealaltă (adică pe prelungirea elementului 3). Echilibrarea se face asemenea unui scrânciob, sau a unei pârghii de gradul 1.

În general se alege masa de echilibrare m_{III} şi rezultă prin calcul distanţa de montaj, ρ_3 (relaţia 116).

$$\rho_3 = \frac{m_s \cdot d_3 + m_3 \cdot s_3}{m_{III}} \qquad (116)$$

După echilibrare masa elementului 3 concentrată în articulaţia O_3 capătă valoarea $m_{3'}$ dată de relaţia (117).

$$m_{3'} = m_3 + m_s + m_{III} \qquad (117)$$

Se scrie în continuare suma momentelor forţelor de greutate de pe elementele 2 şi 3 (considerate ca o platformă comună) în raport cu punctul O_2 (relaţia 118). Masa elementului 3 este cea finală obţinută după echilibrare, $m_{3'}$ şi poziţionată (concentrată) în punctul O_3.

$$\sum M_{O_2}^{(2+3)} = 0 \Rightarrow m_{3'} \cdot d_2 + m_2 \cdot s_2 = m_{II} \cdot \rho_2 \qquad (118)$$

În general se alege masa de echilibrare m_{II} şi rezultă prin calcul distanţa de montaj, ρ_2 (relaţia 119).

$$\rho_2 = \frac{m_{3'} \cdot d_2 + m_2 \cdot s_2}{m_{II}} \qquad (119)$$

După echilibrare masa întregului lanț cinematic plan (format din elementele 2 + 3) se găsește concentrată în articulația O_2 și capătă valoarea $m_{2'}$ dată de relația (120).

$$m_{2'} = m_{3'} + m_2 + m_{II} \qquad (120)$$

Justificare teoretică a metodei utilizate: Forțele de greutate ale căror momente trebuiesc scrise față de o articulație (mobilă sau fixă) sunt toate paralele între ele, orientate după un suport vertical cu vârful în jos (sau direcționate în sus cu valori negative), și au valoarea (modulul) dată de produsul dintre masa respectivă și accelerația gravitațională. Dacă în relația de momente simplificăm peste tot cu g, atunci această sumă de momente apare ca o sumă de mase amplificate fiecare cu brațul forței respective. Dar și brațele forțelor sunt asemenea cu distanțele de la punctul în care este concentrată masa până la articulația față de care s-au scris momentele forțelor de greutate, astfel încât se pot înlocui toate brațele forțelor de greutate cu distanțele respective. În final relația sumelor momentelor forțelor de greutate față de articulația respectivă, va fi suma produselor masă distanță. Această modalitate este mult mai comodă, dar ea poate fi folosită numai în urma justificării teoretice corespunzătoare.

Cinetostatica lanțului cinematic plan echilibrat

Prin cinetostatică se înțelege studiul distribuției forțelor unui lanț cinematic, prin analiza lor pe întregul lanț cinematic, sau pe module (element, ori mai multe elemente cuplate între ele) considerate fiecare separat. Studiul tuturor forțelor care acționează în cadrul lanțului cinematic respectiv se face instantaneu, sub forma unei poze a lanțului cinematic aflat într-o poziție oarecare considerată (asemănător studiului cinematic, care se ocupa însă doar cu studiul pozițiilor, vitezelor și accelerațiilor lanțului cinematic fotografiat instantaneu într-o poziție oarecare considerată).

Forțele și momentele ce apar la mecanismul dezechilibrat sunt mai multe și mai dispersate, dar în general mecanismele utilizate în practică sunt deja echilibrate tocmai în scopul unei bune funcționări, astfel încât este mai justificat studiul cinetostatic al unui lanț cinematic deja echilibrat total.

Se pornește de la lanțul cinematic gata echilibrat din figura 7, și se analizează torsorul forțelor existente pe acest lanț cinematic fotografiat instantaneu, într-o poziție oarecare, conform figurii 8.

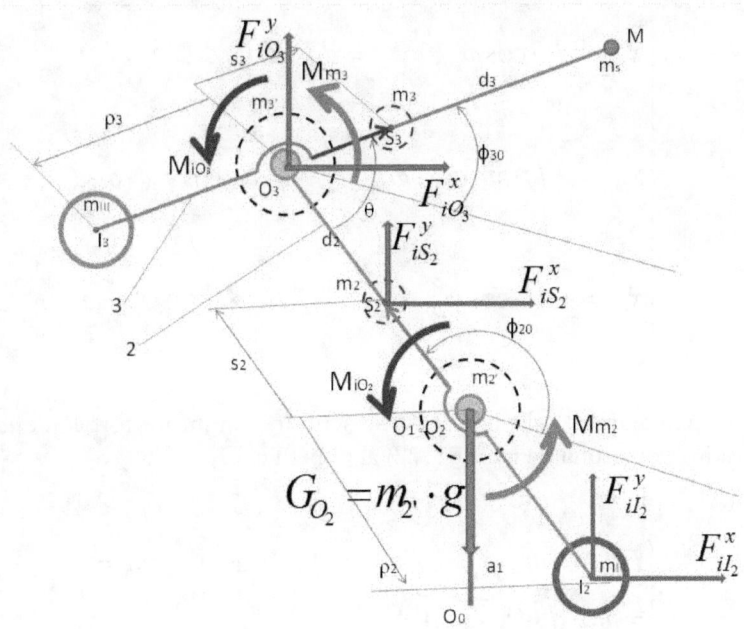

Fig. 8. *Cinetostatica lanțului cinematic plan echilibrat*

Pentru început se studiază cinetostatica elementului doi, care poartă însă și masa $m_{3'}$ a elementului 3, astfel încât elementul 2 suportă efectul întregului lanț cinematic echilibrat, considerat sudat (asemenea unei platforme), elementul 3 fiind înlocuit de masa $m_{3'}$ concentrată în punctul O_3, de forțele de inerție și de greutate ale masei $m_{3'}$.

Deoarece mecanismul a fost deja echilibrat, forțele de greutate nu mai produc efecte, ele fiind eliminate din calculele ulterioare pentru a nu mai complica desenul și relațiile. Se consideră doar rezultanta finală a forței de greutate a întregului lanț cinematic echilibrat, G_{O2}, care nu mai produce nici un moment asupra acestui punct, ci doar generează o componentă verticală a reacțiunii din cupla O_2.

Se vor considera în calculele cinetostatice următoare numai forțele inerțiale, cu precizarea importantă că echilibrarea statică totală anihilează practic și efectele forțelor inerțiale, astfel încât studiul are ca scop prezentarea acestor forțe pentru cunoașterea lor, observându-se (verificându-se) spre finalul calculelor că și efectele lor au fost anulate prin echilibrarea totală efectuată deja.

Ne reamintim, de la studiul cinematic, accelerațiile punctului O_3 (ultimele două relații ale sistemului 121 de poziții, viteze și accelerații).

$$\begin{cases} x_{O_3} = d_2 \cdot \cos\varphi_{20}; \quad y_{O_3} = d_2 \cdot \sin\varphi_{20}; \\ \\ \dot{x}_{O_3} = -d_2 \cdot \sin\varphi_{20} \cdot \omega_{20}; \quad \dot{y}_{O_3} = d_2 \cdot \cos\varphi_{20} \cdot \omega_{20}; \\ \\ \ddot{x}_{O_3} = -d_2 \cdot \cos\varphi_{20} \cdot \omega_{20}^2; \quad \ddot{y}_{O_3} = -d_2 \cdot \sin\varphi_{20} \cdot \omega_{20}^2 \end{cases} \quad (121)$$

Cu ajutorul relațiilor (121) se scriu în continuare forțele de inerție, din cadrul torsorului de inerție (122) al punctului O_3.

$$\begin{cases} F_{iO_3}^x = -m_{3'} \cdot \ddot{x}_{O_3} = -m_{3'} \cdot (-)d_2 \cdot \cos\varphi_{20} \cdot \omega_{20}^2 = \\ = m_{3'} \cdot d_2 \cdot \cos\varphi_{20} \cdot \omega_{20}^2 \\ \\ F_{iO_3}^y = -m_{3'} \cdot \ddot{y}_{O_3} = -m_{3'} \cdot (-)d_2 \cdot \sin\varphi_{20} \cdot \omega_{20}^2 = \\ = m_{3'} \cdot d_2 \cdot \sin\varphi_{20} \cdot \omega_{20}^2 \\ \\ M_{iO_3} = -J_{O_3} \cdot \varepsilon_3 \end{cases} \quad (122)$$

Din torsorul de inerție al punctului O_3 dat de relațiile sistemului (122) ne interesează pentru moment numai forțele de inerție din punctul O_3 orientate pe axele x și y (practic e vorba de componentele scalare ale forței de inerție dată de masa $m_{3'}$), ele producându-și efectul asupra elementului 2. Intenționăm să scriem suma forțelor ce acționează pe lanțul cinematic 2-3 separat pe axele x și y, cât și suma momentelor, cuplurilor produse de forțele inerțiale de pe lanț față de punctul O_2. În afară de punctul O_3 mai avem și forțele inerțiale date de masa m_2 din punctul S_2 (relațiile sistemului 123), cât și forțele de inerție date de masa de echilibrare m_{II} din punctul I_2 (relațiile sistemului 124).

$$\begin{cases} F_{iS_2}^x = -m_2 \cdot \ddot{x}_{S_2} = m_2 \cdot s_2 \cdot \cos\varphi_{20} \cdot \omega_{20}^2 \\ F_{iS_2}^y = -m_2 \cdot \ddot{y}_{S_2} = m_2 \cdot s_2 \cdot \sin\varphi_{20} \cdot \omega_{20}^2 \end{cases} \quad (123)$$

$$\begin{cases} F_{iI_2}^x = -m_{II} \cdot \ddot{x}_{I_2} = -m_{II} \cdot \rho_2 \cdot \cos\varphi_{20} \cdot \omega_{20}^2 \\ F_{iI_2}^y = -m_{II} \cdot \ddot{y}_{I_2} = -m_{II} \cdot \rho_2 \cdot \sin\varphi_{20} \cdot \omega_{20}^2 \end{cases} \quad (124)$$

Avem pregătite forțele inerțiale ce acționează pe elementul 2, și putem demara studiul ecuațiilor de echilibru de forțe pentru elementul 2 (dar care ține cont și de efectele elementului 3). Se scrie mai întâi echilibrul forțelor de pe axa orizontală, x (relațiile 125), din care se va determina în final componenta orizontală a reacțiunii din cupla O_2.

$$\begin{cases} \sum F_{(2)}^x = 0 \Rightarrow m_{3'} \cdot d_2 \cdot \cos\varphi_{20} \cdot \omega_{20}^2 + m_2 \cdot s_2 \cdot \cos\varphi_{20} \cdot \omega_{20}^2 - \\ -m_{II} \cdot \rho_2 \cdot \cos\varphi_{20} \cdot \omega_{20}^2 + R_{O_2}^x = 0 \Rightarrow \\ \Rightarrow (m_{3'} \cdot d_2 + m_2 \cdot s_2 - m_{II} \cdot \rho_{II}) \cdot \cos\varphi_{20} \cdot \omega_{20}^2 + R_{12}^x = 0 \quad (125) \\ dar \ m_{3'} \cdot d_2 + m_2 \cdot s_2 - m_{II} \cdot \rho_{II} = 0 \ datorită \ echilibrării \Rightarrow \\ \Rightarrow R_{O_2}^x \equiv R_{12}^x = 0 \end{cases}$$

În continuare se face o sumă de forțe (echilibrul forțelor) proiectate pe axa verticală, y, de pe elementul 2 (dar ținând cont și de încărcările de pe elementul 3), și se determină componenta verticală a reacțiunii din cupla fixă (considerată fixă) O_2 (relațiile 126).

$$\begin{cases} \sum F_{(2)}^y = 0 \Rightarrow m_{3'} \cdot d_2 \cdot \sin\varphi_{20} \cdot \omega_{20}^2 + m_2 \cdot s_2 \cdot \sin\varphi_{20} \cdot \omega_{20}^2 - \\ -m_{II} \cdot \rho_2 \cdot \sin\varphi_{20} \cdot \omega_{20}^2 - m_{2'} \cdot g + R_{12}^y = 0 \Rightarrow \\ \Rightarrow (m_{3'} \cdot d_2 + m_2 \cdot s_2 - m_{II} \cdot \rho_{II}) \cdot \sin\varphi_{20} \cdot \omega_{20}^2 - m_{2'} \cdot g + R_{12}^y = 0 \quad (126) \\ dar \ m_{3'} \cdot d_2 + m_2 \cdot s_2 - m_{II} \cdot \rho_{II} = 0 \ datorită \ echilibrării \Rightarrow \\ \Rightarrow R_{O_2}^y \equiv R_{12}^y = m_{2'} \cdot g = G_{O_2} \end{cases}$$

Se poate observa că încărcările din cuple sunt minime tocmai datorită echilibrării. Efectul dat de forțele de inerție (cuplurile produse de aceste forțe) se anulează (datorită echilibrării). Cuplurile produse de forțele de greutate se anulează și ele tot datorită echilibrării.

Greutatea finală echilibrată mai produce asupra lanțului cinematic doar un singur efect, o încărcare verticală (determină o reacțiune verticală) în cupla fixă. La o echilibrare totală chiar și încărcarea orizontală din cupla fixă dispare. Singura încărcare rămasă este constantă și din acest motiv nu prezintă un pericol mare de uzură, nu creiază șocuri dinamice, mecanismul având un comportament dinamic normal (liniștit) în funcționare.

Se va scrie în continuare și o sumă de momente față de articulația fixă, de pe elementul 2 (dar cu considerarea și a efectelor de pe elementul 3), (relațiile 127).

$$\begin{cases} \sum M_{O_2}^{(2)} = 0 \Rightarrow M_{m_2} - F_{iO_3}^x \cdot d_2 \cdot \cos\left(\varphi_{20} - \frac{\pi}{2}\right) - \\ - F_{iO_3}^y \cdot d_2 \cdot \sin\left(\varphi_{20} - \frac{\pi}{2}\right) - F_{iS_2}^x \cdot s_2 \cdot \sin\varphi_{20} - F_{iS_2}^y \cdot s_2 \cdot -\cos\varphi_{20} + \\ + F_{iI_2}^x \cdot \rho_2 \cdot \cos\left(\varphi_{20} - \frac{\pi}{2}\right) + F_{iI_2}^y \cdot \rho_2 \cdot \sin\left(\varphi_{20} - \frac{\pi}{2}\right) + M_{iO_2} = 0 \Rightarrow \\ \Rightarrow M_{m_2} - m_{3'} d_2^2 \omega_{20}^2 \cos\varphi_{20} \sin\varphi_{20} + m_{3'} \cdot d_2^2 \omega_{20}^2 \sin\varphi_{20} \cos\varphi_{20} - \\ - m_2 \cdot s_2^2 \cdot \omega_{20}^2 \cdot \cos\varphi_{20} \cdot \sin\varphi_{20} + m_2 \cdot s_2^2 \cdot \omega_{20}^2 \cdot \sin\varphi_{20} \cdot \cos\varphi_{20} - \\ - m_{II} \cdot \rho_2^2 \cdot \omega_{20}^2 \cos\varphi_{20} \cdot \sin\varphi_{20} + m_{II} \cdot \rho_2^2 \cdot \omega_{20}^2 \cdot \sin\varphi_{20} \cdot \cos\varphi_{20} - \\ - J_{O_2}^* \cdot \varepsilon_2 = 0 \Rightarrow M_{m_2} - J_{O_2}^* \cdot \varepsilon_2 = 0 \Rightarrow M_{m_2} = J_{O_2}^* \cdot \varepsilon_2 \end{cases} \quad (127)$$

$J_{O_2}^*$ (momentul de inerție masic, sau mecanic al elementului 2, plus influența masei elementului 3), se calculează cu relația (128).

$$J_{O_2}^* = J_{O_2} + m_{3'} \cdot d_2^2 = m_2 \cdot s_2^2 + m_{II} \cdot \rho_2^2 + m_{3'} \cdot d_2^2 \quad (128)$$

Rezultă că din echilibrul de momente față de cupla fixă, de pe elementul 2 dar și cu considerarea influenței elementului 3, se poate determina momentul motor necesar, pe care trebuie să-l genereze actuatorul 2, montat în cupla O_2 (relația 129).

$$M_{m_2} = J_{O_2}^* \cdot \varepsilon_2 = \left(m_2 \cdot s_2^2 + m_{II} \cdot \rho_2^2 + m_{3'} \cdot d_2^2\right) \cdot \ddot{\varphi}_{20} \qquad (129)$$

Observație. Momentul motor 3 nu acționează decât pe elementul 3 rupt de elementul 2 (adică este o acțiune a lui 3 în raport cu 2, sau mai exact elementul 3 este acționat de elementul 2 prin acest moment motor 2). Nu s-a luat în considerare nici momentul de inerție M_{iO_3} din aceleași considerente. El acționează doar asupra elementului 3 considerat separat (rupt de 2). Influența masei m3' asupra elementului 2 apare prin masa finală m2' care conține și masa m3'.

Urmează studiul cinetostatic separat al elementului 3 rupt de elementul 2. Pentru a simplifica mult acest studiu, se vor face următoarele considerații: toate forțele de greutate cât și cele de inerție care acționează asupra elementului 3 sunt echilibrate deja, astfel încât ele nu mai influențează dinamica elementului. Nici forțele gravitaționale și nici cele inerțiale nu mai dau cupluri în punctul O₃ de reducere, deoarece aceste cupluri se anulează toate datorită echilibrării elementului. Făcând suma momentelor tuturor forțelor de pe elementul 3 în raport cu articulația mobilă O₃, (relația 130) vom observa faptul că momentul motor M$_{m3}$ al actuatorului 3 se echilibrează doar cu momentul de inerție M$_{iO3}$.

$$\sum M_{O_3}^{(3)} = 0 \Rightarrow$$
$$M_{m_3} + M_{iO_3} = 0 \Rightarrow M_{m_3} - J_{O_3} \cdot \varepsilon_3 = 0 \Rightarrow M_{m_3} = J_{O_3} \cdot \varepsilon_3 \quad (130)$$
$$\Rightarrow M_{m_3} = \left(m_s \cdot d_3^2 + m_3 \cdot s_3^2 + m_{III} \cdot \rho_3^2\right) \cdot \ddot{\varphi}_{30}$$

Se determină și componenta verticală a reacțiunii din cupla mobilă, interioară, O₃, prin realizarea echilibrului proiecțiilor pe axa y, a tuturor forțelor care acționează pe elementul 3 (relația 131).

$$\begin{cases} \sum F_{(3)}^y = 0 \Rightarrow -m_{3'} \cdot g + R_{23}^y = 0 \Rightarrow \\ \Rightarrow R_{23}^y = m_{3'} \cdot g \Rightarrow \\ \Rightarrow R_{32}^y = -R_{23}^y = -m_{3'} \cdot g \end{cases} \qquad (131)$$

Componenta orizontală a reacțiunii din cupla cinematică mobilă O₃, este nulă ($R_{23}^x = -R_{32}^y = 0$).

Dinamica lanțului cinematic plan echilibrat

Din capitolul anterior reținem din cadrul cinetostaticii cele două relații dinamice care generează momentele motoare (ale actuatorilor) necesare, legate împreună în sistemul dinamic (132).

Aceste relații necesare în studiul dinamicii lanțului cinematic plan, se pot obține direct și printr-o altă metodă, în care se utilizează ecuațiile diferențiale Lagrange de speța a doua, și conservarea energiei cinetice a mecanismului.

Această metodă este mai directă comparativ cu studiul cinetostatic, dar prezintă dezavantajul că nu mai determină și încărcările (reacțiunile, forțele interioare) din cuplele cinematice ale lanțului studiat, necesare la calculul organologic de rezistența materialelor la solicitări, prin care se aleg unele dimensiuni (grosimi ori diametre) ale elementelor cinematice 2 și 3, și ale cuplelor de legătură.

$$\begin{cases} M_{m_2} = J_{O_2}^* \cdot \varepsilon_2 \\ M_{m_3} = J_{O_3} \cdot \varepsilon_3 \\ \\ M_{m_2} = \left(m_2 \cdot s_2^2 + m_{II} \cdot \rho_2^2 + m_{3'} \cdot d_2^2\right) \cdot \ddot{\varphi}_{20} \\ M_{m_3} = \left(m_s \cdot d_3^2 + m_3 \cdot s_3^2 + m_{III} \cdot \rho_3^2\right) \cdot \ddot{\varphi}_{30} \end{cases} \quad (132)$$

După echilibrare centrul de greutate al elementului 3 se mută din punctul S_3 în articulația mobilă O_3 (a se vedea figura 8), iar masa elementului 3 crește de la m_3 la $m_{3'}$; centrul de greutate al elementului 2 se deplasează din punctul S_2 în articulația fixă O_2, în vreme ce masa finală a elementului 2 concentrată în O_2 crește la valoarea $m_{2'}$.

Se determină mai întâi vitezele centrelor de greutate finale, deci vitezele liniare și unghiulare din cele două articulații O_2 și O_3 (relațiile 133).

Deci se determină vitezele liniare (componentele sau proiecțiile scalare pe axele x și y) ale celor două articulații, dar și vitezele unghiulare ale celor două elemente considerate concentrate fiecare în jurul articulației respective, conform figurii 9.

$$\begin{cases} \dot{x}_{O_2} = 0; \quad \dot{y}_{O_2} = 0; \quad \dot{\varphi}_{20} \equiv \omega_{20} \equiv \omega_2 \\ \\ \dot{x}_{O_3} = -d_2 \cdot \sin\varphi_{20} \cdot \omega_2; \quad \dot{y}_{O_3} = d_2 \cdot \cos\varphi_{20} \cdot \omega_2; \quad \dot{\varphi}_{30} \equiv \omega_{30} \equiv \omega_3 \end{cases} \quad (133)$$

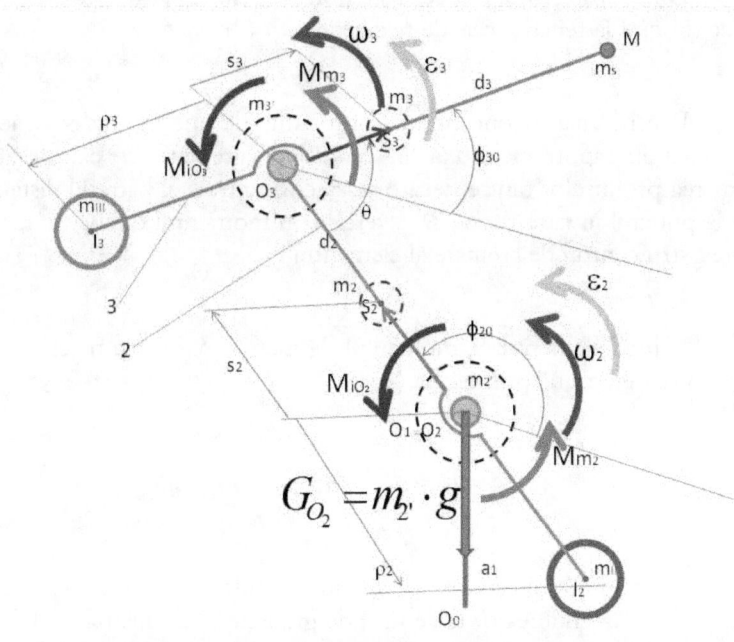

Fig. 9. *Dinamica lanțului cinematic plan echilibrat*

După viteze, urmează determinarea momentelor de inerție masice sau mecanice, care pentru a nu fi confundate chiar cu momentele de inerție, ar trebui denumite mase inerțiale sau mase de inerție, ele reprezentând masa inerțială a fiecărui element, și așa cum masa fiecărui element generează prin amplificarea cu accelerația liniară a centrului de greutate al elementului forța inerțială (liniară) a elementului respectiv (utilă în studiul dinamic), și masa inerțială a fiecărui element generează prin amplificarea cu accelerația unghiulară momentul de inerție al elementului respectiv considerat concentrat în jurul centrului de greutate al elementului.

Masele inerțiale se determină pe elemente, în jurul unei axe a elementului respectiv, într-un anumit punct, ele fiind variabile în general pe elementul respectiv în funcție de punctul în jurul căruia se determină. În general ne interesează masa inerțială (momentul de inerție masic) în centrul de greutate al elementului respectiv, determinat în jurul axei de rotație (Oz).

Notația clasică a maselor inerțiale (a momentelor de inerție masice sau mecanice) este J, pentru a se putea diferenția astfel de momentele de inerție de rezistență, notate cu I, utilizate la calculele de rezistența materialelor. Între ele există o relație de legătură.

Din păcate, mulți specialiști notează astăzi momentele de inerție masice tot cu I la fel ca și cele de rezistență.

Pentru mase concentrate momentul de inerție masic (mecanic) determinat în raport cu o axă, în centrul de greutate, se calculează prin însumarea produselor dintre fiecare masă concentrată și pătratul distanței de la ea la punctul în care dorim să determinăm momentul de inerție masic, în cazul nostru centrul de greutate al elementului.

Pentru elementul 3, momentul de inerție masic sau mecanic, (masa inerțială) se determină prin relația (134).

$$J_{O_3} = m_s \cdot d_3^2 + m_3 \cdot s_3^2 + m_{III} \cdot \rho_3^2 \qquad (134)$$

Deci se înmulțește masa sarcinii m_s purtată de endefectorul M cu distanța d_3 de la endefector la centrul de greutate al elementului O_3 ridicată la pătrat și se însumează cu produsul dintre masa elementului 3 și pătratul distanței de la centrul de masă la articulația O_3, la care se mai adaugă și masa suplimentară m_{III} de echilibrare a elementului 3 multiplicată cu pătratul distanței de la punctul I_3 la articulația mobilă O_3.

Pentru elementul 2 se va determina momentul de inerție masic (mecanic) în jurul centrului final de greutate al elementului 2 (articulația fixă O_3), utilizând relația (135).

$$J_{O_2} = m_2 \cdot s_2^2 + m_{II} \cdot \rho_2^2 \qquad (135)$$

În continuare se determină energia cinetică a mecanismului (a lanțului cinematic plan), cu ajutorul relațiilor (136).

$$\begin{cases} E = \frac{1}{2} \cdot J_{O_2} \cdot \omega_2^2 + \frac{1}{2} \cdot J_{O_3} \cdot \omega_3^2 + \frac{1}{2} \cdot m_{3'} \cdot \dot{x}_{O_3}^2 + \frac{1}{2} \cdot m_{3'} \cdot \dot{y}_{O_3}^2 = \\ = \frac{1}{2} \cdot J_{O_2} \cdot \omega_2^2 + \frac{1}{2} \cdot J_{O_3} \cdot \omega_3^2 + \frac{1}{2} \cdot m_{3'} \cdot d_2^2 \cdot \omega_2^2 = \\ = \frac{1}{2} \cdot J_{O_3} \cdot \omega_3^2 + \frac{1}{2} \cdot \omega_2^2 \cdot \left(J_{O_2} + m_{3'} \cdot d_2^2 \right) = \\ = \frac{1}{2} \cdot J_{O_3} \cdot \omega_3^2 + \frac{1}{2} \cdot J_{O_2}^* \cdot \omega_2^2 \\ J_{O_2}^* = J_{O_2} + m_{3'} \cdot d_2^2 \end{cases} \qquad (136)$$

Ecuația energiei cinetice a lanțului cinematic plan deschis echilibrat se exprimă simplificat cu ajutorul relației finale (137).

$$E = \frac{1}{2} \cdot J_{O_3} \cdot \omega_3^2 + \frac{1}{2} \cdot J_{O_2}^* \cdot \omega_2^2 \qquad (137)$$

Se utilizează ecuațiile diferențiale Lagrange de speța a doua (relațiile 138).

$$\begin{cases} \frac{d}{dt}\left(\frac{\partial E}{\partial \dot{q}_k}\right) - \frac{\partial E}{\partial q_k} = Q_k \quad cu \quad k = 2, \ 3 \\ \\ \frac{d}{dt}\left(\frac{\partial E}{\partial \dot{q}_2}\right) - \frac{\partial E}{\partial q_2} = Q_2 \\ \\ \frac{d}{dt}\left(\frac{\partial E}{\partial \dot{q}_3}\right) - \frac{\partial E}{\partial q_3} = Q_3 \end{cases} \qquad (138)$$

Cum energia cinetică în acest caz nu depinde direct de parametrii cinematici de poziții q_2 și q_3, reprezentați de unghiurile de poziție φ_{20} și φ_{30}, se pot utiliza ecuațiile Lagrange simplificate la forma (139).

$$\begin{cases} \dfrac{d}{dt}\left(\dfrac{\partial E}{\partial \dot{q}_k}\right) = Q_k \quad cu \quad k = 2,\ 3 \\[2mm] \dfrac{d}{dt}\left(\dfrac{\partial E}{\partial \dot{q}_2}\right) = Q_2 \Rightarrow \dfrac{d}{dt}\left(\dfrac{\partial E}{\partial \omega_2}\right) = M_{m_2} \\[2mm] \dfrac{d}{dt}\left(\dfrac{\partial E}{\partial \dot{q}_3}\right) = Q_3 \Rightarrow \dfrac{d}{dt}\left(\dfrac{\partial E}{\partial \omega_3}\right) = M_{m_3} \end{cases} \qquad (139)$$

Înlocuind derivatele parțiale și derivând în funcție de timp, sistemul (139) ia forma (140).

$$\begin{cases} \dfrac{\partial E}{\partial \omega_2} = J^*_{O_2} \cdot \omega_2 \Rightarrow \dfrac{d}{dt}\left(\dfrac{\partial E}{\partial \omega_2}\right) = J^*_{O_2} \cdot \varepsilon_2 \Rightarrow J^*_{O_2} \cdot \varepsilon_2 = M_{m_2} \\[2mm] \dfrac{\partial E}{\partial \omega_3} = J_{O_3} \cdot \omega_3 \Rightarrow \dfrac{d}{dt}\left(\dfrac{\partial E}{\partial \omega_3}\right) = J_{O_3} \cdot \varepsilon_3 \Rightarrow J_{O_3} \cdot \varepsilon_3 = M_{m_3} \\[2mm] J^*_{O_2} \cdot \varepsilon_2 = M_{m_2} \\[1mm] J_{O_3} \cdot \varepsilon_3 = M_{m_3} \\[1mm] J^*_{O_2} = m_2 \cdot s_2^2 + m_{II} \cdot \rho_2^2 + m_{3'} \cdot d_2^2 \\[1mm] J_{O_3} = m_s \cdot d_3^2 + m_3 \cdot s_3^2 + m_{III} \cdot \rho_3^2 \\[1mm] M_{m_2} = \left(m_2 \cdot s_2^2 + m_{II} \cdot \rho_2^2 + m_{3'} \cdot d_2^2\right) \cdot \varepsilon_2 \\[1mm] M_{m_3} = \left(m_s \cdot d_3^2 + m_3 \cdot s_3^2 + m_{III} \cdot \rho_3^2\right) \cdot \varepsilon_3 \end{cases} \qquad (140)$$

Cinematica dinamică a lanțului plan echilibrat

Se urmărește următorul „scenariu". Se cunosc următorii parametrii:

x_M, y_M, d_2, d_3, ω_2, $\dot{\theta}$, M_{m_2}, M_{m_3}

Momentele motoarelor electrice (momentele actuatorilor) au valori ce variază într-o plajă restrânsă, odată cu valoarea vitezei unghiulare a motorului respectiv, conform diagramei caracteristice prezentate de producătorul respectiv.

Variația este în general de tipul celei prezentate în figura 10.

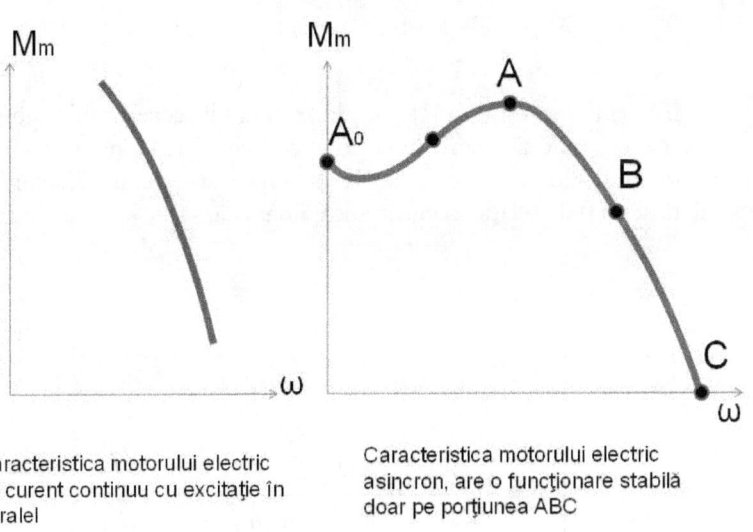

Caracteristica motorului electric de curent continuu cu excitație în paralel

Caracteristica motorului electric asincron, are o funcționare stabilă doar pe porțiunea ABC

Fig. 10. *Caracteristicile motoarelor electrice de curent continuu și alternativ (trifazice asincrone)*

După cum se poate vedea în figura 10, variația momentului cu viteza unghiulară este mică, astfel încât momentul motorului poate fi considerat constant pe toată porțiunea de funcționare.

O observație importantă ce nu trebuie trecută cu vederea este aceea că atât motoarele electrice, de curent continuu cât și cele de curent alternativ asincrone, au o caracteristică de funcționare stabilă.

Dacă sarcina crește viteza unghiulară a motorului și deci și cea a mecanismului (lanțului cinematic deschis) scade adaptându-se la sarcina crescută, iar atunci când sarcina scade și este posibilă o funcționare la o viteză mai ridicată în mod natural viteza unghiulară a actuatorului crește, conform caracteristicii sale funcționale interne.

Revenind la datele problemei cinematicii dinamice, se vor urmări în continuare relațiile de calcul derulate într-o ordine firească.

Se începe cu sistemul (141) prin care se determină și viteza unghiulară absolută a elementului 3, cea a elementului 2 fiind aceiași cu cea a actuatorului 2, iar pentru elementul 3 trebuind să se însumeze viteza actuatorului 2 cu cea a motorului 3.

Tot în sistemul (141) se determină și accelerațiile unghiulare absolute ale celor două elemente cinematice 2 și 3 ale lanțului plan deschis, cu ajutorul relațiilor cunoscute de la dinamica sistemului. Sistemul (141) reprezintă setul 0 de relații, în cinematica dinamică.

$$\begin{cases} \omega_3 = \dot{\theta} + \omega_2 \\ \\ \varepsilon_2 = \dfrac{M_{m_2}}{m_{3'} \cdot d_2^2 + m_2 \cdot s_2^2 + m_{II} \cdot \rho_2^2} = \dfrac{M_{m_2}}{J_{O_2}^*} \\ \\ \varepsilon_3 = \dfrac{M_{m_3}}{m_s \cdot d_3^2 + m_3 \cdot s_3^2 + m_{III} \cdot \rho_3^2} = \dfrac{M_{m_3}}{J_{O_3}} \end{cases} \quad (141)$$

Mai departe se vor determina rând pe rând parametrii cinematici poziționali necesari cu relațiile (142), considerate a fi setul I de relații.

$$\begin{cases} d = \sqrt{x_M^2 + y_M^2} \\ d^2 = x_M^2 + y_M^2 \\ \cos\varphi = \dfrac{x_M}{d} \\ \sin\varphi = \dfrac{y_M}{d} \\ \cos O_2 = \dfrac{d_2^2 + d^2 - d_3^2}{2 \cdot d_2 \cdot d} \\ \sin O_2 = \dfrac{\sqrt{4 \cdot d_2^2 \cdot d^2 - \left(d_2^2 + d^2 - d_3^2\right)^2}}{2 \cdot d_2 \cdot d} \\ \cos\varphi_2 = \cos\varphi \cdot \cos O_2 \mp \sin\varphi \cdot \sin O_2 \\ \sin\varphi_2 = \sin\varphi \cdot \cos O_2 \pm \sin O_2 \cdot \cos\varphi \\ x = d_2 \cdot \cos\varphi_2 \\ y = d_2 \cdot \sin\varphi_2 \\ \varphi_2 = semn(\sin\varphi_2) \cdot \arccos(\cos\varphi_2) \\ \\ \cos M = \dfrac{d_3^2 + d^2 - d_2^2}{2 \cdot d_3 \cdot d} \\ \sin M = \dfrac{\sqrt{4 \cdot d_3^2 \cdot d^2 - \left(d_3^2 + d^2 - d_2^2\right)^2}}{2 \cdot d_3 \cdot d} \\ \cos\varphi_3 = \cos\varphi \cdot \cos M \pm \sin\varphi \cdot \sin M \\ \sin\varphi_3 = \sin\varphi \cdot \cos M \mp \sin M \cdot \cos\varphi \\ \varphi_3 = semn(\sin\varphi_3) \cdot \arccos(\cos\varphi_3) \end{cases} \quad (142)$$

Urmează setul II de relații în cinematica dinamică, sistemul (143), care generează vitezele și accelerațiile liniare ale punctelor O_3 și M. Pentru punctul O_3 ele vor fi notate fără nici o literă ca indice, iar pentru M vor fi notate cu indicele M. Setul III (144) determină vitezele şi acceleraţiile unghiulare exacte.

$$\begin{cases} \dot{x} = -y \cdot \omega_2 \\ \dot{y} = x \cdot \omega_2 \\ \ddot{x} = -x \cdot \omega_2^2 - y \cdot \varepsilon_2 \\ \ddot{y} = -y \cdot \omega_2^2 + x \cdot \varepsilon_2 \\ \dot{x}_M = \dot{x} - (y_M - y) \cdot \omega_3 \\ \dot{y}_M = \dot{y} + (x_M - x) \cdot \omega_3 \\ \ddot{x}_M = \ddot{x} - (\dot{y}_M - \dot{y}) \cdot \omega_3 - (y_M - y) \cdot \varepsilon_3 \\ \ddot{y}_M = \ddot{y} + (\dot{x}_M - \dot{x}) \cdot \omega_3 + (x_M - x) \cdot \varepsilon_3 \end{cases} \quad (143)$$

$$\begin{cases} \omega_2 = \dfrac{\dot{y} \cdot \cos\varphi_2 - \dot{x} \cdot \sin\varphi_2}{d_2} \\[2mm] \omega_3 = \dfrac{(\dot{y}_M - \dot{y}) \cdot \cos\varphi_3 - (\dot{x}_M - \dot{x}) \cdot \sin\varphi_3}{d_3} \\[2mm] \varepsilon_2 = \dfrac{\ddot{y} \cdot \cos\varphi_2 - \ddot{x} \cdot \sin\varphi_2}{d_2} \\[2mm] \varepsilon_3 = \dfrac{(\ddot{y}_M - \ddot{y}) \cdot \cos\varphi_3 - (\ddot{x}_M - \ddot{x}) \cdot \sin\varphi_3}{d_3} \end{cases} \quad (144)$$

Se introduc valorile III în II şi se recalculează II care devin II'. Apoi cu II' în III se recalculează şi III care devine III'. La diferenţe mici între valorile III şi III' se opreşte procesul iterativ, în caz contrar el trebuind să continue rezultând II" şi III", etc.

Observaţie importantă!

Atunci când nu se cunosc momentele actuatorilor (de exemplu se utilizează nişte motoraşe avute la dispoziţie, la care nu se cunosc caracteristicile tehnice, şi deci nu se poate determina valoarea medie sau exactă a momentului generat în funcţie de viteza unghiulară impusă), sau nu se cunosc exact parametrii de masă ai elementelor şi sau încărcările exterioare, se poate utiliza cinematica dinamică simplă sau directă, fără setul 0 (se renunţă practic la relaţiile dinamice, Lagrange), utilizând numai relaţiile din seturile I, II, şi III, dar şi cu vitezele unghiulare dorite (medii) cunoscute.

Se calculează normal poziţiile cu setul de relaţii I, se determină apoi vitezele şi acceleraţiile liniare cu setul II de relaţii existente, cunoscând vitezele unghiulare dorite (necesare) ale actuatorilor, iar pentru acceleraţiile lor unghiulare iniţiale (de amorsare) considerându-se valorile 0, numai în setul II.

Apoi vor rezulta oricum atât vitezele unghiulare exacte cât şi acceleraţiile unghiulare exacte din calculele efectuate cu setul III de relaţii, după care automat urmează cel puţin o iteraţie, recalculându-se II' şi III'.

E bine în această situaţie să se mai efectueze o iteraţie sau chiar două, chiar dacă convergenţa e suficient de puternică. Se obţin astfel şi II", III", şi poate chiar II'" şi III'".

!Descrierea proceselor dinamice!

Masele şi forţele (exterioare şi interioare) ce acţionează asupra lanţului cinematic influenţează în mod direct vitezele unghiulare medii ale elementelor lanţului cinematic plan echilibrat, ω_2, ω_3. Acestea determină cinematica reală, dinamică, a mecanismului, prin sistemele de ecuaţii II şi III, influenţând direct valorile vitezelor şi acceleraţiilor liniare şi unghiulare efective pentru fiecare punct şi element al lanţului în fiecare poziţie a sa.

Acceleraţiile unghiulare efective ale celor două elemente ale lanţului ε_{2*}, ε_{3*} în fiecare poziţie a sa obţinute cu III', ori III'', sau chiar III''', determină variaţii ale momentelor actuatorilor, conform relaţiilor date de sistemul (132), variaţii care modifică imediat şi vitezele unghiulare medii de intrare ω_2, ω_3 aducându-le la valorile instantanee $\omega_{2'}$, $\omega_{3'}$ determinate din diagramele caracteristice ale celor doi actuatori (pentru actuatorul 2 viteza unghiulară scoasă din diagrama sa caracteristică în funcţie de valoarea instantanee a momentului motor se va trece direct ca noua viteză unghiulară $\omega_{2'}$, dar pentru motorul 3 în funcţie de valoarea instantanee calculată a momentului motor M_{m3} se va determina din diagrama caracteristică valoarea instantanee a vitezei unghiulare a actuatorului 3, $\dot{\theta}$, cu care se va calcula noua valoare a vitezei unghiulare instantanee $\omega_{3'} = \omega_{2'} + \dot{\theta}$.

$$\begin{cases} M_{m_2} = J^*_{O_2} \cdot \varepsilon_2 \\ M_{m_3} = J_{O_3} \cdot \varepsilon_3 \\ \\ M_{m_2} = \left(m_2 \cdot s_2^2 + m_{II} \cdot \rho_2^2 + m_{3'} \cdot d_2^2\right) \cdot \ddot{\varphi}_{20} \\ M_{m_3} = \left(m_s \cdot d_3^2 + m_3 \cdot s_3^2 + m_{III} \cdot \rho_3^2\right) \cdot \ddot{\varphi}_{30} \end{cases} \quad (132)$$

Se pot recalcula relaţiile sistemelor II şi III (care trec în II*, respectiv III*) pentru fiecare poziţie a mecanismului (a lanţului cinematic plan deschis), introducând în sistemul de viteze şi acceleraţii liniare II (pentru vitezele şi acceleraţiile unghiulare de amorsare) valorile $\omega_{2'}$, $\omega_{3'}$ şi ε_{2*}, ε_{3*}. Cu II* se recalculează III*.

Se obţin astfel din III* valorile exacte dinamice, reale, ale vitezelor şi acceleraţiilor unghiulare, ale mecanismului (lanţului cinematic plan, deschis, echilibrat). Şi aici se pot efectua mai multe iteraţii (fapt pentru care se indică, utilizarea unui program de calcul).

O METODĂ COMBINATĂ 2R-3R DE REZOLVARE A CINEMATICII INVERSE LA SISTEMELE ANTROPOMORFE (ROBOȚII ANTROPOMORFI)

O problemă importantă la roboții antropomorfi este cea a rezolvării cinematicii inverse printr-o modalitate cât mai simplă și mai rapidă posibilă. Metoda prezentată în continuare combină sistemele 3R spațiale cu cele 2R plane, permutând dintr-un sistem în altul pentru a permite obținerea rezultatelor 3R prin lucrul în planul 2R. Rezolvând sistemele 3R practic avem baza de lucru pentru orice sistem antropomorf, inclusiv cele 5R sau 6R. Cinematica directă nu mai constituie o problemă reală la aceste sisteme, astfel încât metodă prezentată aici, pe scurt, se va concentra doar asupra cinematicii inverse. Practic se va rezolva cinematica inversă a unui robot antropomorf 3R. Metoda prezentată, este directă, rapidă și precisă, și utilizează o metodă trigonometrică. E posibil ca partea geometrică să fie înlocuită ca o alternativă și cu o metodă geometrică, mult mai precisă, în special în generarea și alegerea soluției unice. Se vor soluționa doar pozițiile, vitezele constituind mai multe alte variante separate de lucru. Așa cum am mai arătat deja (în capitolele precedente) se separă cele trei mișcări spațiale într-o mișcare de rotație în jurul axului vertical independentă și alte două mișcări de rotație situate într-un plan. Se vor găsi relațiile de transformare 3R-2R și viceversa. Apoi prin conexiunile realizate se va automatiza întregul proces (se stabilesc relațiile finale de lucru, care pot automatiza procesul).

Se pornește de la schema cinematică 3R deja prezentată (vezi figura 1) și de la schema cinematică a platformei antropomorfe 2R plane (fig. 2).

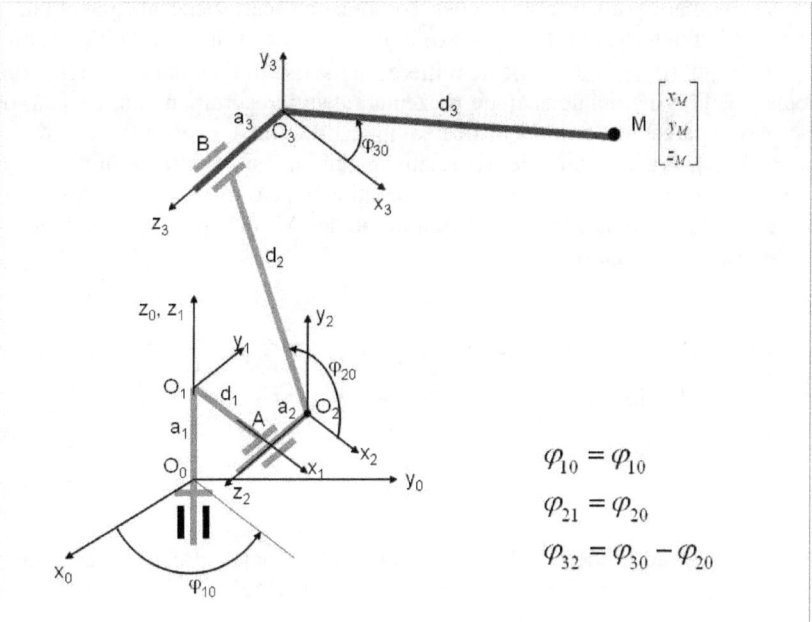

Fig. 1. *Schema geometro-cinematică a unei structuri antropomorfe 3R*

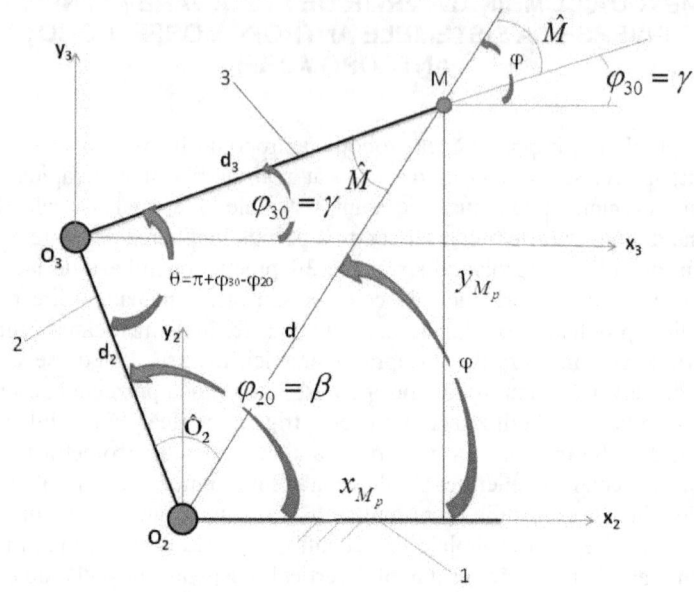

Fig. 2. *Schema cinematică a unei structuri antropomorfe 2R*

In cinematica inversă se cunosc coordonatele carteziene ale punctului M aparținând endefectorului (x_M, y_M, z_M) și trebuiesc determinate rotațiile absolute ($\varphi_{10}=\alpha$, $\varphi_{20}=\beta$, $\varphi_{30}=\gamma$). Relațiile de inițiere sunt scrise în sistemul (1) și reprezintă tocmai relațiile matriciale spațiale prezentate deja în cadrul cursului de față, dar prin modificarea lor prin identificarea în cadrul lor a expresiilor plane (din sistemul 2R). Practic sunt cele trei relații spațiale în care am trecut în locul unor parametrii pe cei dați de sistemul plan, atenționând că în loc de xM (din spațiu) spre exemplu avem un xMp (plan), sau în loc de yM (din spațiu) avem de a face cu yMp (adică yM plan).

$$\begin{cases} x_M = d_1 \cdot \cos\alpha + x_{M_p} \cdot \cos\alpha - (a_2 + a_3) \cdot \sin\alpha \\ y_M = d_1 \cdot \sin\alpha + x_{M_p} \cdot \sin\alpha + (a_2 + a_3) \cdot \cos\alpha \\ z_M = a_1 + y_{M_p} \end{cases} \quad (1)$$

Din sistemul 1 identificăm mai întâi relația finală pe care o rescriem în forma (2), formă ce explicitează ordonata plană a punctului M.

$$y_{M_p} = z_M - a_1 \quad (2)$$

Prima relație a sistemului 1 este multiplicată cu cosα iar a doua relație a sistemului 1 este înmulțită cu sinα, după care cele două expresii obținute se adună și se obține astfel relația 3.

$$x_{M_p} = x_M \cdot \cos\alpha + y_M \cdot \sin\alpha - d_1 \qquad (3)$$

În continuare prima relație a sistemului 1 este multiplicată cu (-sinα) iar a doua relație a sistemului 1 este înmulțită cu cosα, după care cele două expresii obținute se adună și se obține astfel relația 4.

$$-x_M \cdot \sin\alpha + y_M \cdot \cos\alpha = a_2 + a_3 \qquad (4)$$

Rezolvând relația 4 se obțin expresiile 5.

$$\begin{cases} \cos\alpha = \dfrac{(a_2+a_3)\cdot y_M \pm x_M \cdot \sqrt{x_M^2 + y_M^2 - (a_2+a_3)^2}}{x_M^2 + y_M^2} \\ \sin\alpha = \dfrac{-(a_2+a_3)\cdot x_M \pm y_M \cdot \sqrt{x_M^2 + y_M^2 - (a_2+a_3)^2}}{x_M^2 + y_M^2} \end{cases} \qquad (5)$$

Combinând relațiile sistemului 5 cu expresia 3 se obține relația 6.

$$x_{M_p} = \pm\sqrt{x_M^2 + y_M^2 - (a_2+a_3)^2} - d_1 \qquad (6)$$

Cunoscând acum abscisa și ordonata punctului M în sistemul plan (relațiile 2, 6) se pot determina în continuare spre exemplu prin metoda trigonometrică deja prezentată unghiurile de poziție absolută ale celor două actoatoare, β și γ, care deși se calculează mai simplu, în plan, sunt identice cu cele spațiale (sistemul 7). Unghiul α este deja cunoscut prin determinarea prealabilă a celor două funcții trigonometrice ale sale, sin și cos, și se determină și el în cadrul sistemului relațional 7, astfel încât avem acum determinate toate cele trei unghiuri căutate ($\varphi_{10}=\alpha$, $\varphi_{20}=\beta$, $\varphi_{30}=\gamma$), iar modul lor de soluționare (pentru $\varphi_{20}=\beta$, $\varphi_{30}=\gamma$) s-a făcut utilizând sistemul plan.

$$\begin{cases} x_{M_p} = \sqrt{x_M^2 + y_M^2 - (a_2 + a_3)^2} - d_1 \\ y_{M_p} = z_M - a_1 \\ \cos\alpha = \dfrac{(a_2 + a_3)\cdot y_M + x_M \cdot \sqrt{x_M^2 + y_M^2 - (a_2 + a_3)^2}}{x_M^2 + y_M^2} \\ \sin\alpha = \dfrac{-(a_2 + a_3)\cdot x_M + y_M \cdot \sqrt{x_M^2 + y_M^2 - (a_2 + a_3)^2}}{x_M^2 + y_M^2} \\ \alpha = sign(\sin\alpha)\cdot a\cos(\cos\alpha) \\ d^2 = x_{M_p}^2 + y_{M_p}^2 \Rightarrow d = \sqrt{x_{M_p}^2 + y_{M_p}^2} \\ \begin{cases} \cos\varphi = \dfrac{x_{M_p}}{d} \\ \sin\varphi = \dfrac{y_{M_p}}{d} \end{cases} \Rightarrow \varphi = sign(\sin\varphi)\cdot a\cos(\cos\varphi) \\ \cos O_2 = \dfrac{d^2 + d_2^2 - d_3^2}{2d\cdot d_2} \Rightarrow O_2 = a\cos\left(\dfrac{d^2 + d_2^2 - d_3^2}{2d\cdot d_2}\right) \\ \cos M = \dfrac{d^2 + d_3^2 - d_2^2}{2d\cdot d_3} \Rightarrow M = a\cos\left(\dfrac{d^2 + d_3^2 - d_2^2}{2d\cdot d_3}\right) \\ \beta = \varphi \pm O_2;\quad \gamma = \varphi \mp M \end{cases} \qquad (7)$$

Utilizând relațiile sistemului (7) se poate automatiza procesul de determinare a unghiurilor absolute de poziție atunci când se cunosc (impun) coordonatele absolute ale endefectorului (ale punctului M). Practic se poate rezolva foarte ușor cinematica inversă la sistemele spațiale antropomorfe prin utilizarea directă a acestor relații originale, care au fost obținute prin combinarea sistemelor 2R și 3R. Metoda este mult mai ușoară decât celelalte metode cunoscute (spațiale sau plane), este directă, rapidă și precisă. La determinarea unghiurilor β și γ se aleg semnele + cu − atunci când O_3 este poziționat în stânga-sus față de axa O_2M și − cu + atunci când se dorește ca articulația interioară O_3 să se poziționeze față de axa O_2M în dreapta-jos. Pentru o poziționare mult mai simplă, se poate comuta tot acest sistem, astfel încât să fie soluționat printr-o metodă mult mai precisă, geometrică, metodă care va fi prezentată deocamdată (în continuare), de sine stătător, în planul 2R, fără automatizarea ei 3R-2R.

GEOMETRIA ȘI CINEMATICA UNUI MODUL MECATRONIC 2R

Schema geometro-cinematică a unui modul mecatronic 2R poate fi urmărită în figura 1. Se dau (se cunosc întotdeauna): x_C, y_C, l_2, l_3.

A) În cinematica directă se mai dau: $\varphi_2, \varphi_3, \omega_2, \omega_3$ și se cer: $x_A, y_A, \dot{x}_A, \dot{y}_A, \ddot{x}_A, \ddot{y}_A$.

B) În cinematica inversă se cunosc și: x_A, y_A și se cer φ_2, φ_3 pentru poziții. Iar pentru viteze și accelerații avem două situații distincte posibile, I și II:

I) Se dau și ω_2, ω_3 și se solicită $\dot{x}_A, \dot{y}_A, \ddot{x}_A, \ddot{y}_A$.

II) Se dau și $\dot{x}_A, \dot{y}_A, \ddot{x}_A, \ddot{y}_A$ și se cer $\omega_2, \omega_3, \varepsilon_2, \varepsilon_3$.

Cinematica directă se rezolvă cu ecuațiile sistemului (1).

$$\begin{cases} \begin{cases} x_C + l_2 \cdot \cos \varphi_2 + l_3 \cdot \cos \varphi_3 = x_A \\ y_C + l_2 \cdot \sin \varphi_2 + l_3 \cdot \sin \varphi_3 = y_A \end{cases} \\ \begin{cases} -l_2 \cdot \sin \varphi_2 \cdot \omega_2 - l_3 \cdot \sin \varphi_3 \cdot \omega_3 = \dot{x}_A - \dot{x}_C; \dot{x}_C = 0 \\ l_2 \cdot \cos \varphi_2 \cdot \omega_2 + l_3 \cdot \cos \varphi_3 \cdot \omega_3 = \dot{y}_A - \dot{y}_C; \dot{y}_C = 0 \end{cases} \Rightarrow \\ \begin{cases} \dot{x}_A = -l_2 \cdot \sin \varphi_2 \cdot \omega_2 - l_3 \cdot \sin \varphi_3 \cdot \omega_3 \\ \dot{y}_A = l_2 \cdot \cos \varphi_2 \cdot \omega_2 + l_3 \cdot \cos \varphi_3 \cdot \omega_3 \end{cases} \\ \begin{cases} l_2 \cdot \cos \varphi_2 \cdot \omega_2^2 + l_3 \cdot \cos \varphi_3 \cdot \omega_3^2 = -\ddot{x}_A \\ l_2 \cdot \sin \varphi_2 \cdot \omega_2^2 + l_3 \cdot \sin \varphi_3 \cdot \omega_3^2 = -\ddot{y}_A \end{cases} \end{cases} \quad (1)$$

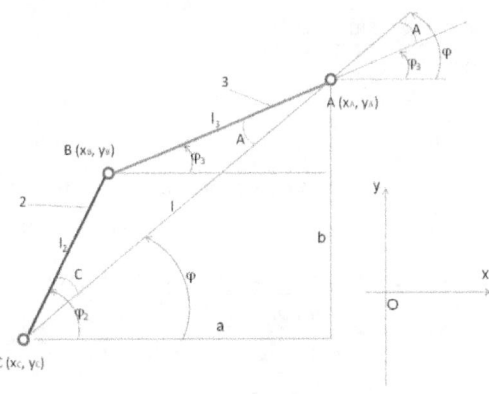

Fig. 1. Schema geometro-cinematică a unui modul mecatronic 2R

Pentru cinematica inversă pozițiile se pot determina direct cu ajutorul metodei trigonometrice, ale cărei relații de calcul sunt prezentate în sistemul (2).

$$\begin{cases} a = x_A - x_C; \quad b = y_A - y_C; \quad l^2 = a^2 + b^2; \quad l = \sqrt{l^2} \\ \cos\varphi = \dfrac{a}{l}; \quad \sin\varphi = \dfrac{b}{l}; \quad \varphi = semn(\sin\varphi) \cdot \arccos(\cos\varphi) \\ \varphi = semn\left(\dfrac{b}{l}\right) \cdot \arccos\left(\dfrac{a}{l}\right) \\ \cos C = \dfrac{l^2 + l_2^2 - l_3^2}{2 \cdot l \cdot l_2} \Rightarrow C = \arccos\left(\dfrac{l^2 + l_2^2 - l_3^2}{2 \cdot l \cdot l_2}\right) \\ \cos A = \dfrac{l^2 + l_3^2 - l_2^2}{2 \cdot l \cdot l_3} \Rightarrow C = \arccos\left(\dfrac{l^2 + l_3^2 - l_2^2}{2 \cdot l \cdot l_3}\right) \\ \begin{cases} \varphi_2 = \varphi + C \\ \varphi_3 = \varphi - A \end{cases} \end{cases} \quad (2)$$

Vitezele și accelerațiile liniare se determină apoi pentru cazul BI tot cu ultimile două relații ale sistemului (1), asemănător cinematicii directe. În schimb pentru cazul BII se vor utiliza relațiile sistemului (3).

$$\begin{cases} \begin{cases} l_2 \cdot \sin\varphi_2 \cdot \omega_2 + l_3 \cdot \sin\varphi_3 \cdot \omega_3 = -\dot{x}_A \\ l_2 \cdot \cos\varphi_2 \cdot \omega_2 + l_3 \cdot \cos\varphi_3 \cdot \omega_3 = \dot{y}_A \end{cases} \begin{vmatrix} \cdot(\cos\varphi_3) & \cdot(\cos\varphi_2) \\ \cdot(-\sin\varphi_3) & \cdot(-\sin\varphi_2) \end{vmatrix} \Rightarrow \\ \Rightarrow \begin{cases} \omega_2 = \dfrac{\dot{x}_A \cdot \cos\varphi_3 + \dot{y}_A \cdot \sin\varphi_3}{l_2 \cdot \sin(\varphi_3 - \varphi_2)} \\ \omega_3 = \dfrac{\dot{x}_A \cdot \cos\varphi_2 + \dot{y}_A \cdot \sin\varphi_2}{l_3 \cdot \sin(\varphi_2 - \varphi_3)} \end{cases} \\ \begin{cases} l_2 \cos\varphi_2 \omega_2^2 + l_2 \sin\varphi_2 \varepsilon_2 + l_3 \cos\varphi_3 \omega_3^2 + l_3 \sin\varphi_3 \varepsilon_3 = -\ddot{x}_A \\ -l_2 \sin\varphi_2 \omega_2^2 + l_2 \cos\varphi_2 \varepsilon_2 - l_3 \sin\varphi_3 \omega_3^2 + l_3 \cos\varphi_3 \varepsilon_3 = \ddot{y}_A \end{cases} \begin{vmatrix} \cdot(\cos\varphi_3) & \cdot(\cos\varphi_2) \\ \cdot(-\sin\varphi_3) & \cdot(-\sin\varphi_2) \end{vmatrix} \\ \Rightarrow \begin{cases} \varepsilon_2 = \dfrac{\ddot{x}_A \cdot \cos\varphi_3 + \ddot{y}_A \cdot \sin\varphi_3 + l_2 \cdot \cos(\varphi_3 - \varphi_2) \cdot \omega_2^2 + l_3 \cdot \omega_3^2}{l_2 \cdot \sin(\varphi_3 - \varphi_2)} \\ \varepsilon_3 = \dfrac{\ddot{x}_A \cdot \cos\varphi_2 + \ddot{y}_A \cdot \sin\varphi_2 + l_3 \cdot \cos(\varphi_2 - \varphi_3) \cdot \omega_3^2 + l_2 \cdot \omega_2^2}{l_3 \cdot \sin(\varphi_2 - \varphi_3)} \end{cases} \end{cases} \quad (3)$$

În continuare se va prezenta o metodă geometrică de rezolvare a pozițiilor, în cinematica inversă, la modulul mecatronic 2R (sistemul de relații 4).

$$\begin{cases} x_A^2 + y_A^2 = l^2 \\ \begin{cases} x \equiv x_B = l_2 \cdot \cos\varphi_2 \\ y \equiv y_B = l_2 \cdot \sin\varphi_2 \end{cases} \Rightarrow x^2 + y^2 = l_2^2 \\ \begin{cases} x_A - x_B = l_3 \cdot \cos\varphi_3 \\ y_A - y_B = l_3 \cdot \sin\varphi_3 \end{cases} \Rightarrow (x_A - x)^2 + (y_A - y)^2 = l_3^2 \Rightarrow \\ \Rightarrow x^2 + y^2 + x_A^2 + y_A^2 - 2x_A \cdot x - 2y_A \cdot y - l_3^2 = 0 \Rightarrow \\ \Rightarrow l^2 + l_2^2 - l_3^2 - 2x_A \cdot x - 2y_A \cdot y = 0 \Rightarrow x = \dfrac{(l^2 + l_2^2 - l_3^2) - 2y_A \cdot y}{2 \cdot x_A} \Rightarrow \\ \Rightarrow x^2 = \dfrac{(l^2 + l_2^2 - l_3^2)^2 + 4y_A^2 \cdot y^2 - 4y_A \cdot (l^2 + l_2^2 - l_3^2) \cdot y}{4x_A^2} \\ \begin{cases} x^2 = \dfrac{(l^2 + l_2^2 - l_3^2)^2 + 4y_A^2 \cdot y^2 - 4y_A \cdot (l^2 + l_2^2 - l_3^2) \cdot y}{4x_A^2} \\ x^2 + y^2 = l_2^2 \end{cases} \Rightarrow \\ \Rightarrow (l^2 + l_2^2 - l_3^2)^2 + 4y_A^2 \cdot y^2 - 4y_A \cdot (l^2 + l_2^2 - l_3^2) \cdot y + 4x_A^2 \cdot y^2 - 4l_2^2 \cdot x_A^2 = 0 \Rightarrow \\ \Rightarrow (l^2 + l_2^2 - l_3^2)^2 + 4(x_A^2 + y_A^2) \cdot y^2 - 4y_A \cdot (l^2 + l_2^2 - l_3^2) \cdot y - 4l_2^2 \cdot x_A^2 = 0 \Rightarrow \\ \Rightarrow 4l^2 \cdot y^2 - 4y_A \cdot (l^2 + l_2^2 - l_3^2) \cdot y - 4l_2^2 \cdot x_A^2 + (l^2 + l_2^2 - l_3^2)^2 = 0 \Rightarrow \\ \Rightarrow y_{1,2} = \dfrac{2y_A(l^2 + l_2^2 - l_3^2) \pm \sqrt{4y_A^2(l^2 + l_2^2 - l_3^2)^2 + 16l^2 l_2^2 x_A^2 - 4l^2(l^2 + l_2^2 - l_3^2)^2}}{4l^2} \\ \Rightarrow y = y_{1,2} = \dfrac{y_A \cdot (l^2 + l_2^2 - l_3^2) \pm \sqrt{4l^2 \cdot l_2^2 \cdot x_A^2 - (l^2 - y_A^2) \cdot (l^2 + l_2^2 - l_3^2)^2}}{2l^2} \\ x = \dfrac{l^2 + l_2^2 - l_3^2 - 2y_A \cdot y}{2x_A} \\ \cos\varphi_2 = \dfrac{x}{l_2}; \sin\varphi_2 = \dfrac{y}{l_2}; \varphi_2 = semn\left(\dfrac{y}{l_2}\right) \cdot \arccos\left(\dfrac{x}{l_2}\right) \\ \cos\varphi_3 = \dfrac{x_A - x}{l_3}; \sin\varphi_3 = \dfrac{y_A - y}{l_3}; \varphi_3 = semn\left(\dfrac{y_A - y}{l_3}\right) \cdot \arccos\left(\dfrac{x_A - x}{l_3}\right) \end{cases}$$

(4)

La determinarea lui y se ia semnul + când mecanismul este orientat cu B în sus (la nord) și semnul – când cupla B este poziționată în partea de jos (la sud, pe desen e notată cu B') (vezi fig. 2).

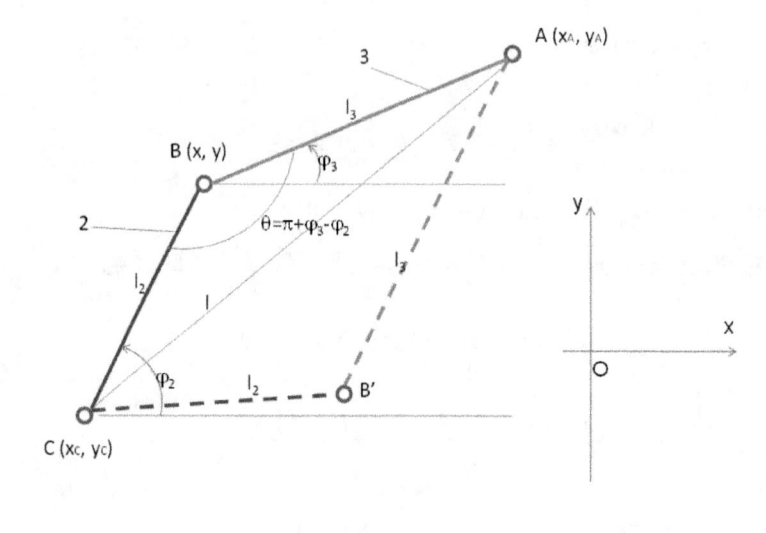

Fig. 2. Schema geometro-cinematică a unui modul mecatronic 2R (există două poziții posibile)

Partea a II-a Sisteme mecatronice paralele

Structura sistemelor mecanice mobile paralele

În figura 1 se prezintă schema cinematică a unui sistem mecanic mobil paralel, având toate cele 12 cuple cinematice (care leagă cele șase picioare motoare de cele două platforme, fixă și mobilă) de tip articulații sferice (cuple sferă în sferă, care permit toate rotațiile posibile și nu dau voie să se producă nici o translație), practic cuple de clasa a treia (C_3). Cuplele cinematice motoare (șase la număr) pot fi construite în două variante: C_5 sau C_4.

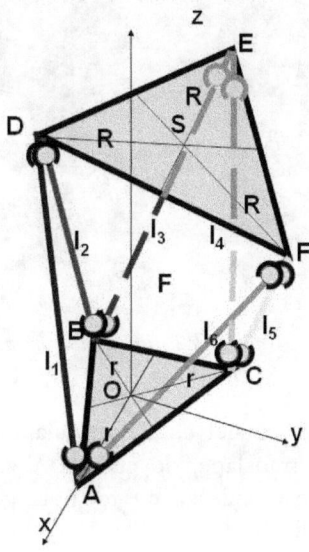

Fig. 1. *Articulațiile dintre picioare și platforme în mod normal trebuie să fie toate numai cuple cinematice sferă în sferă, adică cuple cinematice de clasa a treia (C_3)*

Cuplele sferă în sferă (articulațiile sferice) permit rotațiile în spațiu pe toate cele trei axe, și opresc toate translațiile. Ele sunt mai dificil de realizat din punct de vedere tehnologic, sunt ceva mai scumpe și în general au viața mai scurtă, uzura lor fiind destul de rapidă (chiar dacă suprafața de contact de tip sferă pe sferă este mare). Au însă marele avantaj al unui gabarit redus (masă și volum reduse), (a se vedea figura 2). Viața lor poate fi prelungită printr-o proiectare optimă, printr-o prelucrare minuțioasă, printr-o ungere corespunzătoare, etc. Articulațiile sferice sunt utilizate în industria constructoare de mașini, în special în cea a automobilelor. Ele sunt întâlnite la sistemele de prindere a roților (pivoții basculelor), la articulațiile sistemului de direcție, la oglinzile retrovizoare, la unele schimbătoare de viteze în sistemul de acționare, etc.

Fig. 2. *Articulațiile sferice au utilizări multiple*

Pentru un sistem paralel cu 12 articulații sferice (C_3), și 6 cuple motoare (C_5) numai de translație, de clasa a V-a, mobilitatea sistemului (mecanismului spațial) se calculează cu formula generală (1), (pentru un mecanism spațial de familia 0):

$$M_0 = 6 \cdot m - 5 \cdot C_5 - 4 \cdot C_4 - 3 \cdot C_3 - 2 \cdot C_2 - 1 \cdot C_1 =$$
$$= 6 \cdot m - 5 \cdot C_5 - 3 \cdot C_3 = 6 \cdot 13 - 5 \cdot 6 - 3 \cdot 12 = \quad (1)$$
$$= 78 - 30 - 36 = 12$$

Unde m reprezintă numărul elementelor mobile ale mecanismului (sistemului), în cazul de față m fiind egal cu 13, deoarece cele șase picioare mobile sunt formate fiecare din câte două elemente (deci 6*2=12), iar una din platforme (cea superioară) este și ea mobilă (reprezentând cel de al treisprăzecelea element mobil al sistemului).

Din cele 12 grade de mobilitate ale sistemului numai 6 sunt active (ele reprezentând mișcările liniare ale motoarelor liniare). Celelalte șase grade de mobilitate sunt pasive (nu indică necesitatea utilizării unor actuatori suplimentari pentru realizarea lor). Ele sunt practic materializate prin șase mișcări de rotație suplimentare ale celor șase picioare, fiecare picior format din două elemente cinematice, considerat ca un solid, putându-se roti liber între cele două articulații sferice ale sale (prin care este legat la cele două platforme, cea fixă de la bază și cea mobilă de sus), (a se urmări figura 3).

Deși în general această rotație pasivă este aleatorie (cinematic nu este necesară), totuși ea ajută la o mai bună mobilitate (mișcare) dinamică a mecanismului (sistemului).

Fig. 3. *Rotația pasivă a piciorului motor între cele două articulații sferice (C_3). Rotația între elementele de translație nu este permisă, când cupla motoare este una de translație de clasa a V-a (C_5)*

Practic, se utilizează în locul cuplelor motoare de translație (C_5) cuple motoare cilindrice (C_4) care pe lângă mișcarea de translație, permit și o mișcare de rotație relativă între cele două bare ale cuplei motoare. Actuatorii liniari sunt construiți în așa fel încât fiecare să permită și o mișcare de rotație relativă între cele două bare active. Mișcarea motoare este cea liniară, dar este permisă și o mișcare de rotație relativă în cadrul motoelementului.

În această situație dispar cele șase cuple de clasa a V-a (C_5), ele fiind înlocuite în totalitate cu articulații mobile cilindrice de clasa a IV-a (C_4), (a se vedea figura 4). Formula gradului de mobilitate îmbracă aspectul (2).

$$M_0 = 6 \cdot m - 5 \cdot C_5 - 4 \cdot C_4 - 3 \cdot C_3 - 2 \cdot C_2 - 1 \cdot C_1 =$$
$$= 6 \cdot m - 4 \cdot C_4 - 3 \cdot C_3 = 6 \cdot 13 - 4 \cdot 6 - 3 \cdot 12 = 78 - 24 - 36 = 18 \quad (2)$$

Mecanismul își sporește gradul de mobilitate, dar numai șase dintre aceste mobilități sunt active (ele se referă la mișcările liniare impuse de cei șase actuatori). În acest caz avem 12 mișcări pasive de rotație.

Fig. 4. *Pe lângă rotația pasivă a piciorului motor între cele două articulații sferice (C_3), mai are loc și o rotație între cele două elemente de translație. Se utilizează acum o cuplă cinematică motoare cilindrică, de clasa a IV-a (C_4)*

Ambele variante prezentate sunt nu doar funcționale dar au și o dinamică mai bună.

Ele au fost utilizate la început chiar de Stewart. Acesta a propus apoi un sistem combinat, mai rigid (din punct de vedere dinamic) și mai economic, în care șase dintre articulațiile sferice (C_3) să fie înlocuite cu șase articulații de tip universal (cruce cardanică, etc), adică cu cuple de clasa a IV-a.

Deci din cele 12 cuple sferice C_3, rămân spre utilizare jumătate (șase cuple C_3), iar alte șase vor fi de clasa a IV-a (articulații universale) și împreună cu articulațiile cilindrice motoare (C_4) vor realiza la platforma Stewart 12 cuple C_4. Mobilitatea va fi dată de formula (3).

$$M_0 = 6 \cdot m - 5 \cdot C_5 - 4 \cdot C_4 - 3 \cdot C_3 - 2 \cdot C_2 - 1 \cdot C_1 =$$
$$= 6 \cdot m - 4 \cdot C_4 - 3 \cdot C_3 = 6 \cdot 13 - 4 \cdot 12 - 3 \cdot 6 = 78 - 48 - 18 = 12 \quad (3)$$

El s-a impus imediat și deși se credea că înlocuind toate articulațiile sferice cu articulații universale sistemul nu va mai funcționa, totuși cineva a încercat și a văzut că merge și așa, și așa a și rămas. Marea majoritate a platformelor paralele de tip Stewart au astăzi 12 articulații universale și 6 cuple motoare cilindrice toate fiind cuple cinematice de clasa a IV-a (C_4).

Dispar articulațiile C_3 și cuplele motoare C_5 și rămân doar articulații universale și cuple motoare cilindrice, toate de clasa cinematică C_4, (fig. 5).

Fig. 5. *Platforme moderne de tip Stewart cu 12 articulaţii universale*

Articulaţiile universale utilizate pot fi din punct de vedere constructiv de mai multe feluri (a se vedea fig. 6).

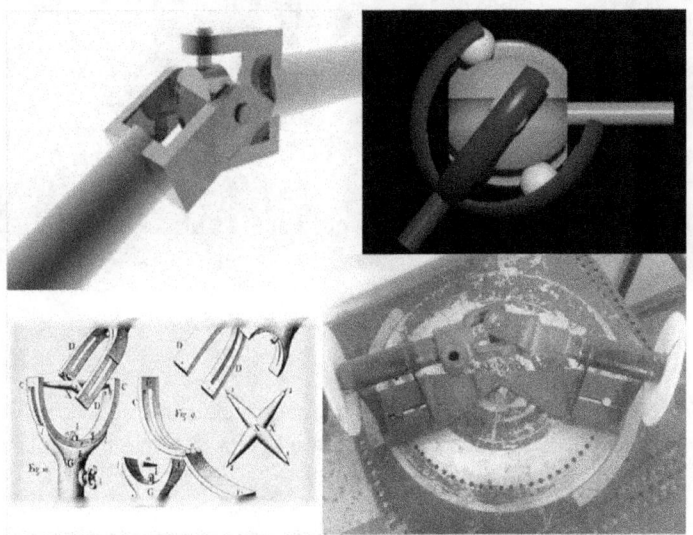

Fig. 6. *Articulaţii universale (diversitatea lor constructivă este mare)*

Formula de calcul a gradului de mobilitate se scrie acum sub forma mult simplificată (4).

$$M_0 = 6 \cdot m - 5 \cdot C_5 - 4 \cdot C_4 - 3 \cdot C_3 - 2 \cdot C_2 - 1 \cdot C_1 =$$
$$= 6 \cdot m - 4 \cdot C_4 = 6 \cdot 13 - 4 \cdot 18 = 78 - 72 = 6 \tag{4}$$

Deşi pare mecanismul cel mai rigid (dinamic), cu numai şase grade de mobilitate, toate active, reprezentând cele şase mobilităţi liniare ale celor şase actuatori, acest sistem fără mobilităţi suplimentare, pasive, de rotaţie, a reuşit să se impună ca o soluţie mai judicioasă (din punct de vedere economico-financiar, dar şi tehnologic, el fiind mai uşor de realizat, mai ieftin şi mai fiabil; vezi figurile 5 şi 7).

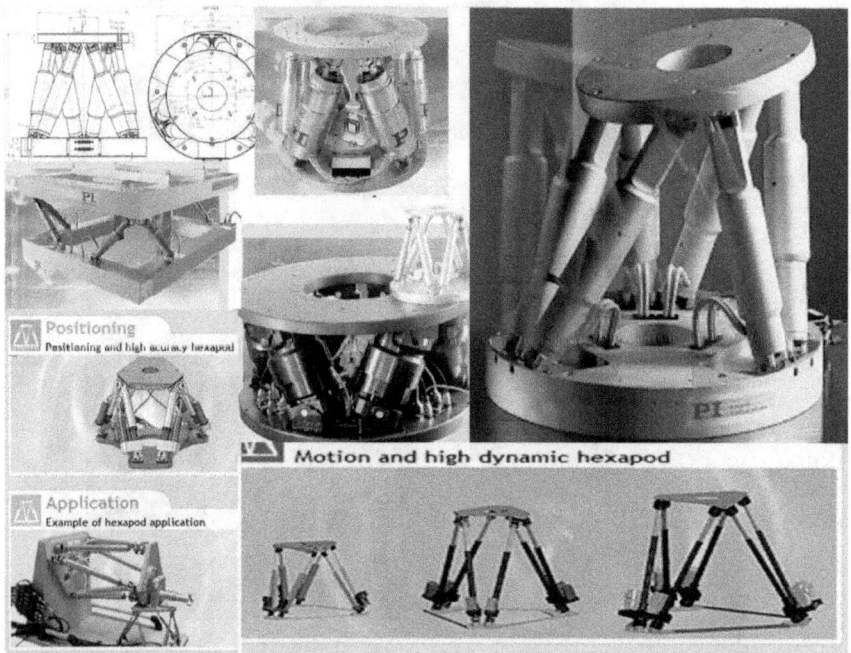

Fig. 7. *Platforme moderne de tip Stewart cu articulaţii universale*

Motoarele liniare (actuatorii) sunt de cele mai multe ori hidraulice (figura 8). Ele pot fi şi electrice, pneumatice, etc, dar cele mai utilizate sunt pentru moment cele hidraulice.

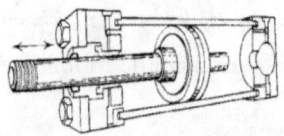

Fig. 8. *Motor (Actuator) liniar hidraulic*

Avantajele lor (ale actuatoarelor hidraulice în particular, dar și ale sistemelor paralele în general) sunt reprezentate în primul rând de vitezele mari de lucru (asemeni sistemelor de acționare de la tractoarele specializate), viteze mari cu păstrarea unei dinamici bune. Echilibrarea lor se face mai simplu (la sistemele hidraulice, care acționează în mod implicit nu doar ca motoare ci și ca amortizoare hidraulice, simultan). Sistemele paralele (în general) sunt mai rapide, mai dinamice, mai bine echilibrate, mai silențioase, și în special „mai rigide și mai precise", comparativ cu structurile seriale.

Acolo unde este nevoie de rigiditate mare și precizie ridicată se va lua în considerare (de la bun început) utilizarea unui sistem mecanic mobil paralel (la operațiile medicale, pe creier, sau pe măduva coloanei vertebrale, de exemplu, la operațiile în medii toxice, chimice, nucleare, în industria grea, etc).

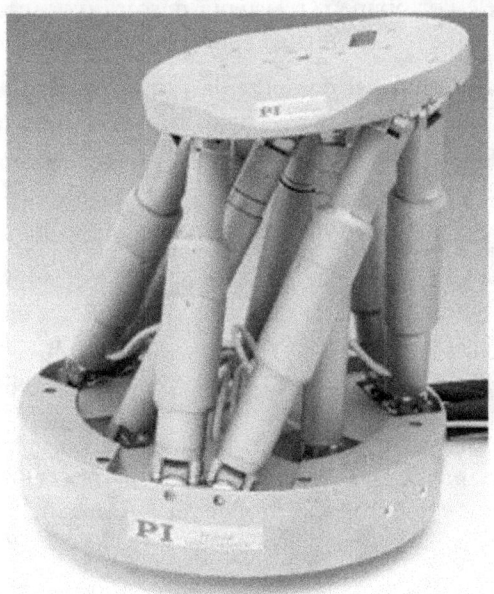

Fig. 9. *Sistem paralel cu nouă picioare liniare hidraulice*

Deși pare exagerat, în unele medii amintite anterior (la operațiile pe șira spinării) s-au introdus, la cererea medicilor specialiști, dispozitive bazate pe platforme paralele super rigidizate, prin suplimentarea celor șase picioare motoare cu încă trei, rezultând astfel în final nouă picioare (vezi figura 9).

Avem acum nouă picioare, fiecare din ele conținând câte două elemente cinematice mobile și câte trei cuple C_4.

Numărul elementelor mobile, m, se ridică acum la 9*2+1=19. Cuplele cinematice sunt numai de clasa a patra, C_4=9*3=27. Formula mobilității mecanismului (sistemului) fiind dată de relația (5).

$$M_0 = 6 \cdot m - 5 \cdot C_5 - 4 \cdot C_4 - 3 \cdot C_3 - 2 \cdot C_2 - 1 \cdot C_1 =$$
$$= 6 \cdot m - 4 \cdot C_4 = 6 \cdot 19 - 4 \cdot 27 = 114 - 108 = 6 \quad (5)$$

Sistemul având numai șase grade de mobilitate (toate active) va funcționa identic celui prezentat în lucrarea de față, cu cei șase actuatori laterali, iar cele trei picioare suplimentare nu vor fi niște motoare hidraulice suplimentare, ci numai niște amortizori hidraulici suplimentari; ele vor fi practic trase, (antrenate) în permanență, de platforma mobilă superioară, și în permanență ele vor opune o rezistență mișcării (vor realiza o frână, și o amortizare suplimentară). Rigiditatea sistemului va crește semnificativ.

Deși pare mult mai complex (la prima vedere), acest sistem este acționat identic cu cel clasic (cu șase actuatori laterali), iar calculele se fac la fel ca și la sistemul Stewart clasic prezentat.

Cele trei picioare suplimentare realizând doar o mai bună stabilitate, susținere, frânare și mai ales o rigiditate sporită a întregului sistem.

Dacă se dorește implementarea a nouă actuatori efectivi, atunci trebuie regândită structura mecanismului pentru obținerea câtorva mobilități suplimentare (cel puțin trei). Pentru fiecare articulație universală transformată în una sferică se obține un grad de mobilitate suplimentar. Pentru a avea mobilitatea mecanismului 9 în loc de 6 trebuie ca trei articulații universale să fie înlocuite cu trei cuple cinematice sferice. Cel mai logic ar fi să se înlocuiască cele trei articulații superioare ale picioarelor suplimentare. În acest caz formula mobilității ia forma (6).

$$M_0 = 6 \cdot m - 5 \cdot C_5 - 4 \cdot C_4 - 3 \cdot C_3 - 2 \cdot C_2 - 1 \cdot C_1 =$$
$$= 6 \cdot m - 4 \cdot C_4 - 3 \cdot C_3 = 6 \cdot 19 - 4 \cdot 24 - 3 \cdot 3 = 114 - 96 - 9 = 9 \quad (6)$$

În această situație teoria se modifică și ea.

Chiar și sistemele paralele clasice prezentate au o rigiditate foarte ridicată, și o precizie foarte bună, putând să-și păstreze echilibrul în timpul mișcărilor rapide cu o sarcină mare încărcată (vezi foto din figura 10). Sarcina este foarte mare, vitezele de deplasare sunt ridicate, înclinările mari și bruște nu lipsesc nici ele. Așa cum se poate vedea în figura 10, încărcătura nu este ancorată, ci este așezată liberă pe platforma mobilă (superioară).

Fig. 10. *Sistem paralel cu şase actuatoare liniare hidraulice, încărcat, în mişcare*

Cinematica inversă la platforma Stewart

Determinarea pozițiilor (și deplasărilor)

Sistemele mecanice mobile paralele sunt cele mai tinere sisteme robotizate. În 1954 în Anglia, a fost construit de V.E. Eric, primul sistem mecanic paralel, format din două straturi (platforme), având șase cuple pe un strat. Sistemul a fost studiat și prezentat oficial prin publicarea lui într-o lucrare științifică abia în 1965 de către D. Stewart, cercetător al Institutului de Mecanică Inginerească din UK (vezi figura 11, poza din stânga sus).

Lucrarea a reușit să introducă (asocieze) definitiv numele de „platforma Stewart", oricărei platforme duble având șase picioare legate prin 12 cuple sferice, câte șase cuple pe fiecare strat, (pentru ușurarea prelucrării cuplelor și pentru o cinematică mai rigidă adoptându-se ulterior șase cuple cardanice și doar șase articulații sferice, iar la final chiar toate cele 12 cuple devenind universale, vezi fig. 11).

Platforma inferioară, de bază, este mereu fixă. Dispozitivul ce se montează pe platforma superioară, mobilă, dispune împreună cu aceasta de șase grade de libertate, conferite de cele șase picioare mobile (motoare) care se pot lungi sau scurta conform unui program implementat. Deși are un spațiu relativ limitat de lucru, platforma superioară, mobilă, poate să se rotească oricum, să urce și coboare peste tot, sau doar în unele părți, având astfel posibilități mari de poziționare și o mobilitate generală superioară.

Avantajele ei principale față de sistemele mecanice seriale sunt: rigiditatea sporită, precizia foarte mare de poziționare, viteza de lucru foarte ridicată cu menținerea preciziei de poziționare, o echilibrare naturală prin cele șase picioare mobile (la care se mai pot adăuga însă și alte echilibrări suplimentare, cea mai simplă fiind cea cu arcuri ce îmbracă fiecare picior). Sistemul paralel este mai simplu din punct de vedere constructiv-tehnologic în comparație cu cel serial. Forțele pe care le poate utiliza un sistem paralel sunt mult superioare celor realizate de sistemele seriale. Mișcările pot fi extrem de rapide și variate. Pentru o rigidizare și mai mare a sistemului se utilizează 9 sau 12 picioare în loc de șase. Există încercări și cu 24 (personal cred că nu este cazul să exagerăm). Astăzi există foarte multe variante geometro constructive, dar în general ele aduc fie complicații inutile, fie scad rigiditatea sistemului, viteza sa de deplasare, ori precizia de poziționare, ori reduc manevrabilitatea sistemului. Din aceste motive (cum tot sistemul inițial pare să fie mai performant) vom studia în continuare geometria și cinematica sa, pe un model teoretic simplu, prezentat în figura 11, model care aproximează foarte bine mecanismul inițial (Stewart).

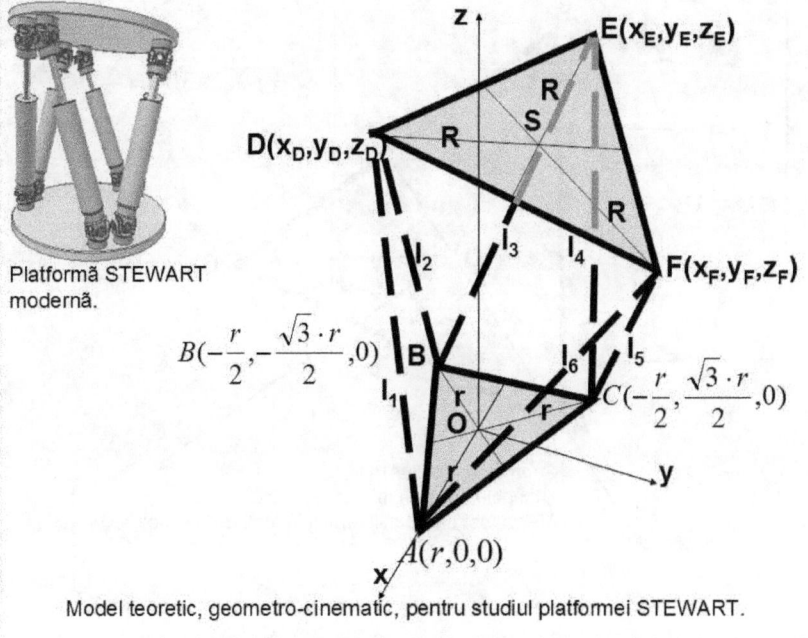

Model teoretic, geometro-cinematic, pentru studiul platformei STEWART.

Fig. 11. *Geometria și cinematica unei platforme Stewart*

Se utilizează pentru simplificarea calculelor câte un triunghi echilateral înscris în cercul platformelor inferioară și superioară. Pentru bază se ia triunghiul ABC (fix), având sistemul de axe fix, rectangular xOyz, iar pentru platforma mobilă (superioară) se adoptă triunghiul echilateral mobil DEF (lipt pe platforma mobilă). Centrul triunghiului fix este O, iar al celui mobil este S.

Cinematica inversă este mult mai ușor de determinat, dar ea va fi studiată în continuare din motive raționale, fiind mai logic să se impună anumite poziții succesive ale platformei mobile (pe care aceasta trebuie să le ocupe pe rând) și pe baza lor să determinăm lungimea celor șase brațe sau picioare corespunzătoare pentru fiecare poziție impusă în parte.

În figura 12 se determină parametrii de poziție (coordonatele carteziene spațiale) pentru punctele fixe A, B, C. Pentru punctul A obținem x=r, iar y=z=0.

Pentru punctul B se utilizează relațiile (7), iar pentru determinarea coordonatelor punctului C se consideră sistemul (8).

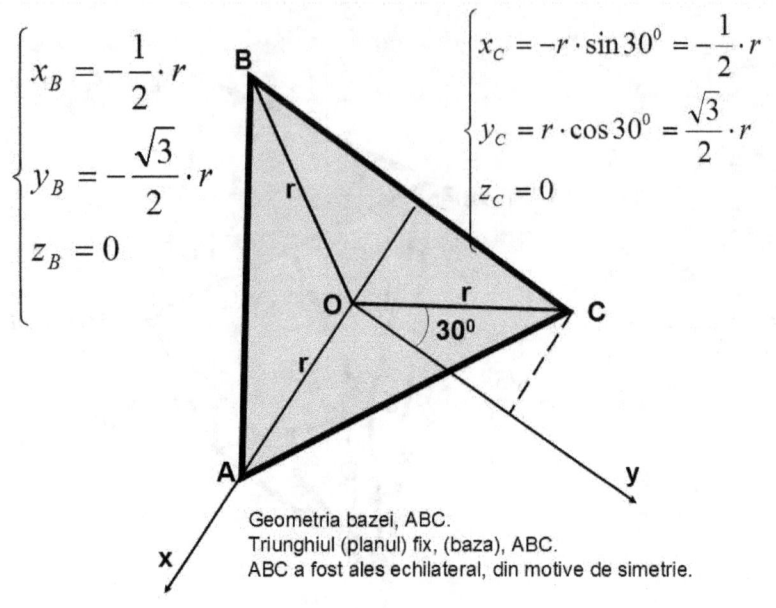

Fig. 12. *Geometria bazei (planului fix) ABC*

Se utilizează relațiile de calcul (7) și (8).

$$\begin{cases} x_B = -\dfrac{1}{2} \cdot r \\ y_B = -\dfrac{\sqrt{3}}{2} \cdot r \\ z_B = 0 \end{cases} \tag{7}$$

$$\begin{cases} x_C = -r \cdot \sin 30^0 = -\dfrac{1}{2} \cdot r \\ y_C = r \cdot \cos 30^0 = \dfrac{\sqrt{3}}{2} \cdot r \\ z_C = 0 \end{cases} \tag{8}$$

Pentru platforma mobilă DEF (vezi figura 13) se pot scrie ecuațiile (9). Practic am scris distanțele dintre vârfurile triunghiului DEF (luate două câte două) în coordonate carteziene spațiale; (permanent se vor utiliza cunoștințele elementare de geometrie analitică).

$$\begin{cases} (x_D - x_F)^2 + (y_D - y_F)^2 + (z_D - z_F)^2 = 3 \cdot R^2 \\ (x_D - x_E)^2 + (y_D - y_E)^2 + (z_D - z_E)^2 = 3 \cdot R^2 \\ (x_E - x_F)^2 + (y_E - y_F)^2 + (z_E - z_F)^2 = 3 \cdot R^2 \end{cases} \qquad (9)$$

Se repetă procedeul de data aceasta scriind însă distanțele dintre centrul triunghiului mobil, S, și fiecare vârf al triunghiului DEF. Se obține sistemul de ecuații (10).

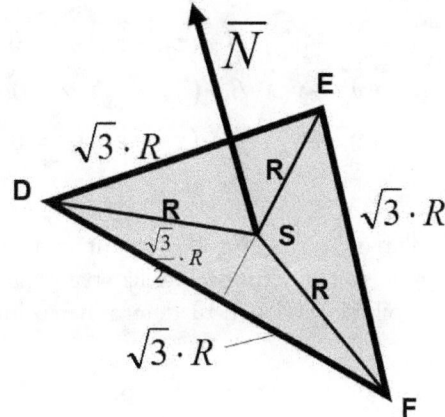

Geometria triunghiului mobil, DEF.
Triunghiul (planul) mobil, DEF. Vectorul N, perpendicular pe planul mobil DEF, poziționat în S, unde S este centrul de simetrie al triunghiului DEF.
Pentru simplificarea calculelor s-a considerat triunghiul DEF echilateral.
(În particular R poate coincide cu r).

Fig. 13. *Geometria planului mobil DEF*

$$\begin{cases} (x_D - x_S)^2 + (y_D - y_S)^2 + (z_D - z_S)^2 = R^2 \\ (x_E - x_S)^2 + (y_E - y_S)^2 + (z_E - z_S)^2 = R^2 \\ (x_F - x_S)^2 + (y_F - y_S)^2 + (z_F - z_S)^2 = R^2 \end{cases} \qquad (10)$$

Se scrie acum ecuaţia planului DEF sub forma generală (11), unde D este un punct oarecare al planului, S este un punct special (central) din plan, iar vectorul N este vectorul perpendicular pe plan, considerat în punctul special ales S.

Parametrii geometrici (scalari) de poziţie (α, β, γ) ai vectorului N sunt cunoscuţi.

Ecuaţia generală a unui plan spune că orice dreaptă din plan înmulţită scalar cu vectorul N perpendicular pe plan generează produsul 0.

$$\overline{DS} \cdot \overline{N} = 0 \qquad (11)$$

Punctului D i se vor atribui succesiv valorile D, E, F, iar ecuaţia planului (11) scrisă scalar, va căpăta formele (12).

$$\begin{cases}(x_D - x_S)\cdot \alpha + (y_D - y_S)\cdot \beta + (z_D - z_S)\cdot \gamma = 0 \\ (x_E - x_S)\cdot \alpha + (y_E - y_S)\cdot \beta + (z_E - z_S)\cdot \gamma = 0 \\ (x_F - x_S)\cdot \alpha + (y_F - y_S)\cdot \beta + (z_F - z_S)\cdot \gamma = 0\end{cases} \qquad (12)$$

Parametrii scalari x_S, y_S, z_S, α, β, γ, sunt cunoscuţi. Cu ajutorul sistemelor (12) şi (10) se pot determina imediat parametrii scalari ai unui punct de pe cercul mobil, alegând pentru determinarea iniţială punctul D, spre exemplu.

Trebuie ca acest punct să fie cunoscut (poziţionat) cel puţin printr-o coordonată de a sa.

Presupunem cunoscută coordonata z_D spre exemplu (se cunoaşte înclinaţia planului mobil prin α, β, γ, se ştie unde trebuie să se afle punctul central S, cunoscându-se x_S, y_S, z_S, dar trebuie cunoscută şi înălţimea z_D, a unui punct de pe cercul mobil).

Se determină apoi celelalte două coordonate scalare x_D şi y_D. Utilizând sistemul (13) format din prima relaţie a sistemului (12) şi prima ecuaţie a sistemului (10).

$$\begin{cases}(x_D - x_S)\cdot \alpha + (y_D - y_S)\cdot \beta = (z_S - z_D)\cdot \gamma \\ (x_D - x_S)^2 + (y_D - y_S)^2 = R^2 - (z_D - z_S)^2\end{cases} \qquad (13)$$

Pentru rezolvare se introduc notațiile (14). Din (13) cu notațiile (14) se obține sistemul (15), care se rezolvă succesiv prin relațiile (16) ce conduc la o ecuație de gradul 2 cu necunoscuta y, a cărei soluție este dată de prima și a doua relație a sistemului (17), în timp ce cea de-a treia relație a sistemului (17) îl calculează pe x.

$$\begin{cases} x = x_D - x_S \\ y = y_D - y_S \\ \theta = (z_S - z_D) \cdot \gamma \\ L^2 = R^2 - (z_D - z_S)^2 \end{cases} \quad (14)$$

$$\begin{cases} \alpha \cdot x + \beta \cdot y = \theta \\ x^2 + y^2 = L^2 \end{cases} \quad (15)$$

$$\begin{cases} x = \dfrac{\theta - \beta \cdot y}{\alpha} \quad x^2 = \dfrac{\theta^2 + \beta^2 \cdot y^2 - 2 \cdot \theta \cdot \beta \cdot y}{\alpha^2} \\ \theta^2 + \beta^2 \cdot y^2 - 2 \cdot \theta \cdot \beta \cdot y + \alpha^2 \cdot y^2 = \alpha^2 \cdot L^2 \\ (\alpha^2 + \beta^2) \cdot y^2 - 2 \cdot \theta \cdot \beta \cdot y - (\alpha^2 \cdot L^2 - \theta^2) = 0 \end{cases} \quad (16)$$

$$\begin{cases} y_{1,2} = \dfrac{\theta \cdot \beta \pm \sqrt{\theta^2 \cdot \beta^2 + (\alpha^2 + \beta^2) \cdot (\alpha^2 \cdot L^2 - \theta^2)}}{\alpha^2 + \beta^2} \\ y_{1,2} = \dfrac{\theta \cdot \beta \pm \alpha \cdot \sqrt{(\alpha^2 + \beta^2) \cdot L^2 - \theta^2}}{\alpha^2 + \beta^2} \\ x_{1,2} = \dfrac{\theta - \beta \cdot y}{\alpha} = \dfrac{\theta}{\alpha} - \dfrac{\beta}{\alpha} \cdot y_{1,2} \end{cases} \quad (17)$$

Pentru poziționarea corespunzătoare a punctului D se alege inițial soluția negativă (dacă aceasta nu va corespunde se va realege soluția pozitivă). Se obțin astfel parametrii scalari ai punctului D (relația 18).

$$\begin{cases} y = \dfrac{\theta \cdot \beta - \alpha \cdot \sqrt{(\alpha^2 + \beta^2) \cdot L^2 - \theta^2}}{\alpha^2 + \beta^2} & y_D = y + y_S \\ x = \dfrac{\theta - \beta \cdot y}{\alpha} = \dfrac{\theta}{\alpha} - \dfrac{\beta}{\alpha} \cdot y & x_D = x + x_S \qquad (18) \\ \Rightarrow D(x_D, y_D, z_D) \end{cases}$$

Din (12, 10, 9) se aleg în continuare ecuațiile cu care se scrie sistemul (19), astfel încât să avem ca necunoscute numai coordonatele scalare ale punctului E, adică x_E, y_E, z_E. Sistemul astfel obținut este unul neliniar.

$$\begin{cases} (x_E - x_S) \cdot \alpha + (y_E - y_S) \cdot \beta + (z_E - z_S) \cdot \gamma = 0 \\ (x_E - x_S)^2 + (y_E - y_S)^2 + (z_E - z_S)^2 = R^2 \\ (x_E - x_D)^2 + (y_E - y_D)^2 + (z_E - z_D)^2 = 3 \cdot R^2 \end{cases} \qquad (19)$$

Pentru rezolvare, sistemul (19) trebuie liniarizat. Se ridică la pătrat ultimile două relații ale sistemului și se scade a doua din a treia. Se obține relația a treia din sistemul (20), care se aranjează la o formă mai convenabilă prinsă în sistemul (21) împreună și cu prima relație a sistemului (19) ordonată și ea corespunzător.

$$\begin{cases} x_E^2 + x_S^2 - 2 \cdot x_S \cdot x_E + y_E^2 + y_S^2 - 2 \cdot y_S \cdot y_E + z_E^2 + z_S^2 - 2 \cdot z_S \cdot z_E = R^2 \\ x_E^2 + x_D^2 - 2 \cdot x_D \cdot x_E + y_E^2 + y_D^2 - 2 \cdot y_D \cdot y_E + z_E^2 + z_D^2 - 2 \cdot z_D \cdot z_E = 3 \cdot R^2 \\ \text{---} \\ x_D^2 - x_S^2 + 2 \cdot (x_S - x_D) \cdot x_E + y_D^2 - y_S^2 + 2 \cdot (y_S - y_D) \cdot y_E + z_D^2 - z_S^2 + \\ + 2 \cdot (z_S - z_D) \cdot z_E = 2 \cdot R^2 \end{cases} \qquad (20)$$

$$\begin{cases} 2 \cdot (x_S - x_D) \cdot x_E + 2 \cdot (y_S - y_D) \cdot y_E + 2 \cdot (z_S - z_D) \cdot z_E = \\ = 2 \cdot R^2 + x_S^2 + y_S^2 + z_S^2 - x_D^2 - y_D^2 - z_D^2 \\ \alpha \cdot x_E + \beta \cdot y_E + \gamma \cdot z_E = \alpha \cdot x_S + \beta \cdot y_S + \gamma \cdot z_S \end{cases} \qquad (21)$$

Din a doua relație a sistemului (21) se explicitează z_E, (vezi relația (22), care se introduce apoi în prima relație a sistemului (21) eliminându-se astfel parametrul z_E, și obținându-se relația (23) liniară, cu y_E în funcție de x_E, unde coeficienții k_1, k_2, se determină cu relațiile sistemului (24).

$$z_E = \frac{\alpha}{\gamma} \cdot x_S + \frac{\beta}{\gamma} \cdot y_S + z_S - \frac{\alpha}{\gamma} \cdot x_E - \frac{\beta}{\gamma} \cdot y_E \quad (22)$$

$$y_E = k_1 + k_2 \cdot x_E \quad (23)$$

$$\begin{cases} k_1 = \left[2 \cdot R^2 + x_S^2 + y_S^2 + z_S^2 - x_D^2 - y_D^2 - z_D^2 - 2 \cdot (z_S - z_D) \cdot \frac{\alpha}{\gamma} \cdot x_S - \right. \\ \left. -2 \cdot (z_S - z_D) \cdot \frac{\beta}{\gamma} \cdot y_S - 2 \cdot (z_S - z_D) \cdot z_S \right] : \left[2 \cdot (y_S - y_D) - 2 \cdot (z_S - z_D) \cdot \frac{\beta}{\gamma} \right] \\ k_2 = \frac{(x_D - x_S) + (z_S - z_D) \cdot \frac{\alpha}{\gamma}}{(y_S - y_D) - (z_S - z_D) \cdot \frac{\beta}{\gamma}} \end{cases} \quad (24)$$

Se înlocuiește acum y_E dat de relația (23) în expresia (22) și se obține în acest fel o a doua relație liniară, între parametrii z_E și x_E, (ecuația 25), ai cărei coeficienți k3, k4, sunt dați de sistemul (26).

$$z_E = k_3 - k_4 \cdot x_E \quad (25)$$

$$\begin{cases} k_3 = \frac{\alpha}{\gamma} \cdot x_S + \frac{\beta}{\gamma} \cdot y_S + z_S - \frac{\beta}{\gamma} \cdot k_1 \\ k_4 = \frac{\alpha}{\gamma} + \frac{\beta}{\gamma} \cdot k_2 \end{cases} \quad (26)$$

Relațiile (23) și (25) se introduc simultan în prima relație a sistemului (20) obținându-se astfel o ecuație de gradul doi în x_E (relația 27), care se ordonează la forma (28).

$$x_E^2 - 2 \cdot x_S \cdot x_E + (k_1 + k_2 \cdot x_E)^2 - 2 \cdot y_S \cdot (k_1 + k_2 \cdot x_E) + (k_3 - k_4 \cdot x_E)^2 - \\ - 2 \cdot z_S \cdot (k_3 - k_4 \cdot x_E) = R^2 - x_S^2 - y_S^2 - z_S^2 \qquad (27)$$

$$(1 + k_2^2 + k_4^2) \cdot x_E^2 - 2 \cdot (x_S - k_1 \cdot k_2 + k_2 \cdot y_S + k_3 \cdot k_4) \cdot x_E + \\ + k_1^2 - 2 \cdot k_1 \cdot y_S + k_3^2 - 2 \cdot k_3 \cdot z_S - R^2 + x_S^2 + y_S^2 + z_S^2 = 0 \qquad (28)$$

Notăm coeficienții ecuației (28) de gradul doi în x_E, cu a_1, b_1, c_1, (vezi relația 29). Ecuația (28) capătă forma simplificată (30), care acceptă soluțiile reale (31).

$$\begin{cases} a_1 = 1 + k_2^2 + k_4^2 \\ b_1 \equiv -\dfrac{b}{2} = x_S - k_1 \cdot k_2 + k_2 \cdot y_S + k_3 \cdot k_4 \\ c_1 = k_1^2 - 2 \cdot k_1 \cdot y_S + k_3^2 - 2 \cdot k_3 \cdot z_S - R^2 + x_S^2 + y_S^2 + z_S^2 \end{cases} \qquad (29)$$

$$a_1 \cdot x_E^2 - 2 \cdot b_1 \cdot x_E + c_1 = 0 \qquad (30)$$

$$x_{E_{1,2}} = \frac{b_1 \pm \sqrt{b_1^2 - a_1 \cdot c_1}}{a_1} \qquad (31)$$

Ne găsim din nou în fața a două soluții trebuind să o alegem pe cea corectă. Alegem o soluție și dacă calculele nu corespund poziției dorite (reprezentate și pe un desen) realegem cealaltă soluție (una din ele va corespunde obligatoriu). Probabil, soluția va fi cea negativă. Se scriu toți parametrii scalari ai punctului E, cu relațiile (32).

$$\begin{cases} x_E = \dfrac{b_1}{a_1} - \sqrt{\left(\dfrac{b_1}{a_1}\right)^2 - \dfrac{c_1}{a_1}} \\ y_E = k_1 + k_2 \cdot x_E \\ z_E = k_3 - k_4 \cdot x_E \end{cases} \qquad (32)$$

Am aflat deja coordonatele punctelor mobile D și E (situate în vârfurile triunghiului mobil DEF), și mai trebuie determinate coordonatele carteziene (rectangulare, scalare) ale punctului mobil F.

Din sistemele inițiale (12, 10, 9) putem alege pentru utilizare patru relații (una din 12, una din 10, și două de la 9), relații cu care se scrie sistemul (33).

$$\begin{cases} (x_F - x_S) \cdot \alpha + (y_F - y_S) \cdot \beta + (z_F - z_S) \cdot \gamma = 0 \\ (x_F - x_S)^2 + (y_F - y_S)^2 + (z_F - z_S)^2 = R^2 \\ (x_F - x_D)^2 + (y_F - y_D)^2 + (z_F - z_D)^2 = 3 \cdot R^2 \\ (x_F - x_E)^2 + (y_F - y_E)^2 + (z_F - z_E)^2 = 3 \cdot R^2 \end{cases} \quad (33)$$

Se ridică la pătrat binoamele ultimelor două relații ale sistemului (33), expresiile obținute (34) se adună rezultând ecuația (35), care se aranjează apoi convenabil la forma finală (36).

$$\begin{cases} x_F^2 + x_D^2 - 2 \cdot x_D \cdot x_F + y_F^2 + y_D^2 - 2 \cdot y_D \cdot y_F + z_F^2 + z_D^2 - 2 \cdot z_D \cdot z_F = 3 \cdot R^2 \\ x_F^2 + x_E^2 - 2 \cdot x_E \cdot x_F + y_F^2 + y_E^2 - 2 \cdot y_E \cdot y_F + z_F^2 + z_E^2 - 2 \cdot z_E \cdot z_F = 3 \cdot R^2 \end{cases} \quad (34)$$

$$\begin{aligned} & x_D^2 - x_E^2 + 2 \cdot (x_E - x_D) \cdot x_F + y_D^2 - y_E^2 + \\ & + 2 \cdot (y_E - y_D) \cdot y_F + z_D^2 - z_E^2 + 2 \cdot (z_E - z_D) \cdot z_F = 0 \end{aligned} \quad (35)$$

$$\begin{aligned} & 2 \cdot (x_E - x_D) \cdot x_F + 2 \cdot (y_E - y_D) \cdot y_F + 2 \cdot (z_E - z_D) \cdot z_F = \\ & = x_E^2 - x_D^2 + y_E^2 - y_D^2 + z_E^2 - z_D^2 \end{aligned} \quad (36)$$

Se repetă procedura pentru cuplul ecuațiilor doi și trei aparținând sistemului (33); obținem sistemul de două ecuații (37), care adunate dau relația (38), ce se aranjează convenabil în expresia (39).

$$\begin{cases} x_F^2 + x_S^2 - 2 \cdot x_S \cdot x_F + y_F^2 + y_S^2 - 2 \cdot y_S \cdot y_F + z_F^2 + z_S^2 - 2 \cdot z_S \cdot z_F = R^2 \\ x_F^2 + x_D^2 - 2 \cdot x_D \cdot x_F + y_F^2 + y_D^2 - 2 \cdot y_D \cdot y_F + z_F^2 + z_D^2 - 2 \cdot z_D \cdot z_F = 3 \cdot R^2 \end{cases} \quad (37)$$

$$x_D^2 - x_S^2 + 2\cdot(x_S - x_D)\cdot x_F + y_D^2 - y_S^2 + \\ + 2\cdot(y_S - y_D)\cdot y_F + z_D^2 - z_S^2 + 2\cdot(z_S - z_D)\cdot z_F = 2\cdot R^2 \tag{38}$$

$$2\cdot(x_S - x_D)\cdot x_F + 2\cdot(y_S - y_D)\cdot y_F + 2\cdot(z_S - z_D)\cdot z_F = \\ = 2\cdot R^2 + x_S^2 - x_D^2 + y_S^2 - y_D^2 + z_S^2 - z_D^2 \tag{39}$$

Se reține sistemul liniar (40) de trei ecuații cu trei necunoscute, cele trei ecuații fiind (36), (39) și prima relație a sistemului (33) desfăcută.

$$\begin{cases} 2(x_E - x_D)x_F + 2(y_E - y_D)y_F + 2(z_E - z_D)z_F = x_E^2 - x_D^2 + y_E^2 - y_D^2 + z_E^2 - z_D^2 \\ 2(x_S - x_D)x_F + 2(y_S - y_D)y_F + 2(z_S - z_D)z_F = 2R^2 + x_S^2 - x_D^2 + y_S^2 - y_D^2 + z_S^2 - z_D^2 \\ \alpha\cdot x_F + \beta\cdot y_F + \gamma\cdot z_F = \alpha\cdot x_S + \beta\cdot y_S + \gamma\cdot z_S \end{cases} \tag{40}$$

Sistemul (40) se scrie sub forma clasică (41).

$$\begin{cases} a_{11}\cdot x_F + a_{12}\cdot y_F + a_{13}\cdot z_F = b_1 \\ a_{21}\cdot x_F + a_{22}\cdot y_F + a_{23}\cdot z_F = b_2 \\ a_{31}\cdot x_F + a_{32}\cdot y_F + a_{33}\cdot z_F = b_3 \end{cases} \tag{41}$$

Coeficienții sistemului (41) se determină cu relațiile (42).

$$\begin{cases} a_{11} = 2\cdot(x_E - x_D); \quad a_{12} = 2\cdot(y_E - y_D); \quad a_{13} = 2\cdot(z_E - z_D); \\ b_1 = x_E^2 - x_D^2 + y_E^2 - y_D^2 + z_E^2 - z_D^2; \\ a_{21} = 2\cdot(x_S - x_D); \quad a_{22} = 2\cdot(y_S - y_D); \quad a_{23} = 2\cdot(z_S - z_D); \\ b_2 = 2\cdot R^2 + x_S^2 - x_D^2 + y_S^2 - y_D^2 + z_S^2 - z_D^2; \\ a_{31} = \alpha; \quad a_{32} = \beta; \quad a_{33} = \gamma; \quad b_3 = \alpha\cdot x_S + \beta\cdot y_S + \gamma\cdot z_S \end{cases} \tag{42}$$

Determinanții sistemului (41) se determină cu relațiile (43-46).

$$\Delta = \begin{vmatrix} a_{11} & a_{12} & a_{13} \\ a_{21} & a_{22} & a_{23} \\ a_{31} & a_{32} & a_{33} \end{vmatrix} = a_{11} \cdot (a_{22} \cdot a_{33} - a_{23} \cdot a_{32}) + $$
$$+ a_{12} \cdot (a_{23} \cdot a_{31} - a_{21} \cdot a_{33}) + a_{13} \cdot (a_{21} \cdot a_{32} - a_{22} \cdot a_{31})$$
(43)

$$\Delta_x = \begin{vmatrix} b_1 & a_{12} & a_{13} \\ b_2 & a_{22} & a_{23} \\ b_3 & a_{32} & a_{33} \end{vmatrix} = b_1 \cdot (a_{22} \cdot a_{33} - a_{23} \cdot a_{32}) + $$
$$+ a_{12} \cdot (a_{23} \cdot b_3 - b_2 \cdot a_{33}) + a_{13} \cdot (b_2 \cdot a_{32} - a_{22} \cdot b_3)$$
(44)

$$\Delta_y = \begin{vmatrix} a_{11} & b_1 & a_{13} \\ a_{21} & b_2 & a_{23} \\ a_{31} & b_3 & a_{33} \end{vmatrix} = a_{11} \cdot (b_2 \cdot a_{33} - a_{23} \cdot b_3) + $$
$$+ b_1 \cdot (a_{23} \cdot a_{31} - a_{21} \cdot a_{33}) + a_{13} \cdot (a_{21} \cdot b_3 - b_2 \cdot a_{31})$$
(45)

$$\Delta_z = \begin{vmatrix} a_{11} & a_{12} & b_1 \\ a_{21} & a_{22} & b_2 \\ a_{31} & a_{32} & b_3 \end{vmatrix} = a_{11} \cdot (a_{22} \cdot b_3 - b_2 \cdot a_{32}) + $$
$$+ a_{12} \cdot (b_2 \cdot a_{31} - a_{21} \cdot b_3) + b_1 \cdot (a_{21} \cdot a_{32} - a_{22} \cdot a_{31})$$
(46)

Soluțiile sistemului sunt date de relațiile (47).

$$\begin{cases} x_F = \dfrac{\Delta_x}{\Delta} \\ y_F = \dfrac{\Delta_y}{\Delta} \\ z_F = \dfrac{\Delta_z}{\Delta} \end{cases} \qquad (47)$$

Cu coordonatele cunoscute ale punctelor D, E, F, impuse de poziția planului DEF și de alegerea punctului D, se determină lungimile necesare ale picioarelor (elementelor motoare), (a se vedea relațiile 48).

$$\begin{cases} l_1 = \sqrt{(x_D - x_A)^2 + (y_D - y_A)^2 + (z_D - z_A)^2} \\ l_2 = \sqrt{(x_D - x_B)^2 + (y_D - y_B)^2 + (z_D - z_B)^2} \\ l_3 = \sqrt{(x_E - x_B)^2 + (y_E - y_B)^2 + (z_E - z_B)^2} \\ l_4 = \sqrt{(x_E - x_C)^2 + (y_E - y_C)^2 + (z_E - z_C)^2} \\ l_5 = \sqrt{(x_F - x_C)^2 + (y_F - y_C)^2 + (z_F - z_C)^2} \\ l_6 = \sqrt{(x_F - x_A)^2 + (y_F - y_A)^2 + (z_F - z_A)^2} \end{cases} \qquad (48)$$

Determinarea vitezelor.

Având geometria și pozițiile rezolvate, se va trece la determinarea vitezelor din mecanism, mai exact determinarea vitezelor cuplelor cinematice mobile. Se cunosc $\dot{x}_S, \dot{y}_S, \dot{z}_S, \dot{\alpha}, \dot{\beta}, \dot{\gamma}, \dot{z}_D$. Se aleg relațiile (1), care se derivează în funcție de timp obținându-se expresiile (50). Acestea se aranjează în forma (51). Se obține astfel un sistem liniar de două ecuații cu două necunoscute, identificat prin relațiile (52).

$$\begin{cases} (x_D - x_S) \cdot \alpha + (y_D - y_S) \cdot \beta = (z_S - z_D) \cdot \gamma \\ (x_D - x_S)^2 + (y_D - y_S)^2 = R^2 - (z_D - z_S)^2 \end{cases} \qquad (49)$$

$$\begin{cases} (\dot{x}_D - \dot{x}_S) \cdot \alpha + (x_D - x_S) \cdot \dot{\alpha} + (\dot{y}_D - \dot{y}_S) \cdot \beta + (y_D - y_S) \cdot \dot{\beta} = \\ = (\dot{z}_S - \dot{z}_D) \cdot \gamma + (z_S - z_D) \cdot \dot{\gamma} \\ \\ 2 \cdot (x_D - x_S) \cdot (\dot{x}_D - \dot{x}_S) + 2 \cdot (y_D - y_S) \cdot (\dot{y}_D - \dot{y}_S) = \\ = -2 \cdot (z_D - z_S) \cdot (\dot{z}_D - \dot{z}_S) \end{cases} \quad (50)$$

$$\begin{cases} \alpha \cdot \dot{x}_D + \beta \cdot \dot{y}_D = \alpha \cdot \dot{x}_S - (x_D - x_S) \cdot \dot{\alpha} + \beta \cdot \dot{y}_S - (y_D - y_S) \cdot \dot{\beta} + \\ + (\dot{z}_S - \dot{z}_D) \cdot \gamma + (z_S - z_D) \cdot \dot{\gamma} \\ \\ (x_D - x_S) \cdot \dot{x}_D + (y_D - y_S) \cdot \dot{y}_D = (x_D - x_S) \cdot \dot{x}_S + (y_D - y_S) \cdot \dot{y}_S - \\ - (z_D - z_S) \cdot (\dot{z}_D - \dot{z}_S) \end{cases} \quad (51)$$

$$\begin{cases} a_{11} \cdot \dot{x}_D + a_{12} \cdot \dot{y}_D = b_1 \\ a_{21} \cdot \dot{x}_D + a_{22} \cdot \dot{y}_D = b_2 \\ a_{11} = \alpha; \quad a_{12} = \beta; \quad a_{21} = x_D - x_S; \quad a_{22} = y_D - y_S; \\ \\ b_1 = \alpha \cdot \dot{x}_S - (x_D - x_S) \cdot \dot{\alpha} + \beta \cdot \dot{y}_S - (y_D - y_S) \cdot \dot{\beta} + \\ + (\dot{z}_S - \dot{z}_D) \cdot \gamma + (z_S - z_D) \cdot \dot{\gamma} \\ \\ b_2 = (x_D - x_S) \cdot \dot{x}_S + (y_D - y_S) \cdot \dot{y}_S - (z_D - z_S) \cdot (\dot{z}_D - \dot{z}_S) \end{cases} \quad (52)$$

Determinantul sistemului (51-52) se scrie cu relaţia (53).

$$\Delta = \begin{vmatrix} a_{11} & a_{12} \\ a_{21} & a_{22} \end{vmatrix} = a_{11} \cdot a_{22} - a_{12} \cdot a_{21} = \alpha \cdot (y_D - y_S) - \beta \cdot (x_D - x_S) \quad (53)$$

Se calculează Δ_{x1} cu relaţia (54) şi $\dot{x}_D$ cu relaţia (55).

$$\Delta_{x1} = \begin{vmatrix} b_1 & a_{12} \\ b_2 & a_{22} \end{vmatrix} = b_1 \cdot a_{22} - a_{12} \cdot b_2 \qquad (54)$$

$$\dot{x}_D = \frac{\Delta_{x1}}{\Delta} \qquad (55)$$

Se calculează Δ_{y1} cu relaţia (56) şi $\dot{y}_D$ cu relaţia (57).

$$\Delta_{y1} = \begin{vmatrix} a_{11} & b_1 \\ a_{21} & b_2 \end{vmatrix} = a_{11} \cdot b_2 - b_1 \cdot a_{21} \qquad (56)$$

$$\dot{y}_D = \frac{\Delta_{y1}}{\Delta} \qquad (57)$$

Se scrie în continuare sistemul (58), care se derivează în raport cu timpul şi capătă forma (59).

$$\begin{cases} (x_E - x_S) \cdot \alpha + (y_E - y_S) \cdot \beta + (z_E - z_S) \cdot \gamma = 0 \\ (x_E - x_S)^2 + (y_E - y_S)^2 + (z_E - z_S)^2 = R^2 \\ (x_E - x_D)^2 + (y_E - y_D)^2 + (z_E - z_D)^2 = 3 \cdot R^2 \end{cases} \qquad (58)$$

$$\begin{cases} (\dot{x}_E - \dot{x}_S) \cdot \alpha + (x_E - x_S) \cdot \dot{\alpha} + (\dot{y}_E - \dot{y}_S) \cdot \beta + \\ + (y_E - y_S) \cdot \dot{\beta} + (\dot{z}_E - \dot{z}_S) \cdot \gamma + (z_E - z_S) \cdot \dot{\gamma} = 0 \\ \\ 2 \cdot (x_E - x_S) \cdot (\dot{x}_E - \dot{x}_S) + 2 \cdot (y_E - y_S) \cdot (\dot{y}_E - \dot{y}_S) + \\ + 2 \cdot (z_E - z_S) \cdot (\dot{z}_E - \dot{z}_S) = 0 \\ \\ 2 \cdot (x_E - x_D) \cdot (\dot{x}_E - \dot{x}_D) + 2 \cdot (y_E - y_D) \cdot (\dot{y}_E - \dot{y}_D) + \\ + 2 \cdot (z_E - z_D) \cdot (\dot{z}_E - \dot{z}_D) = 0 \end{cases} \qquad (59)$$

Pentru rezolvare, sistemul (59) se ordonează sub forma (60), care reprezintă un sistem liniar de trei ecuaţii de gradul unu cu trei necunoscute, identificat prin formulele din sistemul (61).

$$\begin{cases} \alpha \cdot \dot{x}_E + \beta \cdot \dot{y}_E + \gamma \cdot \dot{z}_E = \alpha \cdot \dot{x}_S - (x_E - x_S) \cdot \dot{\alpha} + \\ + \beta \cdot \dot{y}_S - (y_E - y_S) \cdot \dot{\beta} + \gamma \cdot \dot{z}_S - (z_E - z_S) \cdot \dot{\gamma} \\ \\ (x_E - x_S) \cdot \dot{x}_E + (y_E - y_S) \cdot \dot{y}_E + (z_E - z_S) \cdot \dot{z}_E = \\ = (x_E - x_S) \cdot \dot{x}_S + (y_E - y_S) \cdot \dot{y}_S + (z_E - z_S) \cdot \dot{z}_S \\ \\ (x_E - x_D) \cdot \dot{x}_E + (y_E - y_D) \cdot \dot{y}_E + (z_E - z_D) \cdot \dot{z}_E = \\ = (x_E - x_D) \cdot \dot{x}_D + (y_E - y_D) \cdot \dot{y}_D + (z_E - z_D) \cdot \dot{z}_D \end{cases} \quad (60)$$

$$\begin{cases} c_{11} \cdot \dot{x}_E + c_{12} \cdot \dot{y}_E + c_{13} \cdot \dot{z}_E = c_1 \\ c_{21} \cdot \dot{x}_E + c_{22} \cdot \dot{y}_E + c_{23} \cdot \dot{z}_E = c_2 \\ c_{31} \cdot \dot{x}_E + c_{32} \cdot \dot{y}_E + c_{33} \cdot \dot{z}_E = c_3 \\ \\ c_{11} = \alpha; \quad c_{12} = \beta; \quad c_{13} = \gamma; \\ c_1 = \alpha \cdot \dot{x}_S - (x_E - x_S) \cdot \dot{\alpha} + \beta \cdot \dot{y}_S - (y_E - y_S) \cdot \dot{\beta} + \gamma \cdot \dot{z}_S - (z_E - z_S) \cdot \dot{\gamma} \\ \\ c_{21} = x_E - x_S; \quad c_{22} = y_E - y_S; \quad c_{23} = z_E - z_s; \\ c_2 = (x_E - x_S) \cdot \dot{x}_S + (y_E - y_S) \cdot \dot{y}_S + (z_E - z_S) \cdot \dot{z}_S \\ \\ c_{31} = x_E - x_D; \quad c_{32} = y_E - y_D; \quad c_{33} = z_E - z_D; \\ c_3 = (x_E - x_D) \cdot \dot{x}_D + (y_E - y_D) \cdot \dot{y}_D + (z_E - z_D) \cdot \dot{z}_D \end{cases} \quad (61)$$

Determinantul principal al sistemului (61) se calculează cu relaţiile (62).

$$\begin{cases} \Delta^{(c)} = \begin{vmatrix} c_{11} & c_{12} & c_{13} \\ c_{21} & c_{22} & c_{23} \\ c_{31} & c_{32} & c_{33} \end{vmatrix} = c_{11} \cdot (c_{22} \cdot c_{33} - c_{23} \cdot c_{32}) - \\ -c_{12} \cdot (c_{21} \cdot c_{33} - c_{23} \cdot c_{31}) + c_{13} \cdot (c_{21} \cdot c_{32} - c_{22} \cdot c_{31}) \\ \Delta^{(c)} = \alpha \cdot [(y_E - y_S) \cdot (z_E - z_D) - (z_E - z_S) \cdot (y_E - y_D)] - \\ -\beta \cdot [(x_E - x_S) \cdot (z_E - z_D) - (z_E - z_S) \cdot (x_E - x_D)] + \\ +\gamma \cdot [(x_E - x_S) \cdot (y_E - y_D) - (y_E - y_S) \cdot (x_E - x_D)] \end{cases} \quad (62)$$

Determinantul primei viteze scalare se calculează cu relația (63).

$$\begin{cases} \Delta_x^{(c)} = \begin{vmatrix} c_1 & c_{12} & c_{13} \\ c_2 & c_{22} & c_{23} \\ c_3 & c_{32} & c_{33} \end{vmatrix} = c_1 \cdot (c_{22} \cdot c_{33} - c_{23} \cdot c_{32}) - \\ -c_{12} \cdot (c_2 \cdot c_{33} - c_{23} \cdot c_3) + c_{13} \cdot (c_2 \cdot c_{32} - c_{22} \cdot c_3) \end{cases} \quad (63)$$

Prima viteză scalară $\dot{x}_E$ se determină cu expresia (64).

$$\dot{x}_E = \frac{\Delta_x^{(c)}}{\Delta^{(c)}} \quad (64)$$

Determinantul celei de a doua viteze scalare se calculează cu relația (65).

$$\begin{cases} \Delta_y^{(c)} = \begin{vmatrix} c_{11} & c_1 & c_{13} \\ c_{21} & c_2 & c_{23} \\ c_{31} & c_3 & c_{33} \end{vmatrix} = c_{11} \cdot (c_2 \cdot c_{33} - c_{23} \cdot c_3) - \\ -c_1 \cdot (c_{21} \cdot c_{33} - c_{23} \cdot c_{31}) + c_{13} \cdot (c_{21} \cdot c_3 - c_2 \cdot c_{31}) \end{cases} \quad (65)$$

A doua viteză scalară $\dot{y}_E$ se determină cu expresia (66).

$$\dot{y}_E = \frac{\Delta_y^{(c)}}{\Delta^{(c)}} \qquad (66)$$

Determinantul celei de a treia viteze scalare se calculează cu relația (67).

$$\begin{cases} \Delta_z^{(c)} = \begin{vmatrix} c_{11} & c_{12} & c_1 \\ c_{21} & c_{22} & c_2 \\ c_{31} & c_{32} & c_3 \end{vmatrix} = c_{11} \cdot (c_{22} \cdot c_3 - c_2 \cdot c_{32}) - \\ - c_{12} \cdot (c_{21} \cdot c_3 - c_2 \cdot c_{31}) + c_1 \cdot (c_{21} \cdot c_{32} - c_{22} \cdot c_{31}) \end{cases} \qquad (67)$$

A treia viteză scalară $\dot{z}_E$ se determină cu expresia (68).

$$\dot{z}_E = \frac{\Delta_z^{(c)}}{\Delta^{(c)}} \qquad (68)$$

S-au găsit vitezele scalare ale punctelor mobile D și E, mai trebuiesc determinate și cele trei componente scalare reprezentând vitezele scalare ale ultimului punct mobil F.

Se pornește de la sistemul de poziții cunoscut (69), care se derivează în funcție de timp și rezultă sistemul (70).

$$\begin{cases} (x_F - x_S) \cdot \alpha + (y_F - y_S) \cdot \beta + (z_F - z_S) \cdot \gamma = 0 \\ (x_F - x_S)^2 + (y_F - y_S)^2 + (z_F - z_S)^2 = R^2 \\ (x_F - x_D)^2 + (y_F - y_D)^2 + (z_F - z_D)^2 = 3 \cdot R^2 \end{cases} \qquad (69)$$

$$\begin{cases} (\dot{x}_F - \dot{x}_S) \cdot \alpha + (x_F - x_S) \cdot \dot{\alpha} + (\dot{y}_F - \dot{y}_S) \cdot \beta + (y_F - y_S) \cdot \dot{\beta} + \\ + (\dot{z}_F - \dot{z}_S) \cdot \gamma + (z_F - z_S) \cdot \dot{\gamma} = 0 \\ \\ 2 \cdot (x_F - x_S) \cdot (\dot{x}_F - \dot{x}_S) + 2 \cdot (y_F - y_S) \cdot (\dot{y}_F - \dot{y}_S) + 2 \cdot (z_F - z_S) \cdot (\dot{z}_F - \dot{z}_S) = 0 \\ \\ 2 \cdot (x_F - x_D) \cdot (\dot{x}_F - \dot{x}_D) + 2 \cdot (y_F - y_D) \cdot (\dot{y}_F - \dot{y}_D) + 2 \cdot (z_F - z_D) \cdot (\dot{z}_F - \dot{z}_D) = 0 \end{cases} \quad (70)$$

Sistemul (70) se aranjează în forma (71) care reprezintă un sistem liniar de trei ecuaţii de gradul întâi cu trei necunoscute, ale cărui ecuaţii se identifică prin (72), iar ai cărui parametrii se scriu sub forma (73).

$$\begin{cases} \alpha \cdot \dot{x}_F + \beta \cdot \dot{y}_F + \gamma \cdot \dot{z}_F = \\ = \alpha \cdot \dot{x}_S + \beta \cdot \dot{y}_S + \gamma \cdot \dot{z}_S - (x_F - x_S) \cdot \dot{\alpha} - (y_F - y_S) \cdot \dot{\beta} - (z_F - z_S) \cdot \dot{\gamma} \\ \\ (x_F - x_S) \cdot \dot{x}_F + (y_F - y_S) \cdot \dot{y}_F + (z_F - z_S) \cdot \dot{z}_F = \\ = (x_F - x_S) \cdot \dot{x}_S + (y_F - y_S) \cdot \dot{y}_S + (z_F - z_S) \cdot \dot{z}_S \\ \\ (x_F - x_D) \cdot \dot{x}_F + (y_F - y_D) \cdot \dot{y}_F + (z_F - z_D) \cdot \dot{z}_F = \\ = (x_F - x_D) \cdot \dot{x}_D + (y_F - y_D) \cdot \dot{y}_D + (z_F - z_D) \cdot \dot{z}_D \end{cases} \quad (71)$$

$$\begin{cases} d_{11} \cdot \dot{x}_F + d_{12} \cdot \dot{y}_F + d_{13} \cdot \dot{z}_F = d_1 \\ d_{21} \cdot \dot{x}_F + d_{22} \cdot \dot{y}_F + d_{23} \cdot \dot{z}_F = d_2 \\ d_{31} \cdot \dot{x}_F + d_{32} \cdot \dot{y}_F + d_{33} \cdot \dot{z}_F = d_3 \end{cases} \quad (72)$$

$$\begin{cases} d_{11} = \alpha; \quad d_{12} = \beta; \quad d_{13} = \gamma; \\ d_1 = \alpha \cdot \dot{x}_S + \beta \cdot \dot{y}_S + \gamma \cdot \dot{z}_S - (x_F - x_S) \cdot \dot{\alpha} - (y_F - y_S) \cdot \dot{\beta} - (z_F - z_S) \cdot \dot{\gamma}; \\ d_{21} = x_F - x_S; \quad d_{22} = y_F - y_S; \quad d_{23} = z_F - z_S; \\ d_2 = (x_F - x_S) \cdot \dot{x}_S + (y_F - y_S) \cdot \dot{y}_S + (z_F - z_S) \cdot \dot{z}_S \\ d_{31} = x_F - x_D; \quad d_{32} = y_F - y_D; \quad d_{33} = z_F - z_D; \\ d_3 = (x_F - x_D) \cdot \dot{x}_D + (y_F - y_D) \cdot \dot{y}_D + (z_F - z_D) \cdot \dot{z}_D \end{cases} \quad (73)$$

Cei patru determinanţi ai sistemului se scriu cu relaţiile (74-77), determinantul principal fiind dat chiar de (74).

$$\begin{cases} \Delta^{(d)} = \begin{vmatrix} d_{11} & d_{12} & d_{13} \\ d_{21} & d_{22} & d_{23} \\ d_{31} & d_{32} & d_{33} \end{vmatrix} = d_{11} \cdot (d_{22} \cdot d_{33} - d_{23} \cdot d_{32}) - \\ -d_{12} \cdot (d_{21} \cdot d_{33} - d_{23} \cdot d_{31}) + d_{13} \cdot (d_{21} \cdot d_{32} - d_{22} \cdot d_{31}) \end{cases} \qquad (74)$$

$$\begin{cases} \Delta_x^{(d)} = \begin{vmatrix} d_1 & d_{12} & d_{13} \\ d_2 & d_{22} & d_{23} \\ d_3 & d_{32} & d_{33} \end{vmatrix} = d_1 \cdot (d_{22} \cdot d_{33} - d_{23} \cdot d_{32}) - \\ -d_{12} \cdot (d_2 \cdot d_{33} - d_3 \cdot d_{23}) + d_{13} \cdot (d_2 \cdot d_{32} - d_3 \cdot d_{22}) \end{cases} \qquad (75)$$

$$\begin{cases} \Delta_y^{(d)} = \begin{vmatrix} d_{11} & d_1 & d_{13} \\ d_{21} & d_2 & d_{23} \\ d_{31} & d_3 & d_{33} \end{vmatrix} = d_{11} \cdot (d_2 \cdot d_{33} - d_3 \cdot d_{23}) - \\ -d_1 \cdot (d_{21} \cdot d_{33} - d_{23} \cdot d_{31}) + d_{13} \cdot (d_{21} \cdot d_3 - d_2 \cdot d_{31}) \end{cases} \qquad (76)$$

$$\begin{cases} \Delta_z^{(d)} = \begin{vmatrix} d_{11} & d_{12} & d_1 \\ d_{21} & d_{22} & d_2 \\ d_{31} & d_{32} & d_3 \end{vmatrix} = d_{11} \cdot (d_{22} \cdot d_3 - d_2 \cdot d_{32}) - \\ -d_{12} \cdot (d_{21} \cdot d_3 - d_2 \cdot d_{31}) + d_1 \cdot (d_{21} \cdot d_{32} - d_{22} \cdot d_{31}) \end{cases} \qquad (77)$$

Soluțiile sistemului de viteze scalare se obțin cu ajutorul relațiilor (78).

$$\left\{ \dot{x}_F = \frac{\Delta_x^{(d)}}{\Delta^{(d)}}; \quad \dot{y}_F = \frac{\Delta_y^{(d)}}{\Delta^{(d)}}; \quad \dot{z}_F = \frac{\Delta_z^{(d)}}{\Delta^{(d)}}; \right. \tag{78}$$

Vitezele planului mobil (superior) fiind determinate, putem trece la etapa finală în care se vor determina vitezele liniare ale celor șase cuple motoare de translație. Se scriu mai întâi relațiile de poziții (79).

$$\begin{cases} l_1^2 = (x_D - x_A)^2 + (y_D - y_A)^2 + (z_D - z_A)^2 \\ l_2^2 = (x_D - x_B)^2 + (y_D - y_B)^2 + (z_D - z_B)^2 \\ l_3^2 = (x_E - x_B)^2 + (y_E - y_B)^2 + (z_E - z_B)^2 \\ l_4^2 = (x_E - x_C)^2 + (y_E - y_C)^2 + (z_E - z_C)^2 \\ l_5^2 = (x_F - x_C)^2 + (y_F - y_C)^2 + (z_F - z_C)^2 \\ l_6^2 = (x_F - x_A)^2 + (y_F - y_A)^2 + (z_F - z_A)^2 \end{cases} \tag{79}$$

Relațiile sistemului (79) se derivează în raport cu timpul și se obțin expresiile sistemului (80), din care se explicitează vitezele liniare ale elementelor motoare (81).

$$\begin{cases} 2 \cdot l_1 \cdot \dot{l}_1 = 2 \cdot (x_D - x_A) \cdot \dot{x}_D + 2 \cdot (y_D - y_A) \cdot \dot{y}_D + 2 \cdot (z_D - z_A) \cdot \dot{z}_D \\ 2 \cdot l_2 \cdot \dot{l}_2 = 2 \cdot (x_D - x_B) \cdot \dot{x}_D + 2 \cdot (y_D - y_B) \cdot \dot{y}_D + 2 \cdot (z_D - z_B) \cdot \dot{z}_D \\ 2 \cdot l_3 \cdot \dot{l}_3 = 2 \cdot (x_E - x_B) \cdot \dot{x}_E + 2 \cdot (y_E - y_B) \cdot \dot{y}_E + 2 \cdot (z_E - z_B) \cdot \dot{z}_E \\ 2 \cdot l_4 \cdot \dot{l}_4 = 2 \cdot (x_E - x_C) \cdot \dot{x}_E + 2 \cdot (y_E - y_C) \cdot \dot{y}_E + 2 \cdot (z_E - z_C) \cdot \dot{z}_E \\ 2 \cdot l_5 \cdot \dot{l}_5 = 2 \cdot (x_F - x_C) \cdot \dot{x}_F + 2 \cdot (y_F - y_C) \cdot \dot{y}_F + 2 \cdot (z_F - z_C) \cdot \dot{z}_F \\ 2 \cdot l_6 \cdot \dot{l}_6 = 2 \cdot (x_F - x_A) \cdot \dot{x}_F + 2 \cdot (y_F - y_A) \cdot \dot{y}_F + 2 \cdot (z_F - z_A) \cdot \dot{z}_F \end{cases} \tag{80}$$

$$\begin{cases}
\dot{l}_1 = \dfrac{(x_D - x_A)\cdot \dot{x}_D + (y_D - y_A)\cdot \dot{y}_D + (z_D - z_A)\cdot \dot{z}_D}{l_1} \\[4pt]
\dot{l}_2 = \dfrac{(x_D - x_B)\cdot \dot{x}_D + (y_D - y_B)\cdot \dot{y}_D + (z_D - z_B)\cdot \dot{z}_D}{l_2} \\[4pt]
\dot{l}_3 = \dfrac{(x_E - x_B)\cdot \dot{x}_E + (y_E - y_B)\cdot \dot{y}_E + (z_E - z_B)\cdot \dot{z}_E}{l_3} \\[4pt]
\dot{l}_4 = \dfrac{(x_E - x_C)\cdot \dot{x}_E + (y_E - y_C)\cdot \dot{y}_E + (z_E - z_C)\cdot \dot{z}_E}{l_4} \\[4pt]
\dot{l}_5 = \dfrac{(x_F - x_C)\cdot \dot{x}_F + (y_F - y_C)\cdot \dot{y}_F + (z_F - z_C)\cdot \dot{z}_F}{l_5} \\[4pt]
\dot{l}_6 = \dfrac{(x_F - x_A)\cdot \dot{x}_F + (y_F - y_A)\cdot \dot{y}_F + (z_F - z_A)\cdot \dot{z}_F}{l_6}
\end{cases} \qquad (81)$$

Determinarea acceleraţiilor.

Având geometria, poziţiile şi vitezele rezolvate, se va trece la determinarea acceleraţiilor din mecanism, mai exact determinarea acceleraţiilor cuplelor cinematice mobile.

Se cunosc $\ddot{x}_S, \ddot{y}_S, \ddot{z}_S, \ddot{\alpha}, \ddot{\beta}, \ddot{\gamma}, \ddot{z}_D$. Se pleacă de la relaţiile vitezelor (82), aranjate sub forma (83). Expresiile (83) se derivează în funcţie de timp şi se obţine sistemul de acceleraţii (84), care se aranjează sub forma (85).

$$\begin{cases}
(\dot{x}_D - \dot{x}_S)\cdot \alpha + (x_D - x_S)\cdot \dot{\alpha} + (\dot{y}_D - \dot{y}_S)\cdot \beta + (y_D - y_S)\cdot \dot{\beta} = \\
= (\dot{z}_S - \dot{z}_D)\cdot \gamma + (z_S - z_D)\cdot \dot{\gamma} \\[4pt]
(x_D - x_S)\cdot(\dot{x}_D - \dot{x}_S) + (y_D - y_S)\cdot(\dot{y}_D - \dot{y}_S) = -(z_D - z_S)\cdot(\dot{z}_D - \dot{z}_S)
\end{cases} \qquad (82)$$

$$\begin{cases} \alpha \cdot \dot{x}_D + \beta \cdot \dot{y}_D = \alpha \cdot \dot{x}_S - (x_D - x_S) \cdot \dot{\alpha} + \beta \cdot \dot{y}_S - (y_D - y_S) \cdot \dot{\beta} + \\ + (\dot{z}_S - \dot{z}_D) \cdot \gamma + (z_S - z_D) \cdot \dot{\gamma} \\ \\ (x_D - x_S) \cdot \dot{x}_D + (y_D - y_S) \cdot \dot{y}_D = (x_D - x_S) \cdot \dot{x}_S + (y_D - y_S) \cdot \dot{y}_S - \\ - (z_D - z_S) \cdot (\dot{z}_D - \dot{z}_S) \end{cases} \quad (83)$$

$$\begin{cases} \dot{\alpha} \cdot \dot{x}_D + \alpha \cdot \ddot{x}_D + \dot{\beta} \cdot \dot{y}_D + \beta \cdot \ddot{y}_D = \dot{\alpha} \cdot \dot{x}_S + \alpha \cdot \ddot{x}_S - (\dot{x}_D - \dot{x}_S) \cdot \dot{\alpha} - (x_D - x_S) \cdot \ddot{\alpha} + \\ + \dot{\beta} \cdot \dot{y}_S + \beta \cdot \ddot{y}_S - (\dot{y}_D - \dot{y}_S) \cdot \dot{\beta} - (y_D - y_S) \cdot \ddot{\beta} + (\ddot{z}_S - \ddot{z}_D) \cdot \gamma + \\ + (\dot{z}_S - \dot{z}_D) \cdot \dot{\gamma} + (\dot{z}_S - \dot{z}_D) \cdot \dot{\gamma} + (z_S - z_D) \cdot \ddot{\gamma} \\ \\ (\dot{x}_D - \dot{x}_S) \cdot \dot{x}_D + (x_D - x_S) \cdot \ddot{x}_D + (\dot{y}_D - \dot{y}_S) \cdot \dot{y}_D + (y_D - y_S) \cdot \ddot{y}_D = \\ = (\dot{x}_D - \dot{x}_S) \cdot \dot{x}_S + (x_D - x_S) \cdot \ddot{x}_S + (\dot{y}_D - \dot{y}_S) \cdot \dot{y}_S + (y_D - y_S) \cdot \ddot{y}_S - \\ - (\dot{z}_D - \dot{z}_S)^2 - (z_D - z_S) \cdot (\ddot{z}_D - \ddot{z}_S) \end{cases} \quad (84)$$

$$\begin{cases} \alpha \cdot \ddot{x}_D + \beta \cdot \ddot{y}_D = 2 \cdot \dot{\alpha} \cdot (\dot{x}_S - \dot{x}_D) + 2 \cdot \dot{\beta} \cdot (\dot{y}_S - \dot{y}_D) + \alpha \cdot \ddot{x}_S + \beta \cdot \ddot{y}_S + \\ + (x_S - x_D) \cdot \ddot{\alpha} + (y_S - y_D) \cdot \ddot{\beta} + (\ddot{z}_S - \ddot{z}_D) \cdot \gamma + 2 \cdot (\dot{z}_S - \dot{z}_D) \cdot \dot{\gamma} + (z_S - z_D) \cdot \ddot{\gamma} \\ \\ (x_D - x_S) \cdot \ddot{x}_D + (y_D - y_S) \cdot \ddot{y}_D = -(\dot{x}_D - \dot{x}_S)^2 - (\dot{y}_D - \dot{y}_S)^2 - (\dot{z}_D - \dot{z}_S)^2 + \\ + (x_D - x_S) \cdot \ddot{x}_S + (y_D - y_S) \cdot \ddot{y}_S - (z_D - z_S) \cdot (\ddot{z}_D - \ddot{z}_S) \end{cases} \quad (85)$$

Identificăm sistemul liniar de două ecuații cu două necunoscute (86), având coeficienții (87) și soluțiile (88).

$$\begin{cases} a_{11} \cdot \ddot{x}_D + a_{12} \cdot \ddot{y}_D = f_1 \\ a_{21} \cdot \ddot{x}_D + a_{22} \cdot \ddot{y}_D = f_2 \end{cases} \quad (86)$$

$$\begin{cases} a_{11} = \alpha; \quad a_{12} = \beta; \quad a_{21} = x_D - x_S; \quad a_{22} = y_D - y_S; \\[6pt] f_1 = 2 \cdot [\dot{\alpha} \cdot (\dot{x}_S - \dot{x}_D) + \dot{\beta} \cdot (\dot{y}_S - \dot{y}_D) + \dot{\gamma} \cdot (\dot{z}_S - \dot{z}_D)] + \alpha \cdot \ddot{x}_S + \beta \cdot \ddot{y}_S + \\ + \gamma \cdot (\ddot{z}_S - \ddot{z}_D) + (x_S - x_D) \cdot \ddot{\alpha} + (y_S - y_D) \cdot \ddot{\beta} + (z_S - z_D) \cdot \ddot{\gamma} \\[6pt] f_2 = -(\dot{x}_D - \dot{x}_S)^2 - (\dot{y}_D - \dot{y}_S)^2 - (\dot{z}_D - \dot{z}_S)^2 + \\ + (x_D - x_S) \cdot \ddot{x}_S + (y_D - y_S) \cdot \ddot{y}_S - (z_D - z_S) \cdot (\ddot{z}_D - \ddot{z}_S) \end{cases} \qquad (87)$$

$$\begin{cases} \Delta_f = \begin{vmatrix} a_{11} & a_{12} \\ a_{21} & a_{22} \end{vmatrix} = a_{11} \cdot a_{22} - a_{12} \cdot a_{21} \\[10pt] \Delta_{xD2} = \begin{vmatrix} f_1 & a_{12} \\ f_2 & a_{22} \end{vmatrix} = f_1 \cdot a_{22} - f_2 \cdot a_{12} \\[10pt] \Delta_{yD2} = \begin{vmatrix} a_{11} & f_1 \\ a_{21} & f_2 \end{vmatrix} = f_2 \cdot a_{11} - f_1 \cdot a_{21} \\[10pt] \ddot{x}_D = \dfrac{\Delta_{xD2}}{\Delta_f}; \quad \ddot{y}_D = \dfrac{\Delta_{yD2}}{\Delta_f} \end{cases}$$

$$(88)$$

În continuare se trece la punctul următor, fapt pentru care utilizăm sistemul de viteze (89). Sistemul (89) se derivează și se obțin relațiile accelerațiilor (90), care se aranjează în forma (91). Se identifică coeficienții (92) și sistemul liniar (93) format din trei ecuații de gradul I fiecare, cu trei necunoscute, sistem ce se rezolvă cu relațiile (94).

$$\begin{cases} c_{11} \cdot \dot{x}_E + c_{12} \cdot \dot{y}_E + c_{13} \cdot \dot{z}_E = c_1 \\ \\ c_{21} \cdot \dot{x}_E + c_{22} \cdot \dot{y}_E + c_{23} \cdot \dot{z}_E = c_2 \\ \\ c_{31} \cdot \dot{x}_E + c_{32} \cdot \dot{y}_E + c_{33} \cdot \dot{z}_E = c_3 \end{cases} \qquad (89)$$

$$\begin{cases} \dot{c}_{11} \cdot \dot{x}_E + \dot{c}_{12} \cdot \dot{y}_E + \dot{c}_{13} \cdot \dot{z}_E + c_{11} \cdot \ddot{x}_E + \\ + c_{12} \cdot \ddot{y}_E + c_{13} \cdot \ddot{z}_E = \dot{c}_1 \\ \\ \dot{c}_{21} \cdot \dot{x}_E + \dot{c}_{22} \cdot \dot{y}_E + \dot{c}_{23} \cdot \dot{z}_E + c_{21} \cdot \ddot{x}_E + \\ + c_{22} \cdot \ddot{y}_E + c_{23} \cdot \ddot{z}_E = \dot{c}_2 \\ \\ \dot{c}_{31} \cdot \dot{x}_E + \dot{c}_{32} \cdot \dot{y}_E + \dot{c}_{33} \cdot \dot{z}_E + c_{31} \cdot \ddot{x}_E + \\ + c_{32} \cdot \ddot{y}_E + c_{33} \cdot \ddot{z}_E = \dot{c}_3 \end{cases} \qquad (90)$$

$$\begin{cases} c_{11} \cdot \ddot{x}_E + c_{12} \cdot \ddot{y}_E + c_{13} \cdot \ddot{z}_E = \\ = \dot{c}_1 - \dot{c}_{11} \cdot \dot{x}_E - \dot{c}_{12} \cdot \dot{y}_E - \dot{c}_{13} \cdot \dot{z}_E \\ \\ c_{21} \cdot \ddot{x}_E + c_{22} \cdot \ddot{y}_E + c_{23} \cdot \ddot{z}_E = \\ = \dot{c}_2 - \dot{c}_{21} \cdot \dot{x}_E - \dot{c}_{22} \cdot \dot{y}_E - \dot{c}_{23} \cdot \dot{z}_E \\ \\ c_{31} \cdot \ddot{x}_E + c_{32} \cdot \ddot{y}_E + c_{33} \cdot \ddot{z}_E = \\ = \dot{c}_3 - \dot{c}_{31} \cdot \dot{x}_E - \dot{c}_{32} \cdot \dot{y}_E - \dot{c}_{33} \cdot \dot{z}_E \end{cases} \qquad (91)$$

$$\begin{cases}
c_{11} = \alpha; \quad \dot{c}_{11} = \dot{\alpha}; \quad c_{12} = \beta; \quad \dot{c}_{12} = \dot{\beta}; \quad c_{13} = \gamma; \quad \dot{c}_{13} = \dot{\gamma}; \\
c_{21} = x_E - x_S; \quad \dot{c}_{21} = \dot{x}_E - \dot{x}_S; \quad c_{22} = y_E - y_S; \quad \dot{c}_{22} = \dot{y}_E - \dot{y}_S; \\
c_{23} = z_E - z_S; \quad \dot{c}_{23} = \dot{z}_E - \dot{z}_S; \quad c_{31} = x_E - x_D; \quad \dot{c}_{31} = \dot{x}_E - \dot{x}_D; \\
c_{32} = y_E - y_D; \quad \dot{c}_{32} = \dot{y}_E - \dot{y}_D; \quad c_{33} = z_E - z_D; \quad \dot{c}_{33} = \dot{z}_E - \dot{z}_D; \\[6pt]
c_1 = \alpha \cdot \dot{x}_S - (x_E - x_S) \cdot \dot{\alpha} + \beta \cdot \dot{y}_S - (y_E - y_S) \cdot \dot{\beta} + \gamma \cdot \dot{z}_S - (z_E - z_S) \cdot \dot{\gamma} \\[6pt]
\dot{c}_1 = \dot{\alpha} \cdot \dot{x}_S + \alpha \cdot \ddot{x}_S - (\dot{x}_E - \dot{x}_S) \cdot \dot{\alpha} - (x_E - x_S) \cdot \ddot{\alpha} + \dot{\beta} \cdot \dot{y}_S + \beta \cdot \ddot{y}_S - \\
- (\dot{y}_E - \dot{y}_S) \cdot \dot{\beta} - (y_E - y_S) \cdot \ddot{\beta} + \dot{\gamma} \cdot \dot{z}_S + \gamma \cdot \ddot{z}_S - (\dot{z}_E - \dot{z}_S) \cdot \dot{\gamma} - (z_E - z_S) \cdot \ddot{\gamma} \\[6pt]
c_2 = (x_E - x_S) \cdot \dot{x}_S + (y_E - y_S) \cdot \dot{y}_S + (z_E - z_S) \cdot \dot{z}_S \\[6pt]
\dot{c}_2 = (\dot{x}_E - \dot{x}_S) \cdot \dot{x}_S + (x_E - x_S) \cdot \ddot{x}_S + (\dot{y}_E - \dot{y}_S) \cdot \dot{y}_S + (y_E - y_S) \cdot \ddot{y}_S + \\
+ (\dot{z}_E - \dot{z}_S) \cdot \dot{z}_S + (z_E - z_S) \cdot \ddot{z}_S \\[6pt]
c_3 = (x_E - x_D) \cdot \dot{x}_D + (y_E - y_D) \cdot \dot{y}_D + (z_E - z_D) \cdot \dot{z}_D \\[6pt]
\dot{c}_3 = (\dot{x}_E - \dot{x}_D) \cdot \dot{x}_D + (x_E - x_D) \cdot \ddot{x}_D + (\dot{y}_E - \dot{y}_D) \cdot \dot{y}_D + (y_E - y_D) \cdot \ddot{y}_D + \\
+ (\dot{z}_E - \dot{z}_D) \cdot \dot{z}_D + (z_E - z_D) \cdot \ddot{z}_D \\[6pt]
e_1 = \dot{c}_1 - \dot{c}_{11} \cdot \dot{x}_E - \dot{c}_{12} \cdot \dot{y}_E - \dot{c}_{13} \cdot \dot{z}_E \\
e_2 = \dot{c}_2 - \dot{c}_{21} \cdot \dot{x}_E - \dot{c}_{22} \cdot \dot{y}_E - \dot{c}_{23} \cdot \dot{z}_E \\
e_3 = \dot{c}_3 - \dot{c}_{31} \cdot \dot{x}_E - \dot{c}_{32} \cdot \dot{y}_E - \dot{c}_{33} \cdot \dot{z}_E
\end{cases} \quad (92)$$

$$\begin{cases}
c_{11} \cdot \ddot{x}_E + c_{12} \cdot \ddot{y}_E + c_{13} \cdot \ddot{z}_E = e_1 \\
c_{21} \cdot \ddot{x}_E + c_{22} \cdot \ddot{y}_E + c_{23} \cdot \ddot{z}_E = e_2 \\
c_{31} \cdot \ddot{x}_E + c_{32} \cdot \ddot{y}_E + c_{33} \cdot \ddot{z}_E = e_3
\end{cases} \quad (93)$$

$$\begin{cases}
\Delta^{(c)} = \begin{vmatrix} c_{11} & c_{12} & c_{13} \\ c_{21} & c_{22} & c_{23} \\ c_{31} & c_{32} & c_{33} \end{vmatrix} = c_{11} \cdot (c_{22} \cdot c_{33} - c_{23} \cdot c_{32}) - \\
- c_{12} \cdot (c_{21} \cdot c_{33} - c_{23} \cdot c_{31}) + c_{13} \cdot (c_{21} \cdot c_{32} - c_{22} \cdot c_{31}) \\
\\
\Delta_{xE2} = \begin{vmatrix} e_1 & c_{12} & c_{13} \\ e_2 & c_{22} & c_{23} \\ e_3 & c_{32} & c_{33} \end{vmatrix} = e_1 \cdot (c_{22} \cdot c_{33} - c_{23} \cdot c_{32}) - \\
- c_{12} \cdot (e_2 \cdot c_{33} - c_{23} \cdot e_3) + c_{13} \cdot (e_2 \cdot c_{32} - c_{22} \cdot e_3) \\
\\
\Delta_{yE2} = \begin{vmatrix} c_{11} & e_1 & c_{13} \\ c_{21} & e_2 & c_{23} \\ c_{31} & e_3 & c_{33} \end{vmatrix} = c_{11} \cdot (e_2 \cdot c_{33} - c_{23} \cdot e_3) - \\
- e_1 \cdot (c_{21} \cdot c_{33} - c_{23} \cdot c_{31}) + c_{13} \cdot (c_{21} \cdot e_3 - e_2 \cdot c_{31}) \\
\\
\Delta_{zE2} = \begin{vmatrix} c_{11} & c_{12} & e_1 \\ c_{21} & c_{22} & e_2 \\ c_{31} & c_{32} & e_3 \end{vmatrix} = c_{11} \cdot (c_{22} \cdot e_3 - e_2 \cdot c_{32}) - \\
- c_{12} \cdot (c_{21} \cdot e_3 - e_2 \cdot c_{31}) + e_1 \cdot (c_{21} \cdot c_{32} - c_{22} \cdot c_{31}) \\
\\
\ddot{x}_E = \dfrac{\Delta_{xE2}}{\Delta^{(c)}}; \quad \ddot{y}_E = \dfrac{\Delta_{yE2}}{\Delta^{(c)}}; \quad \ddot{z}_E = \dfrac{\Delta_{zE2}}{\Delta^{(c)}};
\end{cases} \quad (94)$$

În continuare se scrie sistemul de viteze (95) care se derivează și se obține sistemul accelerațiilor (96), care se aranjează în forma (97).

Coeficienții se determină cu relațiile (98) iar sistemul ia forma (99).

$$\begin{cases} d_{11} \cdot \dot{x}_F + d_{12} \cdot \dot{y}_F + d_{13} \cdot \dot{z}_F = d_1 \\ \\ d_{21} \cdot \dot{x}_F + d_{22} \cdot \dot{y}_F + d_{23} \cdot \dot{z}_F = d_2 \\ \\ d_{31} \cdot \dot{x}_F + d_{32} \cdot \dot{y}_F + d_{33} \cdot \dot{z}_F = d_3 \end{cases} \quad (95)$$

$$\begin{cases} \dot{d}_{11} \cdot \dot{x}_F + \dot{d}_{12} \cdot \dot{y}_F + \dot{d}_{13} \cdot \dot{z}_F + d_{11} \cdot \ddot{x}_F + \\ + d_{12} \cdot \ddot{y}_F + d_{13} \cdot \ddot{z}_F = \dot{d}_1 \\ \\ \dot{d}_{21} \cdot \dot{x}_F + \dot{d}_{22} \cdot \dot{y}_F + \dot{d}_{23} \cdot \dot{z}_F + d_{21} \cdot \ddot{x}_F + \\ + d_{22} \cdot \ddot{y}_F + d_{23} \cdot \ddot{z}_F = \dot{d}_2 \\ \\ \dot{d}_{31} \cdot \dot{x}_F + \dot{d}_{32} \cdot \dot{y}_F + \dot{d}_{33} \cdot \dot{z}_F + d_{31} \cdot \ddot{x}_F + \\ + d_{32} \cdot \ddot{y}_F + d_{33} \cdot \ddot{z}_F = \dot{d}_3 \end{cases} \quad (96)$$

$$\begin{cases} d_{11} \cdot \ddot{x}_F + d_{12} \cdot \ddot{y}_F + d_{13} \cdot \ddot{z}_F = \\ = \dot{d}_1 - \dot{d}_{11} \cdot \dot{x}_F - \dot{d}_{12} \cdot \dot{y}_F - \dot{d}_{13} \cdot \dot{z}_F \\ \\ d_{21} \cdot \ddot{x}_F + d_{22} \cdot \ddot{y}_F + d_{23} \cdot \ddot{z}_F = \\ = \dot{d}_2 - \dot{d}_{21} \cdot \dot{x}_F - \dot{d}_{22} \cdot \dot{y}_F - \dot{d}_{23} \cdot \dot{z}_F \\ \\ d_{31} \cdot \ddot{x}_F + d_{32} \cdot \ddot{y}_F + d_{33} \cdot \ddot{z}_F = \\ = \dot{d}_3 - \dot{d}_{31} \cdot \dot{x}_F - \dot{d}_{32} \cdot \dot{y}_F - \dot{d}_{33} \cdot \dot{z}_F \end{cases} \quad (97)$$

$$\begin{cases}
d_{11} = \alpha; \quad \dot{d}_{11} = \dot{\alpha}; \quad d_{12} = \beta; \quad \dot{d}_{12} = \dot{\beta}; \quad d_{13} = \gamma; \quad \dot{d}_{13} = \dot{\gamma}; \\
d_1 = \alpha \cdot \dot{x}_S + \beta \cdot \dot{y}_S + \gamma \cdot \dot{z}_S - (x_F - x_S) \cdot \dot{\alpha} - (y_F - y_S) \cdot \dot{\beta} - (z_F - z_S) \cdot \dot{\gamma}; \\
\dot{d}_1 = \dot{\alpha} \cdot \dot{x}_S + \alpha \cdot \ddot{x}_S + \dot{\beta} \cdot \dot{y}_S + \beta \cdot \ddot{y}_S + \dot{\gamma} \cdot \dot{z}_S + \gamma \cdot \ddot{z}_S - (\dot{x}_F - \dot{x}_S) \cdot \dot{\alpha} - \\
\quad - (x_F - x_S) \cdot \ddot{\alpha} - (\dot{y}_F - \dot{y}_S) \cdot \dot{\beta} - (y_F - y_S) \cdot \ddot{\beta} - (\dot{z}_F - \dot{z}_S) \cdot \dot{\gamma} - (z_F - z_S) \cdot \ddot{\gamma}; \\
d_{21} = x_F - x_S; \quad d_{22} = y_F - y_S; \quad d_{23} = z_F - z_S; \\
\dot{d}_{21} = \dot{x}_F - \dot{x}_S; \quad \dot{d}_{22} = \dot{y}_F - \dot{y}_S; \quad \dot{d}_{23} = \dot{z}_F - \dot{z}_S; \\
d_2 = (x_F - x_S) \cdot \dot{x}_S + (y_F - y_S) \cdot \dot{y}_S + (z_F - z_S) \cdot \dot{z}_S; \\
\dot{d}_2 = (\dot{x}_F - \dot{x}_S) \cdot \dot{x}_S + (x_F - x_S) \cdot \ddot{x}_S + (\dot{y}_F - \dot{y}_S) \cdot \dot{y}_S + \\
\quad + (y_F - y_S) \cdot \ddot{y}_S + (\dot{z}_F - \dot{z}_S) \cdot \dot{z}_S + (z_F - z_S) \cdot \ddot{z}_S; \\
d_{31} = x_F - x_D; \quad d_{32} = y_F - y_D; \quad d_{33} = z_F - z_D; \\
\dot{d}_{31} = \dot{x}_F - \dot{x}_D; \quad \dot{d}_{32} = \dot{y}_F - \dot{y}_D; \quad \dot{d}_{33} = \dot{z}_F - \dot{z}_D; \\
d_3 = (x_F - x_D) \cdot \dot{x}_D + (y_F - y_D) \cdot \dot{y}_D + (z_F - z_D) \cdot \dot{z}_D; \\
\dot{d}_3 = (\dot{x}_F - \dot{x}_D) \cdot \dot{x}_D + (x_F - x_D) \cdot \ddot{x}_D + (\dot{y}_F - \dot{y}_D) \cdot \dot{y}_D + \\
\quad + (y_F - y_D) \cdot \ddot{y}_D + (\dot{z}_F - \dot{z}_D) \cdot \dot{z}_D + (z_F - z_D) \cdot \ddot{z}_D; \\
g_1 = \dot{d}_1 - \dot{d}_{11} \cdot \dot{x}_F - \dot{d}_{12} \cdot \dot{y}_F - \dot{d}_{13} \cdot \dot{z}_F; \\
g_2 = \dot{d}_2 - \dot{d}_{21} \cdot \dot{x}_F - \dot{d}_{22} \cdot \dot{y}_F - \dot{d}_{23} \cdot \dot{z}_F; \\
g_3 = \dot{d}_3 - \dot{d}_{31} \cdot \dot{x}_F - \dot{d}_{32} \cdot \dot{y}_F - \dot{d}_{33} \cdot \dot{z}_F
\end{cases} \quad (98)$$

Sistemul (99) având coeficienții (98), se rezolvă cu relațiile (100).

$$\begin{cases}
d_{11} \cdot \ddot{x}_F + d_{12} \cdot \ddot{y}_F + d_{13} \cdot \ddot{z}_F = g_1 \\
d_{21} \cdot \ddot{x}_F + d_{22} \cdot \ddot{y}_F + d_{23} \cdot \ddot{z}_F = g_2 \\
d_{31} \cdot \ddot{x}_F + d_{32} \cdot \ddot{y}_F + d_{33} \cdot \ddot{z}_F = g_3
\end{cases} \quad (99)$$

$$\begin{cases}
\Delta^{(g)} = \begin{vmatrix} d_{11} & d_{12} & d_{13} \\ d_{21} & d_{22} & d_{23} \\ d_{31} & d_{32} & d_{33} \end{vmatrix} = d_{11} \cdot (d_{22} \cdot d_{33} - d_{23} \cdot d_{32}) - \\
- d_{12} \cdot (d_{21} \cdot d_{33} - d_{23} \cdot d_{31}) + d_{13} \cdot (d_{21} \cdot d_{32} - d_{22} \cdot d_{31}) \\
\\
\Delta_{xF2} = \begin{vmatrix} g_1 & d_{12} & d_{13} \\ g_2 & d_{22} & d_{23} \\ g_3 & d_{32} & d_{33} \end{vmatrix} = g_1 \cdot (d_{22} \cdot d_{33} - d_{23} \cdot d_{32}) - \\
- d_{12} \cdot (g_2 \cdot d_{33} - d_{23} \cdot g_3) + d_{13} \cdot (g_2 \cdot d_{32} - d_{22} \cdot g_3) \\
\\
\Delta_{yF2} = \begin{vmatrix} d_{11} & g_1 & d_{13} \\ d_{21} & g_2 & d_{23} \\ d_{31} & g_3 & d_{33} \end{vmatrix} = d_{11} \cdot (g_2 \cdot d_{33} - d_{23} \cdot g_3) - \\
- g_1 \cdot (d_{21} \cdot d_{33} - d_{23} \cdot d_{31}) + d_{13} \cdot (d_{21} \cdot g_3 - g_2 \cdot d_{31}) \\
\\
\Delta_{zF2} = \begin{vmatrix} d_{11} & d_{12} & g_1 \\ d_{21} & d_{22} & g_2 \\ d_{31} & d_{32} & g_3 \end{vmatrix} = d_{11} \cdot (d_{22} \cdot g_3 - g_2 \cdot d_{32}) - \\
- d_{12} \cdot (d_{21} \cdot g_3 - g_2 \cdot d_{31}) + g_1 \cdot (d_{21} \cdot d_{32} - d_{22} \cdot d_{31}) \\
\\
\ddot{x}_F = \dfrac{\Delta_{xF2}}{\Delta^{(g)}}; \quad \ddot{y}_F = \dfrac{\Delta_{yF2}}{\Delta^{(g)}}; \quad \ddot{z}_F = \dfrac{\Delta_{zF2}}{\Delta^{(g)}};
\end{cases} \qquad (100)$$

Se scrie acum sistemul de viteze liniare (102) obținut prin derivarea sistemului de poziții (101). Sistemul (102) derivat la rândul său generează sistemul de accelerații liniare (103).

$$\begin{cases} l_1^2 = (x_D - x_A)^2 + (y_D - y_A)^2 + (z_D - z_A)^2 \\ l_2^2 = (x_D - x_B)^2 + (y_D - y_B)^2 + (z_D - z_B)^2 \\ l_3^2 = (x_E - x_B)^2 + (y_E - y_B)^2 + (z_E - z_B)^2 \\ l_4^2 = (x_E - x_C)^2 + (y_E - y_C)^2 + (z_E - z_C)^2 \\ l_5^2 = (x_F - x_C)^2 + (y_F - y_C)^2 + (z_F - z_C)^2 \\ l_6^2 = (x_F - x_A)^2 + (y_F - y_A)^2 + (z_F - z_A)^2 \end{cases} \quad (101)$$

$$\begin{cases} l_1 \cdot \dot{l}_1 = (x_D - x_A) \cdot \dot{x}_D + (y_D - y_A) \cdot \dot{y}_D + (z_D - z_A) \cdot \dot{z}_D \\ l_2 \cdot \dot{l}_2 = (x_D - x_B) \cdot \dot{x}_D + (y_D - y_B) \cdot \dot{y}_D + (z_D - z_B) \cdot \dot{z}_D \\ l_3 \cdot \dot{l}_3 = (x_E - x_B) \cdot \dot{x}_E + (y_E - y_B) \cdot \dot{y}_E + (z_E - z_B) \cdot \dot{z}_E \\ l_4 \cdot \dot{l}_4 = (x_E - x_C) \cdot \dot{x}_E + (y_E - y_C) \cdot \dot{y}_E + (z_E - z_C) \cdot \dot{z}_E \\ l_5 \cdot \dot{l}_5 = (x_F - x_C) \cdot \dot{x}_F + (y_F - y_C) \cdot \dot{y}_F + (z_F - z_C) \cdot \dot{z}_F \\ l_6 \cdot \dot{l}_6 = (x_F - x_A) \cdot \dot{x}_F + (y_F - y_A) \cdot \dot{y}_F + (z_F - z_A) \cdot \dot{z}_F \end{cases} \quad (102)$$

$$\begin{cases} \dot{l}_1^2 + l_1 \cdot \ddot{l}_1 = (\dot{x}_D - \dot{x}_A) \cdot \dot{x}_D + (x_D - x_A) \cdot \ddot{x}_D + (\dot{y}_D - \dot{y}_A) \cdot \dot{y}_D + \\ + (y_D - y_A) \cdot \ddot{y}_D + (\dot{z}_D - \dot{z}_A) \cdot \dot{z}_D + (z_D - z_A) \cdot \ddot{z}_D \\ \\ \dot{l}_2^2 + l_2 \cdot \ddot{l}_2 = (\dot{x}_D - \dot{x}_B) \cdot \dot{x}_D + (x_D - x_B) \cdot \ddot{x}_D + (\dot{y}_D - \dot{y}_B) \cdot \dot{y}_D + \\ + (y_D - y_B) \cdot \ddot{y}_D + (\dot{z}_D - \dot{z}_B) \cdot \dot{z}_D + (z_D - z_B) \cdot \ddot{z}_D \\ \\ \dot{l}_3^2 + l_3 \cdot \ddot{l}_3 = (\dot{x}_E - \dot{x}_B) \cdot \dot{x}_E + (x_E - x_B) \cdot \ddot{x}_E + (\dot{y}_E - \dot{y}_B) \cdot \dot{y}_E + \\ + (y_E - y_B) \cdot \ddot{y}_E + (\dot{z}_E - \dot{z}_B) \cdot \dot{z}_E + (z_E - z_B) \cdot \ddot{z}_E \\ \\ \dot{l}_4^2 + l_4 \cdot \ddot{l}_4 = (\dot{x}_E - \dot{x}_C) \cdot \dot{x}_E + (x_E - x_C) \cdot \ddot{x}_E + (\dot{y}_E - \dot{y}_C) \cdot \dot{y}_E + \\ + (y_E - y_C) \cdot \ddot{y}_E + (\dot{z}_E - \dot{z}_C) \cdot \dot{z}_E + (z_E - z_C) \cdot \ddot{z}_E \\ \\ \dot{l}_5^2 + l_5 \cdot \ddot{l}_5 = (\dot{x}_F - \dot{x}_C) \cdot \dot{x}_F + (x_F - x_C) \cdot \ddot{x}_F + (\dot{y}_F - \dot{y}_C) \cdot \dot{y}_F + \\ + (y_F - y_C) \cdot \ddot{y}_F + (\dot{z}_F - \dot{z}_C) \cdot \dot{z}_F + (z_F - z_C) \cdot \ddot{z}_F \\ \\ \dot{l}_6^2 + l_6 \cdot \ddot{l}_6 = (\dot{x}_F - \dot{x}_A) \cdot \dot{x}_F + (x_F - x_A) \cdot \ddot{x}_F + (\dot{y}_F - \dot{y}_A) \cdot \dot{y}_F + \\ + (y_F - y_A) \cdot \ddot{y}_F + (\dot{z}_F - \dot{z}_A) \cdot \dot{z}_F + (z_F - z_A) \cdot \ddot{z}_F \end{cases} \quad (103)$$

Din sistemul (103) se explicitează accelerațiile liniare (104) corespunzătoare celor șase picioare mobile, care sprijină și acționează în același timp platforma superioară mobilă DEF.

$$\begin{cases}
\ddot{l}_1 = [(\dot{x}_D - \dot{x}_A)\cdot\dot{x}_D + (x_D - x_A)\cdot\ddot{x}_D + (\dot{y}_D - \dot{y}_A)\cdot\dot{y}_D + \\
\quad + (y_D - y_A)\cdot\ddot{y}_D + (\dot{z}_D - \dot{z}_A)\cdot\dot{z}_D + (z_D - z_A)\cdot\ddot{z}_D - \dot{l}_1^2]/l_1 \\
\\
\ddot{l}_2 = [(\dot{x}_D - \dot{x}_B)\cdot\dot{x}_D + (x_D - x_B)\cdot\ddot{x}_D + (\dot{y}_D - \dot{y}_B)\cdot\dot{y}_D + \\
\quad + (y_D - y_B)\cdot\ddot{y}_D + (\dot{z}_D - \dot{z}_B)\cdot\dot{z}_D + (z_D - z_B)\cdot\ddot{z}_D - \dot{l}_2^2]/l_2 \\
\\
\ddot{l}_3 = [(\dot{x}_E - \dot{x}_B)\cdot\dot{x}_E + (x_E - x_B)\cdot\ddot{x}_E + (\dot{y}_E - \dot{y}_B)\cdot\dot{y}_E + \\
\quad + (y_E - y_B)\cdot\ddot{y}_E + (\dot{z}_E - \dot{z}_B)\cdot\dot{z}_E + (z_E - z_B)\cdot\ddot{z}_E - \dot{l}_3^2]/l_3 \\
\\
\ddot{l}_4 = [(\dot{x}_E - \dot{x}_C)\cdot\dot{x}_E + (x_E - x_C)\cdot\ddot{x}_E + (\dot{y}_E - \dot{y}_C)\cdot\dot{y}_E + \\
\quad + (y_E - y_C)\cdot\ddot{y}_E + (\dot{z}_E - \dot{z}_C)\cdot\dot{z}_E + (z_E - z_C)\cdot\ddot{z}_E - \dot{l}_4^2]/l_4 \\
\\
\ddot{l}_5 = [(\dot{x}_F - \dot{x}_C)\cdot\dot{x}_F + (x_F - x_C)\cdot\ddot{x}_F + (\dot{y}_F - \dot{y}_C)\cdot\dot{y}_F + \\
\quad + (y_F - y_C)\cdot\ddot{y}_F + (\dot{z}_F - \dot{z}_C)\cdot\dot{z}_F + (z_F - z_C)\cdot\ddot{z}_F - \dot{l}_5^2]/l_5 \\
\\
\ddot{l}_6 = [(\dot{x}_F - \dot{x}_A)\cdot\dot{x}_F + (x_F - x_A)\cdot\ddot{x}_F + (\dot{y}_F - \dot{y}_A)\cdot\dot{y}_F + \\
\quad + (y_F - y_A)\cdot\ddot{y}_F + (\dot{z}_F - \dot{z}_A)\cdot\dot{z}_F + (z_F - z_A)\cdot\ddot{z}_F - \dot{l}_6^2]/l_6
\end{cases} \quad (104)$$

GEOMETRIA ŞI CINEMATICA PLATOULUI MOBIL 7, PRINTR-O METODĂ DE ROTAŢIE MATRICIALĂ

În figura 14 este reprezentat platoul mobil (elementul mobil 7, considerând motoelementele compacte, altfel el este elementul mobil 13), format dintr-un triunghi echilateral DEF cu centrul S. Acestui triunghi îi ataşăm un sistem de axe rectangular, mobil, solidar cu platforma, $x_1 S y_1 z_1$.

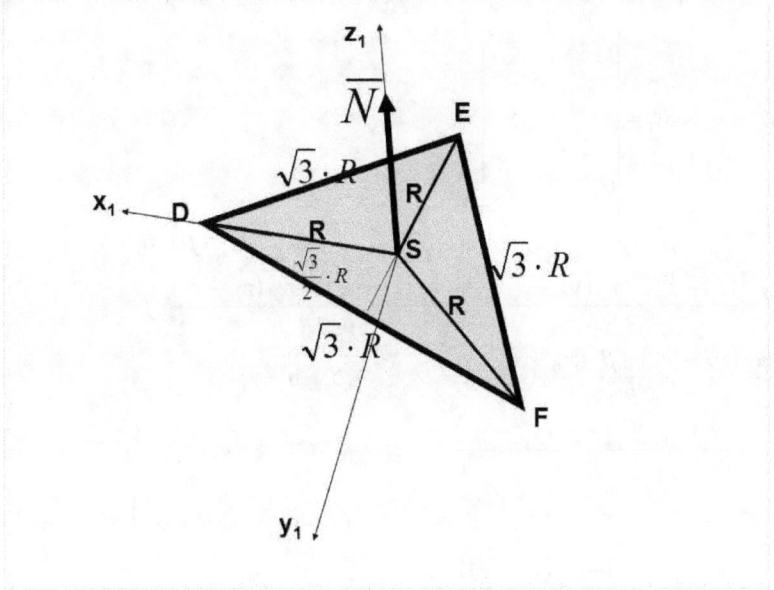

Fig. 14. *Geometria şi cinematica platformei mobile 7*

Se cunosc coordonatele vectorului $\overline{N}$ şi coordonatele punctului S (în raport cu reperul fix considerat iniţial, legat de platforma fixă, considerată bază); cunoaştem deci coordonatele rectangulare ale axei Sz_1, astfel încât se pot calcula pentru început coordonatele axei Sx_1 (relaţiile 105), axă determinată de punctele S, D (cunoscute). Se obţin coordonatele vectorului Sx_1. Acestea împreună cu coordonatele punctului S determină axa Sx_1 (105).

$$\begin{cases} l_{SD} = \sqrt{(x_D - x_S)^2 + (y_D - y_S)^2 + (z_D - z_S)^2} = \sqrt{R^2} = R \\ \alpha_{x_1} = \dfrac{x_D - x_S}{l_{SD}} = \dfrac{x_D - x_S}{R}; \\ \beta_{x_1} = \dfrac{y_D - y_S}{l_{SD}} = \dfrac{y_D - y_S}{R}; \\ \gamma_{x_1} = \dfrac{z_D - z_S}{l_{SD}} = \dfrac{z_D - z_S}{R} \end{cases} \quad (105)$$

Înşurubând axa $\overrightarrow{Sz_1}$ către (peste) axa $\overrightarrow{Sx_1}$ generăm axa $\overrightarrow{Sy_1}$ (106). Se obţin astfel coordonatele sistemului mobil $x_1Sy_1z_1$ (106).

$$\begin{cases} \overrightarrow{Sy_1} = \overrightarrow{Sz_1} \times \overrightarrow{Sx_1} = \begin{vmatrix} \bar{i} & \bar{j} & \bar{k} \\ \alpha & \beta & \gamma \\ \alpha_{x_1} & \beta_{x_1} & \gamma_{x_1} \end{vmatrix} = \\ = (\beta \cdot \gamma_{x_1} - \beta_{x_1} \cdot \gamma) \cdot \bar{i} + (\alpha_{x_1} \cdot \gamma - \alpha \cdot \gamma_{x_1}) \cdot \bar{j} + (\alpha \cdot \beta_{x_1} - \alpha_{x_1} \cdot \beta) \cdot \bar{k} = \\ = \dfrac{\beta \cdot (z_D - z_S) - \gamma \cdot (y_D - y_S)}{R} \cdot \bar{i} + \dfrac{\gamma \cdot (x_D - x_S) - \alpha \cdot (z_D - z_S)}{R} \cdot \bar{j} + \\ + \dfrac{\alpha \cdot (y_D - y_S) - \beta \cdot (x_D - x_S)}{R} \cdot \bar{k} = \alpha_{y_1} \cdot \bar{i} + \beta_{y_1} \cdot \bar{j} + \gamma_{y_1} \cdot \bar{k}; \\ \alpha_{y_1} = \dfrac{\beta \cdot (z_D - z_S) - \gamma \cdot (y_D - y_S)}{R}; \\ \beta_{y_1} = \dfrac{\gamma \cdot (x_D - x_S) - \alpha \cdot (z_D - z_S)}{R}; \quad \Rightarrow [x_1Sy_1z_1] = \begin{vmatrix} \alpha_{x_1} & \beta_{x_1} & \gamma_{x_1} \\ \alpha_{y_1} & \beta_{y_1} & \gamma_{y_1} \\ \alpha & \beta & \gamma \end{vmatrix} \\ \gamma_{y_1} = \dfrac{\alpha \cdot (y_D - y_S) - \beta \cdot (x_D - x_S)}{R}; \\ \alpha_{x_1} = \dfrac{x_D - x_S}{R}; \quad \alpha_{y_1} = \dfrac{\beta \cdot (z_D - z_S) - \gamma \cdot (y_D - y_S)}{R}; \quad \alpha_{z_1} = \alpha; \\ \beta_{x_1} = \dfrac{y_D - y_S}{R}; \quad \beta_{y_1} = \dfrac{\gamma \cdot (x_D - x_S) - \alpha \cdot (z_D - z_S)}{R}; \quad \beta_{z_1} = \beta; \\ \gamma_{x_1} = \dfrac{z_D - z_S}{R}; \quad \gamma_{y_1} = \dfrac{\alpha \cdot (y_D - y_S) - \beta \cdot (x_D - x_S)}{R}; \quad \gamma_{z_1} = \gamma \end{cases} \quad (106)$$

În figura 15 se dă o rotaţie pozitivă axei $\overrightarrow{Sx_1}$ în jurul axei $\overrightarrow{Sz_1}$ ($\overline{N}$), de unghi φ_1.

Utilizând relaţiile ajutătoare (107) se scrie sistemul matricial (108), prin care se determină direct (cu ajutorul rotaţiei matriciale) coordonatele absolute (în reperul cartezian fix) ale unui punct D^1 ce face parte din planul mobil al platoului superior. Acest punct se mişcă pe cercul de rază R şi centru S conform rotației impuse de unghiul de rotație φ_1. Coordonatele finale se explicitează sub forma (109).

$$\begin{cases} \alpha_{x_1} = \dfrac{x_D - x_S}{R}; \ \alpha_{y_1} = \dfrac{\beta \cdot (z_D - z_S) - \gamma \cdot (y_D - y_S)}{R}; \ \alpha_{z_1} = \alpha; \ x_{1D^1} = R \cdot \cos\varphi_1 \\ \beta_{x_1} = \dfrac{y_D - y_S}{R}; \ \beta_{y_1} = \dfrac{\gamma \cdot (x_D - x_S) - \alpha \cdot (z_D - z_S)}{R}; \ \beta_{z_1} = \beta; \ y_{1D^1} = R \cdot \sin\varphi_1 \\ \gamma_{x_1} = \dfrac{z_D - z_S}{R}; \ \gamma_{y_1} = \dfrac{\alpha \cdot (y_D - y_S) - \beta \cdot (x_D - x_S)}{R}; \ \gamma_{z_1} = \gamma; \ z_{1D^1} = 0 \end{cases} \quad (107)$$

$$\begin{cases} \begin{bmatrix} x_{D^1} \\ y_{D^1} \\ z_{D^1} \end{bmatrix} = \begin{bmatrix} x_S \\ y_S \\ z_S \end{bmatrix} + \begin{vmatrix} \alpha_{x_1} & \beta_{x_1} & \gamma_{x_1} \\ \alpha_{y_1} & \beta_{y_1} & \gamma_{y_1} \\ \alpha_{z_1} & \beta_{z_1} & \gamma_{z_1} \end{vmatrix} \cdot \begin{bmatrix} x_{1D^1} \\ y_{1D^1} \\ z_{1D^1} \end{bmatrix} = \begin{bmatrix} x_S + \alpha_{x_1} \cdot x_{1D^1} + \beta_{x_1} \cdot y_{1D^1} + \gamma_{x_1} \cdot z_{1D^1} \\ y_S + \alpha_{y_1} \cdot x_{1D^1} + \beta_{y_1} \cdot y_{1D^1} + \gamma_{y_1} \cdot z_{1D^1} \\ z_S + \alpha_{z_1} \cdot x_{1D^1} + \beta_{z_1} \cdot y_{1D^1} + \gamma_{z_1} \cdot z_{1D^1} \end{bmatrix} = \\ = \begin{bmatrix} x_S + (x_D - x_S) \cdot \cos\varphi_1 + (y_D - y_S) \cdot \sin\varphi_1 \\ y_S + [\beta \cdot (z_D - z_S) - \gamma \cdot (y_D - y_S)] \cdot \cos\varphi_1 + [\gamma \cdot (x_D - x_S) - \alpha \cdot (z_D - z_S)] \cdot \sin\varphi_1 \\ z_S + \alpha \cdot R \cdot \cos\varphi_1 + \beta \cdot R \cdot \sin\varphi_1 \end{bmatrix} \end{cases} \quad (108)$$

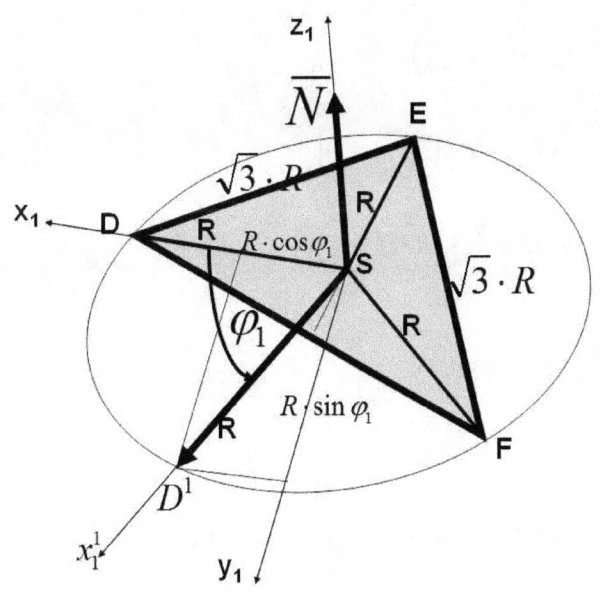

Fig. 15. *Rotația în jurul axei N (în cadrul platformei mobile)*

$$\begin{cases} x_{D^1} = x_S + (x_D - x_S) \cdot \cos\varphi_1 + (y_D - y_S) \cdot \sin\varphi_1 \\ y_{D^1} = y_S + [\beta \cdot (z_D - z_S) - \gamma \cdot (y_D - y_S)]\cos\varphi_1 + [\gamma \cdot (x_D - x_S) - \alpha \cdot (z_D - z_S)]\sin\varphi_1 \\ z_{D^1} = z_S + \alpha \cdot R \cdot \cos\varphi_1 + \beta \cdot R \cdot \sin\varphi_1 \end{cases} \quad (109)$$

Se utilizează metoda rotației matriciale pentru deducerea punctului F (pentru deducerea coordonatelor punctului F). Punctul D se suprapune peste punctul F dacă îi atribuim punctului D o rotație pozitivă de 120⁰ (110-111). Derivăm sistemul (111) și obținem direct vitezele (112) și accelerațiile (113) punctului F.

$$\begin{cases} x_F = x_{D^1_{120}} = x_S + (x_D - x_S) \cdot \cos 120 + (y_D - y_S) \cdot \sin 120 \\ y_F = y_{D^1_{120}} = y_S + [\beta \cdot (z_D - z_S) - \gamma \cdot (y_D - y_S)] \cdot \cos 120 + \\ + [\gamma \cdot (x_D - x_S) - \alpha \cdot (z_D - z_S)] \cdot \sin 120 \\ z_F = z_{D^1_{120}} = z_S + \alpha \cdot R \cdot \cos 120 + \beta \cdot R \cdot \sin 120 \end{cases} \quad (110)$$

$$\begin{cases} x_F = x_S - \dfrac{1}{2} \cdot (x_D - x_S) + \dfrac{\sqrt{3}}{2} \cdot (y_D - y_S) \\ y_F = y_S - \dfrac{1}{2} \cdot [\beta \cdot (z_D - z_S) - \gamma \cdot (y_D - y_S)] + \\ + \dfrac{\sqrt{3}}{2} \cdot [\gamma \cdot (x_D - x_S) - \alpha \cdot (z_D - z_S)] \\ z_F = z_S - \dfrac{1}{2} \cdot R \cdot \alpha + \dfrac{\sqrt{3}}{2} \cdot R \cdot \beta \end{cases} \quad (111)$$

$$\begin{cases} \dot{x}_F = \dot{x}_S - \dfrac{1}{2} \cdot (\dot{x}_D - \dot{x}_S) + \dfrac{\sqrt{3}}{2} \cdot (\dot{y}_D - \dot{y}_S) \\ \dot{y}_F = \dot{y}_S - \dfrac{1}{2} \cdot [\dot{\beta} \cdot (z_D - z_S) + \beta \cdot (\dot{z}_D - \dot{z}_S) - \dot{\gamma} \cdot (y_D - y_S) - \gamma \cdot (\dot{y}_D - \dot{y}_S)] + \\ + \dfrac{\sqrt{3}}{2} \cdot [\dot{\gamma} \cdot (x_D - x_S) + \gamma \cdot (\dot{x}_D - \dot{x}_S) - \dot{\alpha} \cdot (z_D - z_S) - \alpha \cdot (\dot{z}_D - \dot{z}_S)] \\ \dot{z}_F = \dot{z}_S - \dfrac{1}{2} \cdot R \cdot \dot{\alpha} + \dfrac{\sqrt{3}}{2} \cdot R \cdot \dot{\beta} \end{cases} \quad (112)$$

$$\begin{cases} \ddot{x}_F = \ddot{x}_S - \dfrac{1}{2}\cdot(\ddot{x}_D - \ddot{x}_S) + \dfrac{\sqrt{3}}{2}\cdot(\ddot{y}_D - \ddot{y}_S) \\[6pt] \ddot{y}_F = \ddot{y}_S - \dfrac{1}{2}\cdot[\ddot{\beta}\cdot(z_D - z_S) + 2\cdot\dot{\beta}\cdot(\dot{z}_D - \dot{z}_S) + \beta\cdot(\ddot{z}_D - \ddot{z}_S) - \\[4pt] \quad -\ddot{\gamma}\cdot(y_D - y_S) - 2\cdot\dot{\gamma}\cdot(\dot{y}_D - \dot{y}_S) - \gamma\cdot(\ddot{y}_D - \ddot{y}_S)] + \dfrac{\sqrt{3}}{2}\cdot[\ddot{\gamma}\cdot(x_D - x_S) + \\[4pt] \quad + 2\cdot\dot{\gamma}\cdot(\dot{x}_D - \dot{x}_S) + \gamma\cdot(\ddot{x}_D - \ddot{x}_S) - \ddot{\alpha}\cdot(z_D - z_S) - 2\cdot\dot{\alpha}\cdot(\dot{z}_D - \dot{z}_S) - \alpha\cdot(\ddot{z}_D - \ddot{z}_S)] \\[6pt] \ddot{z}_F = \ddot{z}_S - \dfrac{1}{2}\cdot R\cdot\ddot{\alpha} + \dfrac{\sqrt{3}}{2}\cdot R\cdot\ddot{\beta} \end{cases} \quad (113)$$

Pentru determinarea coordonatelor punctului E rotim punctul D cu $\varphi_1 = -120^0$ (114). Prin derivări succesive se determină vitezele (115) și accelerațiile (116) punctului E.

$$\begin{cases} x_E = x_S - \dfrac{1}{2}\cdot(x_D - x_S) - \dfrac{\sqrt{3}}{2}\cdot(y_D - y_S) \\[6pt] y_E = y_S - \dfrac{1}{2}\cdot[\beta\cdot(z_D - z_S) - \gamma\cdot(y_D - y_S)] - \dfrac{\sqrt{3}}{2}\cdot[\gamma\cdot(x_D - x_S) - \alpha\cdot(z_D - z_S)] \\[6pt] z_E = z_S - \dfrac{1}{2}\cdot R\cdot\alpha - \dfrac{\sqrt{3}}{2}\cdot R\cdot\beta \end{cases} \quad (114)$$

$$\begin{cases} \dot{x}_E = \dot{x}_S - \dfrac{1}{2}\cdot(\dot{x}_D - \dot{x}_S) - \dfrac{\sqrt{3}}{2}\cdot(\dot{y}_D - \dot{y}_S) \\[6pt] \dot{y}_E = \dot{y}_S - \dfrac{1}{2}\cdot[\dot{\beta}\cdot(z_D - z_S) + \beta\cdot(\dot{z}_D - \dot{z}_S) - \dot{\gamma}\cdot(y_D - y_S) - \gamma\cdot(\dot{y}_D - \dot{y}_S)] - \\[4pt] \quad -\dfrac{\sqrt{3}}{2}\cdot[\dot{\gamma}\cdot(x_D - x_S) + \gamma\cdot(\dot{x}_D - \dot{x}_S) - \dot{\alpha}\cdot(z_D - z_S) - \alpha\cdot(\dot{z}_D - \dot{z}_S)] \\[6pt] \dot{z}_E = \dot{z}_S - \dfrac{1}{2}\cdot R\cdot\dot{\alpha} - \dfrac{\sqrt{3}}{2}\cdot R\cdot\dot{\beta} \end{cases} \quad (115)$$

$$\begin{cases} \ddot{x}_E = \ddot{x}_S - \frac{1}{2}\cdot(\ddot{x}_D - \ddot{x}_S) - \frac{\sqrt{3}}{2}\cdot(\ddot{y}_D - \ddot{y}_S) \\ \\ \ddot{y}_E = \ddot{y}_S - \frac{1}{2}\cdot[\ddot{\beta}\cdot(z_D - z_S) + 2\cdot\dot{\beta}\cdot(\dot{z}_D - \dot{z}_S) + \beta\cdot(\ddot{z}_D - \ddot{z}_S) - \\ \quad - \ddot{\gamma}\cdot(y_D - y_S) - 2\cdot\dot{\gamma}\cdot(\dot{y}_D - \dot{y}_S) - \gamma\cdot(\ddot{y}_D - \ddot{y}_S)] - \frac{\sqrt{3}}{2}\cdot[\ddot{\gamma}\cdot(x_D - x_S) + \\ \quad + 2\cdot\dot{\gamma}\cdot(\dot{x}_D - \dot{x}_S) + \gamma\cdot(\ddot{x}_D - \ddot{x}_S) - \ddot{\alpha}\cdot(z_D - z_S) - 2\cdot\dot{\alpha}\cdot(\dot{z}_D - \dot{z}_S) - \alpha\cdot(\ddot{z}_D - \ddot{z}_S)] \\ \\ \ddot{z}_E = \ddot{z}_S - \frac{1}{2}\cdot R\cdot\ddot{\alpha} - \frac{\sqrt{3}}{2}\cdot R\cdot\ddot{\beta} \end{cases} \quad (116)$$

Evident, metoda rotației este mult mai simplă, mai rapidă și mai directă, decât metoda geometrică (sau alte metode).

Elemente de dinamică la platforma Stewart

În figura 16 se prezintă vectorii unitate (versori) direcționați de-a lungul elementelor 1 respectiv 2, de la bază spre platforma mobilă. Coordonatele vectorilor unitate (versorilor) aparținând moto-elementelor 1-6 (de lungime variabilă) sunt date de sistemul (117).

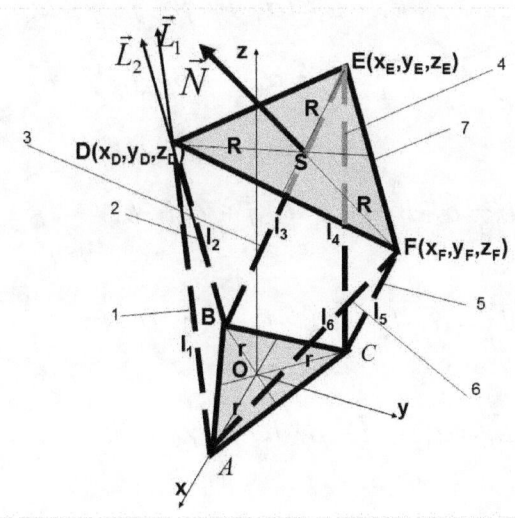

Fig. 16. *Geometria, cinematica și dinamica unei platforme Stewart*

$$\begin{cases} \alpha_1 = \dfrac{x_D - x_A}{l_1}; & \beta_1 = \dfrac{y_D - y_A}{l_1}; & \gamma_1 = \dfrac{z_D - z_A}{l_1}; \\[4pt] \alpha_2 = \dfrac{x_D - x_B}{l_2}; & \beta_2 = \dfrac{y_D - y_B}{l_2}; & \gamma_2 = \dfrac{z_D - z_B}{l_2}; \\[4pt] \alpha_3 = \dfrac{x_E - x_B}{l_3}; & \beta_3 = \dfrac{y_E - y_B}{l_3}; & \gamma_3 = \dfrac{z_E - z_B}{l_3}; \\[4pt] \alpha_4 = \dfrac{x_E - x_C}{l_4}; & \beta_4 = \dfrac{y_E - y_C}{l_4}; & \gamma_4 = \dfrac{z_E - z_C}{l_4}; \\[4pt] \alpha_5 = \dfrac{x_F - x_C}{l_5}; & \beta_5 = \dfrac{y_F - y_C}{l_5}; & \gamma_5 = \dfrac{z_F - z_C}{l_5}; \\[4pt] \alpha_6 = \dfrac{x_F - x_A}{l_6}; & \beta_6 = \dfrac{y_F - y_A}{l_6}; & \gamma_6 = \dfrac{z_F - z_A}{l_6}; \end{cases} \quad (117)$$

Unde lungimile acestor versori ($\overline{L}_1 - \overline{L}_6$) sunt date de sistemul (118), iar lungimile efective ale celor şase motoelemente (variabile) se exprimă cu ajutorul sistemului (119).

$$\begin{cases} \overline{L}_1 = \alpha_1 \cdot \overline{i} + \beta_1 \cdot \overline{j} + \gamma_1 \cdot \overline{k}; & \overline{L}_2 = \alpha_2 \cdot \overline{i} + \beta_2 \cdot \overline{j} + \gamma_2 \cdot \overline{k}; \\ \overline{L}_3 = \alpha_3 \cdot \overline{i} + \beta_3 \cdot \overline{j} + \gamma_3 \cdot \overline{k}; & \overline{L}_4 = \alpha_4 \cdot \overline{i} + \beta_4 \cdot \overline{j} + \gamma_4 \cdot \overline{k}; \\ \overline{L}_5 = \alpha_5 \cdot \overline{i} + \beta_5 \cdot \overline{j} + \gamma_5 \cdot \overline{k}; & \overline{L}_6 = \alpha_6 \cdot \overline{i} + \beta_6 \cdot \overline{j} + \gamma_6 \cdot \overline{k} \end{cases} \quad (118)$$

$$\begin{cases} \overline{l}_1 = l_1 \cdot \overline{L}_1 = \alpha_1 \cdot l_1 \cdot \overline{i} + \beta_1 \cdot l_1 \cdot \overline{j} + \gamma_1 \cdot l_1 \cdot \overline{k}; \\ \overline{l}_2 = l_2 \cdot \overline{L}_2 = \alpha_2 \cdot l_2 \cdot \overline{i} + \beta_2 \cdot l_2 \cdot \overline{j} + \gamma_2 \cdot l_2 \cdot \overline{k}; \\ \overline{l}_3 = l_3 \cdot \overline{L}_3 = \alpha_3 \cdot l_3 \cdot \overline{i} + \beta_3 \cdot l_3 \cdot \overline{j} + \gamma_3 \cdot l_3 \cdot \overline{k}; \\ \overline{l}_4 = l_4 \cdot \overline{L}_4 = \alpha_4 \cdot l_4 \cdot \overline{i} + \beta_4 \cdot l_4 \cdot \overline{j} + \gamma_4 \cdot l_4 \cdot \overline{k}; \\ \overline{l}_5 = l_5 \cdot \overline{L}_5 = \alpha_5 \cdot l_5 \cdot \overline{i} + \beta_5 \cdot l_5 \cdot \overline{j} + \gamma_5 \cdot l_5 \cdot \overline{k}; \\ \overline{l}_6 = l_6 \cdot \overline{L}_6 = \alpha_6 \cdot l_6 \cdot \overline{i} + \beta_6 \cdot l_6 \cdot \overline{j} + \gamma_6 \cdot l_6 \cdot \overline{k} \end{cases} \quad (119)$$

În figura 17 este reprezentat un motoelement (motoelementul 1) într-o poziţie instantanee. Dacă structural un motoelement e constituit din două elemente mobile care translatează relativ, cinematic şi mai ales dinamic este mai convenabil să reprezentăm motoelementul ca fiind un singur element mobil. Avem astfel şapte elemente mobile (cele şase motoelemente sau picioare la care se adaugă platforma mobilă 7) şi unul fix.

Pentru tija 1, se scriu relaţiile (120-123). Lungimea l_1 este variabilă; la fel şi distanţa a_1 care defineşte poziţia centrului de greutate G_1 (dealtfel chiar centrul de greutate G₁ se modifică permanent, chiar dacă masa tijei formată practic din două elemente cinematice aflate în mișcare relativă de translație este practic constantă).

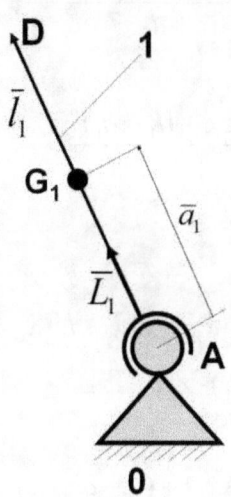

Fig. 17. *Motoelementul 1 al unei platforme Stewart*

$$\begin{cases} \alpha_1 \cdot l_1 = x_D - x_A; & \dot{\alpha}_1 \cdot l_1 + \alpha_1 \cdot \dot{l}_1 = \dot{x}_D; & \dot{\alpha}_1 = \dfrac{\dot{x}_D - \alpha_1 \cdot \dot{l}_1}{l_1}; \\ \\ \beta_1 \cdot l_1 = y_D - y_A; & \dot{\beta}_1 \cdot l_1 + \beta_1 \cdot \dot{l}_1 = \dot{y}_D; & \dot{\beta}_1 = \dfrac{\dot{y}_D - \beta_1 \cdot \dot{l}_1}{l_1}; \\ \\ \gamma_1 \cdot l_1 = z_D - z_A; & \dot{\gamma}_1 \cdot l_1 + \gamma_1 \cdot \dot{l}_1 = \dot{z}_D; & \dot{\gamma}_1 = \dfrac{\dot{z}_D - \gamma_1 \cdot \dot{l}_1}{l_1} \end{cases} \quad (120)$$

$$\begin{cases} x_D = x_A + \alpha_1 \cdot l_1; & y_D = y_A + \beta_1 \cdot l_1; & z_D = z_A + \gamma_1 \cdot l_1; \\ \\ x_{G_1} = x_A + \alpha_1 \cdot a_1; & y_{G_1} = y_A + \beta_1 \cdot a_1; & z_{G_1} = z_A + \gamma_1 \cdot a_1 \end{cases} \quad (121)$$

$$\begin{cases} x_{G_1} = \dfrac{a_1 \cdot x_D + (l_1 - a_1) \cdot x_A}{l_1}; \\ \\ y_{G_1} = \dfrac{a_1 \cdot y_D + (l_1 - a_1) \cdot y_A}{l_1}; \\ \\ z_{G_1} = \dfrac{a_1 \cdot z_D + (l_1 - a_1) \cdot z_A}{l_1} \end{cases} \quad (122)$$

$$\begin{cases} l_1 \cdot x_{G_1} = a_1 \cdot x_D + (l_1 - a_1) \cdot x_A; \dot{l}_1 \cdot x_{G_1} + l_1 \cdot \dot{x}_{G_1} = \\ = \dot{a}_1 \cdot x_D + a_1 \cdot \dot{x}_D + (\dot{l}_1 - \dot{a}_1) \cdot x_A; \\ \\ \dot{x}_{G_1} = \dfrac{\dot{a}_1 \cdot x_D + a_1 \cdot \dot{x}_D - \dot{l}_1 \cdot x_{G_1} + (\dot{l}_1 - \dot{a}_1) \cdot x_A}{l_1}; \\ \\ \dot{y}_{G_1} = \dfrac{\dot{a}_1 \cdot y_D + a_1 \cdot \dot{y}_D - \dot{l}_1 \cdot y_{G_1} + (\dot{l}_1 - \dot{a}_1) \cdot y_A}{l_1}; \\ \\ \dot{z}_{G_1} = \dfrac{\dot{a}_1 \cdot z_D + a_1 \cdot \dot{z}_D - \dot{l}_1 \cdot z_{G_1} + (\dot{l}_1 - \dot{a}_1) \cdot z_A}{l_1} \end{cases} \quad (123)$$

Energia cinetică a mecanismului (relația 124) se scrie ținând cont de faptul că translația centrului de greutate al fiecărui motoelement conține deja și efectul diferitelor rotații. Fiecare motoelement (tijă) va fi studiat ca un singur element cinematic de lungime variabilă, cu masă constantă și cu poziția centrului de greutate variabilă. Mișcarea fiecărui motoelement este una de rotație spațială.

$$\begin{cases} E_c = \frac{m_1}{2} \cdot \left(\dot{x}_{G_1}^2 + \dot{y}_{G_1}^2 + \dot{z}_{G_1}^2\right) + \frac{m_2}{2} \cdot \left(\dot{x}_{G_2}^2 + \dot{y}_{G_2}^2 + \dot{z}_{G_2}^2\right) + \frac{m_3}{2} \cdot \left(\dot{x}_{G_3}^2 + \dot{y}_{G_3}^2 + \dot{z}_{G_3}^2\right) + \\ + \frac{m_4}{2} \cdot \left(\dot{x}_{G_4}^2 + \dot{y}_{G_4}^2 + \dot{z}_{G_4}^2\right) + \frac{m_5}{2} \cdot \left(\dot{x}_{G_5}^2 + \dot{y}_{G_5}^2 + \dot{z}_{G_5}^2\right) + \frac{m_6}{2} \cdot \left(\dot{x}_{G_6}^2 + \dot{y}_{G_6}^2 + \dot{z}_{G_6}^2\right) + \\ + \frac{m_7}{2} \cdot \left(\dot{x}_S^2 + \dot{y}_S^2 + \dot{z}_S^2\right) + \frac{J_{7SN}}{2} \cdot \omega_{7SN}^2 \end{cases} \quad (124)$$

După modelul sistemului (123) se determină vitezele centrelor de greutate ale celor șase tije (vezi ecuațiile 125). Vitezele $\dot{x}_S$, $\dot{y}_S$, $\dot{z}_S$, ω_{7SN} sunt cunoscute. Masele se cântăresc, iar momentul masic (inerțial) după axa N se calculează cu o formulă aproximativă (126).

$$\begin{cases} \dot{x}_{G_1} = \frac{\dot{a}_1 \cdot (x_D - x_A) + a_1 \cdot \dot{x}_D + \dot{l}_1 \cdot (x_A - x_{G_1})}{l_1}; \dot{y}_{G_1} = \frac{\dot{a}_1 \cdot (y_D - y_A) + a_1 \cdot \dot{y}_D + \dot{l}_1 \cdot (y_A - y_{G_1})}{l_1}; \\ \dot{z}_{G_1} = \frac{\dot{a}_1 \cdot (z_D - z_A) + a_1 \cdot \dot{z}_D + \dot{l}_1 \cdot (z_A - z_{G_1})}{l_1}; \dot{x}_{G_2} = \frac{\dot{a}_2 \cdot (x_D - x_B) + a_2 \cdot \dot{x}_D + \dot{l}_2 \cdot (x_B - x_{G_2})}{l_2} \\ \dot{y}_{G_2} = \frac{\dot{a}_2 \cdot (y_D - y_B) + a_2 \cdot \dot{y}_D + \dot{l}_2 \cdot (y_B - y_{G_2})}{l_2}; \dot{z}_{G_2} = \frac{\dot{a}_2 \cdot (z_D - z_B) + a_2 \cdot \dot{z}_D + \dot{l}_2 \cdot (z_B - z_{G_2})}{l_2}; \\ \dot{x}_{G_3} = \frac{\dot{a}_3 \cdot (x_E - x_B) + a_3 \cdot \dot{x}_E + \dot{l}_3 \cdot (x_B - x_{G_3})}{l_3}; \dot{y}_{G_3} = \frac{\dot{a}_3 \cdot (y_E - y_B) + a_3 \cdot \dot{y}_E + \dot{l}_3 \cdot (y_B - y_{G_3})}{l_3}; \\ \dot{z}_{G_3} = \frac{\dot{a}_3 \cdot (z_E - z_B) + a_3 \cdot \dot{z}_E + \dot{l}_3 \cdot (z_B - z_{G_3})}{l_3}; \dot{x}_{G_4} = \frac{\dot{a}_4 \cdot (x_E - x_C) + a_4 \cdot \dot{x}_E + \dot{l}_4 \cdot (x_C - x_{G_4})}{l_4}; \\ \dot{y}_{G_4} = \frac{\dot{a}_4 \cdot (y_E - y_C) + a_4 \cdot \dot{y}_E + \dot{l}_4 \cdot (y_C - y_{G_4})}{l_4}; \dot{z}_{G_4} = \frac{\dot{a}_4 \cdot (z_E - z_C) + a_4 \cdot \dot{z}_E + \dot{l}_4 \cdot (z_C - z_{G_4})}{l_4}; \\ \dot{x}_{G_5} = \frac{\dot{a}_5 \cdot (x_F - x_C) + a_5 \cdot \dot{x}_F + \dot{l}_5 \cdot (x_C - x_{G_5})}{l_5}; \dot{y}_{G_5} = \frac{\dot{a}_5 \cdot (y_F - y_C) + a_5 \cdot \dot{y}_F + \dot{l}_5 \cdot (y_C - y_{G_5})}{l_5}; \\ \dot{z}_{G_5} = \frac{\dot{a}_5 \cdot (z_F - z_C) + a_5 \cdot \dot{z}_F + \dot{l}_5 \cdot (z_C - z_{G_5})}{l_5}; \dot{x}_{G_6} = \frac{\dot{a}_6 \cdot (x_F - x_A) + a_6 \cdot \dot{x}_F + \dot{l}_6 \cdot (x_A - x_{G_6})}{l_6}; \\ \dot{y}_{G_6} = \frac{\dot{a}_6 \cdot (y_F - y_A) + a_6 \cdot \dot{y}_F + \dot{l}_6 \cdot (y_A - y_{G_6})}{l_6}; \dot{z}_{G_6} = \frac{\dot{a}_6 \cdot (z_F - z_A) + a_6 \cdot \dot{z}_F + \dot{l}_6 \cdot (z_A - z_{G_6})}{l_6} \end{cases} \quad (125)$$

$$J_{7SN} = \frac{\frac{1}{2} m_p \cdot R_T^2 + \frac{1}{2} m_p \cdot r_T^2}{2} = \frac{m_p}{4} \cdot \left(R_T^2 + r_T^2\right) = \frac{m_p}{4} \cdot \left[R_T^2 + \left(\frac{1}{2} R_T\right)^2\right] = \\ = \frac{m_p}{4} \cdot R_T^2 \cdot \left(1 + \frac{1}{4}\right) = \frac{5}{16} \cdot m_p \cdot R_T^2 = \frac{5}{16} \cdot m_p \cdot R^2 \quad (126)$$

Unde m_p reprezintă masa platoului mobil 7 (obținută prin cântărire).

Partea a III-a Sisteme mecatronice mixte

STUDIUL UNUI MECANISM DE TIP MANIPULATOR DE FORJARE PE ŞINE

GEOMETRIA ŞI STRUCTURA MECANISMULUI PRINCIPAL AL UNUI MANIPULATOR DE FORJARE (PE ŞINE)

Manipulatoarele de forjare (vezi fig. 1) au devenit din ce în ce mai importante, deoarece s-au răspândit rapid în diverse arii industriale. Cele mai multe sunt de mare tonaj, având şi un gabarit foarte mare, iar cele mai utilizate funcţionează pe şine de cale ferată pentru a-şi mări stabilitatea şi precizia.

Fig. 1. *Fotografia unui manipulator de forjare pe şine*

În continuare se va prezenta și analiza mecanismul principal al unui asemenea manipulator de forjare.

Operațiile de bază pe care trebuie să le îndeplinească un astfel de mecanism sunt: deplasare pe orizontală, deplasare pe verticală pentru ridicare, și o mișcare de înclinare care are ca scop corectarea poziției endefectorului care trebuie permanent să țină piesa de forjat în aceiași poziție orizontală. Mișcările cleștelui griper pentru apucare, poziționare și susținere sunt date de mecanismul principal, și în plus la ele se mai adaugă și rotația endefectorului dar și mișcările de închidere-deschidere a acestuia pentru apucarea piesei de forjat.

Mecanismul principal (vezi fig. 2) este compus din mai multe elemente legate prin cuple de clasa a cincea, cuplele de rotație fiind fixe sau mobile, iar cele de translație, trei la număr, toate mobile (notate cu c1-c3), fiind realizate prin cilindri hidraulici, toate având rolul de acționare.

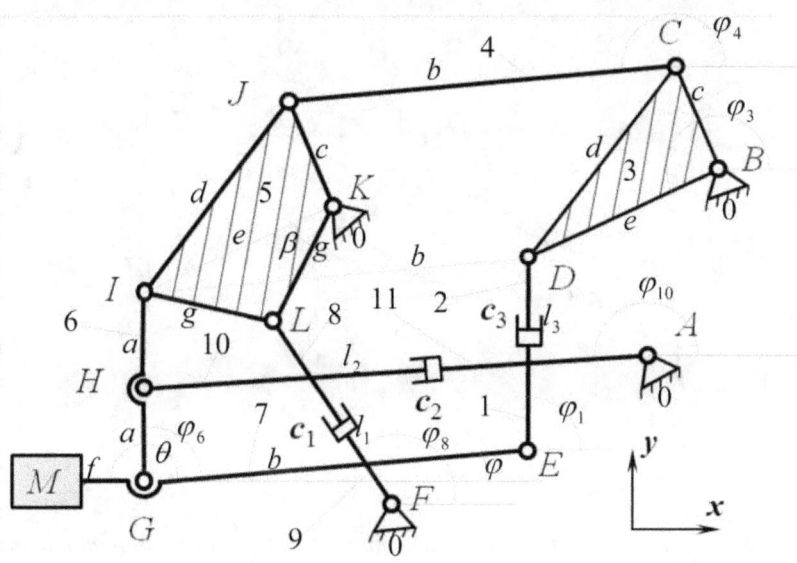

Fig. 2. *Schema cinematică a mecanismului principal al unui manipulator de forjare (pe șine)*

Actuatorul c1 are rolul de ridicare, c2 produce deplasarea orizontală, iar c3 realizează un balans al piesei în jurul articulației G care are rolul de redresare permanentă a piesei astfel încât ea să rămână tot timpul în poziție orizontală. Brațele l1, l2, l3 au lungimi variabile, și atunci când l1 se modifică pentru a ridica sau coborâ piesa, sau când l2 se modifică pentru a deplasa piesa la stânga sau la dreapta automat se dereglează și unghiul de înclinare al piesei (brațul GM) și deci trebuie corectată și lungimea l3 astfel încât piesa să rămână permanent în poziție orizontală.

Trebuie făcută precizarea că acest sistem este în același timp și serial și paralel, astfel încât el reprezintă practic un sistem mecatronic mixt, serial și paralel (în același timp).

STRUCTURA MECANISMULUI

Mecanismul este unul plan, și este compus din 12 elemente cinematice, dintre care unul este fix (batiu) iar celelalte 11 sunt mobile (vezi fig. 3).

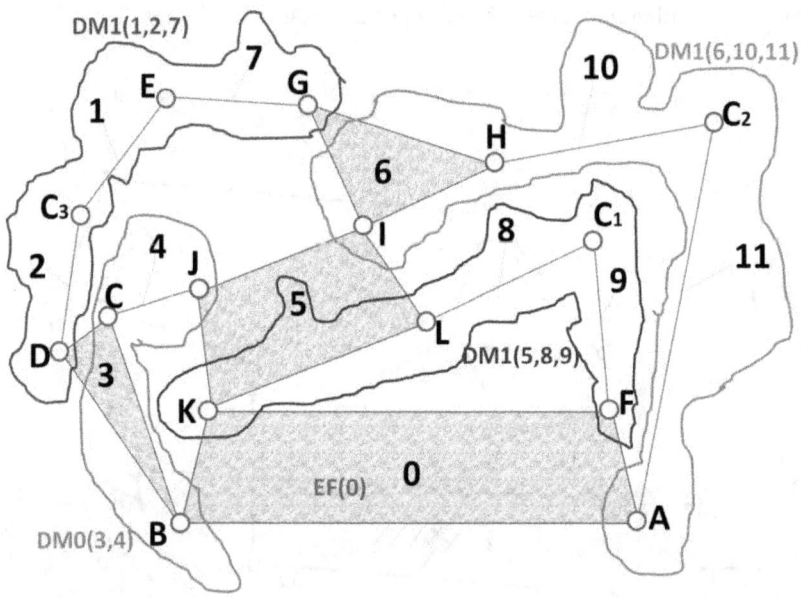

Fig. 3. *Schema structurală a mecanismului principal al unui manipulator de forjare (pe șine)*

Din schema structurală se desprinde (deduce) imediat și formula structurală (relația 1).

$$EF(0) + DM1(1,2,7) + DM0(3,4) + DM1(5,8,9) + DM1(6,10,11) \qquad (1)$$

Se obține pe lângă elementul fundamental 0, o diadă clasică de mobilitate 0 (formată din elementele cinematice 3, 4), și în plus mai rezultă și trei diade motoare de mobilitate 1 care au elementele cinematice (1,2,7), (5,8,9), și (6,10,11).

Gradul de mobilitate al mecanismului se determină cu formula clasică (Grubler-Cebâșev; 2); unde m reprezintă numărul de elemente mobile, C5 reprezintă cuplele cinematice de clasa a cincea, rotație, translație sau șurub-piuliță, iar C4 sunt cuplele cinematice superioare-plane (în cazul mecanismului manipulator de forjare ele fiind inexistente).

$$M_3 = 3m - 2C_5 - C_4 = 3 \cdot 11 - 2 \cdot 15 - 0 = 33 - 30 = 3 \qquad (2)$$

Obținem trei grade de mobilitate, reale, corespunzătoare celor trei motoare (actuatori) liniare, hidraulice.

Schema de conexiuni (sau schema bloc) se poate determina acum pe baza formulei structurale și va fi construită în figura 4.

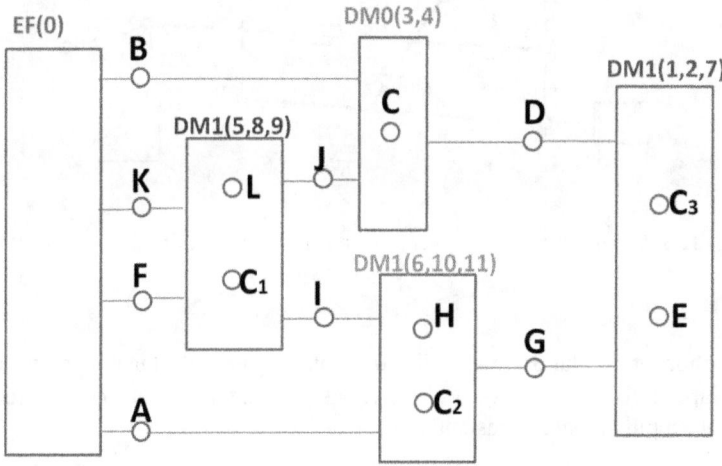

Fig. 4. *Schema de conexiuni a mecanismului principal al unui manipulator de forjare pe șine*

CINEMATICA INVERSĂ LA MECANISMUL PRINCIPAL AL UNUI MANIPULATOR DE FORJARE PE ȘINE

În cinematica directă se cunosc l1, l2 și trebuiesc determinați: parametrii intermediari l3, φ_1, φ_3, φ_6, φ_8, φ_{10} și cei de ieșire xM, yM. În cinematica inversă se dau (se impun) xM, yM și trebuiesc determinați φ_1, φ_3, φ_6, φ_8, φ_{10}, l1, l2, l3 astfel încât unghiul φ sa-și mențină valoarea constantă ($\varphi=\pi-\theta$) permanent, pentru ca și segmentul GM să rămână orizontal în permanență.

În fig. 1 se poate urmări schema cinematică a mecanismului principal al unui manipulator de forjare.

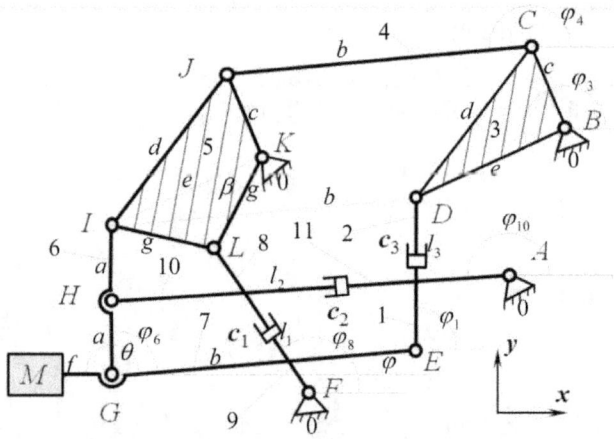

Fig. 1. *Schema cinematică a mecanismului principal al unui manipulator de forjare (pe șine)*

Permanent se cunosc lungimile constante (a-g) și coordonatele carteziene ale articulațiilor fixe (x_B, y_B, x_A, y_A, x_K, y_K, x_F, y_F), cât și unghiul φ care trebuie să aibă tot timpul valoarea constantă.

În cinematica directă se dau lungimile elementelor motoare 1 și 2, adică se cunosc l_1, l_2 și trebuiesc determinați prin calcule parametrii intermediari: l_3, φ_1, φ_3, φ_6, φ_8, φ_{10} cu ajutorul sistemelor I, II, și III, și parametrii de ieșire, adică coordonatele carteziene ale endefectorului M, x_M, y_M cu ajutorul sistemului IV.

În cinematica inversă, mai importantă (deoarece ea reprezintă procesele reale care au loc în timpul manipulărilor), se cunosc (se dau, se impun) coordonatele carteziene ale endefectorului x_M, y_M și trebuiesc determinați toți ceilalți parametrii, intermediari și finali, φ_1, φ_3, φ_6, φ_8, φ_{10}, l_1, l_2, l_3 cu ajutorul sistemelor I, II, III, IV.

Se aleg patru contururi vectoriale independente (KLFK, KIGEDB, AHIK, AHGM) pe care se scriu ecuațiile vectoriale și se deduc din ele sistemele scalare (I, II, III, IV).

$$\begin{cases} (x_K - x_F) + g \cdot \cos(\varphi_3 + \beta) = l_1 \cdot \cos \varphi_8 \\ (y_K - y_F) + g \cdot \sin(\varphi_3 + \beta) = l_1 \cdot \sin \varphi_8 \end{cases} \quad \text{(I)}$$

$$\begin{cases} x_K + b \cdot \cos \varphi + l_3 \cdot \cos \varphi_1 = 2a \cdot \cos \varphi_6 \\ y_K + b \cdot \sin \varphi + l_3 \cdot \sin \varphi_1 = 2a \cdot \sin \varphi_6 \end{cases} \quad \text{(II)}$$

$$\begin{cases} (x_A - x_K) + l_2 \cdot \cos \varphi_{10} + a \cdot \cos \varphi_6 = e \cdot \cos \varphi_3 \\ (y_A - y_K) + l_2 \cdot \sin \varphi_{10} + a \cdot \sin \varphi_6 = e \cdot \sin \varphi_3 \end{cases} \quad \text{(III)}$$

$$\begin{cases} (x_A - x_M) + l_3 \cdot \cos \varphi_{10} + f \cdot \cos(\varphi + \theta) = a \cdot \cos \varphi_6 \\ (y_A - y_M) + l_3 \cdot \sin \varphi_{10} + f \cdot \sin(\varphi + \theta) = a \cdot \sin \varphi_6 \end{cases} \quad \text{(IV)}$$

Se utilizează următoarele notații:

A-L – cuple cinematice C5; A, B, K, F – cuple fixe; φ_1, φ_3, φ_6, φ_8, φ_{10} – unghiuri variabile; a-g – lungimi constante; x_B, y_B, x_A, y_A, x_K, y_K, x_F, y_F – coordonate carteziene constante; β, θ, φ_4 – unghiuri constante; φ - unghiul cunoscut ce trebuie menținut constant ($\varphi=\pi-\theta$) pentru a păstra în permanență segmentul GM în poziție orizontală.

Relațiile de calcul din cinematica inversă

Așa cum am arătat deja, cinematica inversă este cea mai importantă, reprezentând aspectele întâlnite și în funcționarea reală a manipulatorului.

Pentru a se obține parametrii intermediari și de ieșire, adică unghiurile și lungimile pe care trebuie să le aibă elementele motoare φ_1, φ_3, φ_6, φ_8, φ_{10}, l_1, l_2, l_3 trebuie rezolvate cele patru sisteme I, II, III, IV, conținând 8 ecuații transcedentare cu 8 necunoscute. Sistemele sunt puternic neliniare, iar rezolvarea lor implică cunoștințe matematice multiple. Prin soluționarea lor se obțin ecuațiile sistemului (1).

$$\begin{cases} \cos\varphi_6 = \dfrac{A_1 \cdot A_2 \mp A_3 \cdot \sqrt{A_2^2 + A_3^2 - A_1^2}}{A_2^2 + A_3^2} \Rightarrow \varphi_6 = \arccos(\cos\varphi_6) \\[2mm]
l_3 = \sqrt{4a^2 + (x_K + b\cos\varphi)^2 + (y_K + b\sin\varphi)^2 - 4a[(x_K + b\cos\varphi)\cos\varphi_6 + (y_K + b\sin\varphi)\sin\varphi_6]} \\[2mm]
\begin{cases} \cos\varphi_1 = \dfrac{2a \cdot \cos\varphi_6 - x_K - b \cdot \cos\varphi}{l_3} \\ \sin\varphi_1 = \dfrac{2a \cdot \sin\varphi_6 - y_K - b \cdot \sin\varphi}{l_3} \end{cases} \Rightarrow \varphi_1 = sign(\sin\varphi_1) \cdot \arccos(\cos\varphi_1) \\[2mm]
\begin{cases} \cos\varphi_{10} = \dfrac{a \cdot \cos\varphi_6 - f \cdot \cos(\varphi+\theta) + x_M - x_A}{l_3} \\ \sin\varphi_{10} = \dfrac{a \cdot \sin\varphi_6 - f \cdot \sin(\varphi+\theta) + y_M - y_A}{l_3} \end{cases} \Rightarrow \varphi_{10} = sign(\sin\varphi_{10}) \cdot \arccos(\cos\varphi_{10}) \\[2mm]
l_2 = -A_4 \mp \sqrt{A_4^2 + e^2} \\[2mm]
\begin{cases} \cos\varphi_3 = \dfrac{x_A - x_K + l_2 \cdot \cos\varphi_{10} + a \cdot \cos\varphi_6}{e} \\ \sin\varphi_3 = \dfrac{y_A - y_K + l_2 \cdot \sin\varphi_{10} + a \cdot \sin\varphi_6}{e} \end{cases} \Rightarrow \varphi_3 = sign(\sin\varphi_3) \cdot \arccos(\cos\varphi_3) \\[2mm]
l_1 = \sqrt{[x_K - x_F + g\cos(\varphi_3+\beta)]^2 + [y_K - y_F + g\sin(\varphi_3+\beta)]^2} \\[2mm]
\begin{cases} \cos\varphi_8 = \dfrac{x_K - x_F + g \cdot \cos(\varphi_3+\beta)}{l_1} \\ \sin\varphi_8 = \dfrac{y_K - y_F + g \cdot \sin(\varphi_3+\beta)}{l_1} \end{cases} \Rightarrow \varphi_8 = sign(\sin\varphi_8) \cdot \arccos(\cos\varphi_8) \\[2mm]
A_1 = 3a^2 + (x_K + b \cdot \cos\varphi)^2 + (y_K + b \cdot \sin\varphi)^2 - \\
\quad - [x_M - x_A - f \cdot \cos(\varphi+\theta)]^2 - [y_M - y_A - f \cdot \sin(\varphi+\theta)]^2 \\
A_2 = 4a \cdot (x_K + b \cdot \cos\varphi) + 2a \cdot [x_M - x_A - f \cdot \cos(\varphi+\theta)] \\
A_3 = 4a \cdot (y_K + b \cdot \sin\varphi) + 2a \cdot [y_M - y_A - f \cdot \sin(\varphi+\theta)] \\
A_4 = \cos\varphi_{10} \cdot (a \cdot \cos\varphi_6 + x_A - x_K) + \sin\varphi_{10} \cdot (a \cdot \sin\varphi_6 + y_A - y_K)
\end{cases}$$

(1)

Utilizând relațiile sistemului (1) se pot soluționa direct pozițiile mecanismului în cinematica inversă.

Cum s-au rezolvat sistemele neliniare I-IV. S-au luat inițial doar sistemele II și IV și s-au prelucrat corespunzător, astfel: Sistemul II s-a rescris cu unghiul φ_1 izolat și s-a ridicat la pătrat adunându-se apoi cele două ecuații rezultate astfel încât unghiul φ_1 să dispară; s-a procedat similar și cu sistemul IV unde s-a izolat unghiul φ_{10} care apoi a dispărut după ce s-au adunat cele două ecuații scalare ale sistemului ridicate mai întâi la pătrat. Atât sistemul doi prelucrat cât și sistemul IV prelucrat au forma unei egalități în care un termen este l_3^2 astfel încât egalând cei doi l_3^2 din fiecare expresie se obține o ecuație cu necunoscuta φ_6 de forma (2), care se rezolvă imediat în cos.

Apoi se determină imediat și l_3.

$$A_1 - A_2 \cdot \cos\varphi_6 - A_3 \cdot \sin\varphi_6 = 0 \qquad (2)$$

Ne întoarcem apoi în sistemul II și explicităm cosφ$_1$ și sinφ$_1$, de unde rezultă unghiul exact φ$_1$. Similar din sistemul IV vom explicita cosφ$_{10}$ și sinφ$_{10}$, de unde va rezulta unghiul exact φ$_{10}$.

Apoi ne deplasăm în sistemul III pe care îl scriem așa cum e, izolând unghiul φ$_3$, ridicăm la pătrat cele două ecuații scalare componente și le adunăm în vederea eliminării unghiului φ$_3$, după care obținem o ecuație de gradul al doilea în l_2, pe care o rezolvăm imediat aflându-l pe l_2.

Apoi se pot explicita din cele două ecuații scalare inițiale ale sistemului III cosφ$_3$ și sinφ$_3$, și din ele se poate determina exact unghiul φ$_3$.

Rămâne apoi să ridicăm la pătrat ecuațiile scalare ale sistemului I așa cum apar și să le adunăm pentru a-l determina din ecuația obținută direct pe l_1, după care ne reîntoarcem la ecuațiile scalare inițiale ale sistemului I și din ele explicităm pe cosφ$_8$ și pe sinφ$_8$ cu ajutorul cărora îl găsim imediat foarte exact și pe φ$_8$.

În continuare se determină unghiul constant φ$_4$ cu ajutorul conturului BCJK, pe care se scrie sistemul scalar (3).

$$\begin{cases} \begin{cases} c \cdot \cos(\varphi - CBD) + b \cdot \cos\varphi_4 = x_K + c \cdot \cos(\varphi - CBD) \\ c \cdot \sin(\varphi - CBD) + b \cdot \sin\varphi_4 = y_K + c \cdot \sin(\varphi - CBD) \end{cases} \Rightarrow \\ \Rightarrow \begin{cases} x_K = b \cdot \cos\varphi_4 \\ y_K = b \cdot \sin\varphi_4 \end{cases} \Rightarrow \begin{cases} \cos\varphi_4 = \dfrac{x_K}{b} \\ \sin\varphi_4 = \dfrac{y_K}{b} \end{cases} \Rightarrow \varphi_4 = semn(\sin\varphi_4) \cdot \arccos(\varphi_4) \end{cases}$$

$$(3)$$

CINETOSTATICA MECANISMULUI PRINCIPAL AL UNUI MANIPULATOR DE FORJARE PE ŞINE

În studiul cinetostatic al unui mecanism se determină toate forţele instantanee (care acţionează la un moment dat asupra mecanismului respectiv).

Se porneşte de la schema cinematică a mecanismului încărcată cu toate forţele ce acţionează asupra mecanismului (vezi fig. 1). Unele forţe (torsorul forţelor exterioare) sunt cunoscute (se dau), iar altele (reacţiunile din cuplele cinematice) nu se cunosc, ci trebuiesc determinate.

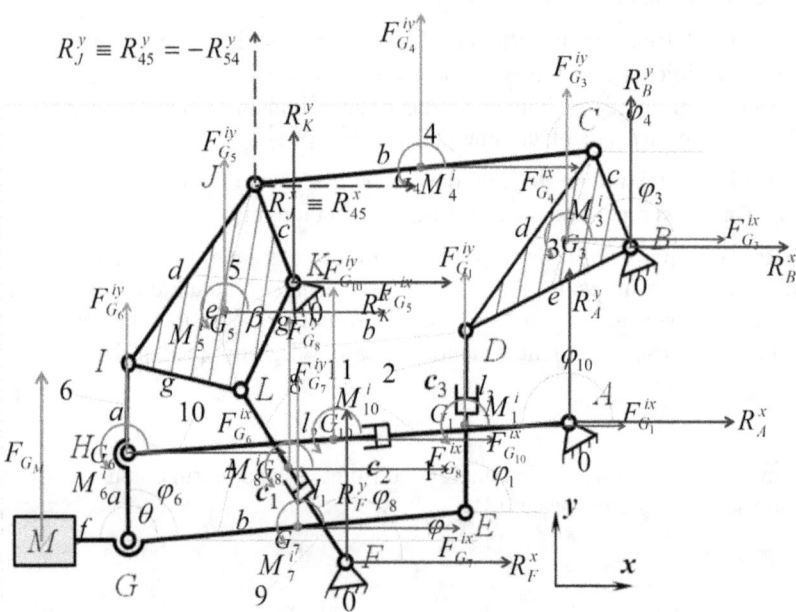

Fig. 1. *Schema cinetostatică a mecanismului principal al unui manipulator de forjare (pe şine)*

La pasul 1 se calculează forţele cunoscute, adică torsorul forţelor exterioare, compuse din forţele de inerţie şi cele gravitaţionale (sistemul 1). Se determină pe fiecare element cinematic torsorul forţelor exterioare (cunoscute) fiecare având trei componente: una pe axa absciselor, una pe axa ordonatelor şi ultima pe o axă perpendiculară pe planul vertical în care lucrează mecanismul. Apar astfel pe fiecare element cinematic considerat câte trei forţe. La cele trei elemente motoare care sunt compuse fiecare din două elemente cinematice şi o cuplă motoare, se consideră solidificate elementele componente împreună cu cupla motoare respectivă, pentru a simplifica calculele, astfel încât din şase elemente cinematice corespunzătoare elementelor motoare vom obţine în final doar trei elemente cinematice echivalente: la cupla c3 în loc de 1 + 2 vom avea doar elementul 1, pentru c2 în loc de 10 + 11 vom avea doar elementul solidificat 10, iar la cupla c1 în loc de 8 + 9 mai rămâne doar elementul cinematic echivalent (solidificat) 8.

$$\begin{cases} \begin{cases} F_{G_1}^{ix} = -m_{12} \cdot \ddot{x}_{G_1} \\ F_{G_1}^{iy} = -m_{12} \cdot \ddot{y}_{G_1} - m_{12} \cdot g \\ M_1^i = -J_{G_1} \cdot \ddot{\varphi}_1 \end{cases} \quad \begin{cases} F_{G_3}^{ix} = -m_3 \cdot \ddot{x}_{G_3} \\ F_{G_3}^{iy} = -m_3 \cdot \ddot{y}_{G_3} - m_3 \cdot g \\ M_3^i = -J_{G_3} \cdot \ddot{\varphi}_3 \end{cases} \\ \begin{cases} F_{G_4}^{ix} = -m_4 \cdot \ddot{x}_{G_4} \\ F_{G_4}^{iy} = -m_4 \cdot \ddot{y}_{G_4} - m_4 \cdot g \\ M_4^i = -J_{G_4} \cdot \ddot{\varphi}_4 = 0 \end{cases} \quad \begin{cases} F_{G_5}^{ix} = -m_5 \cdot \ddot{x}_{G_5} \\ F_{G_5}^{iy} = -m_5 \cdot \ddot{y}_{G_5} - m_5 \cdot g \\ M_5^i = -J_{G_5} \cdot \ddot{\varphi}_3 \end{cases} \\ \begin{cases} F_{G_6}^{ix} = -m_6 \cdot \ddot{x}_{G_6} = -m_6 \cdot \ddot{x}_H \\ F_{G_6}^{iy} = -m_6 \cdot \ddot{y}_H - m_6 \cdot g \\ M_6^i = -J_H \cdot \ddot{\varphi}_6 \end{cases} \quad \begin{cases} F_{G_7}^{ix} = -m_7 \cdot \ddot{x}_{G_7} \\ F_{G_7}^{iy} = -m_7 \cdot \ddot{y}_{G_7} - m_7 \cdot g \\ M_7^i = -J_{G_7} \cdot \ddot{\varphi} \end{cases} \\ \begin{cases} F_M^{ix} = -M \cdot \ddot{x}_M \\ F_M^{iy} = -M \cdot \ddot{y}_M - M \cdot g \\ M_M^i = -J_M \cdot \ddot{\varphi} \end{cases} \\ \begin{cases} F_{G_8}^{ix} = -m_{89} \cdot \ddot{x}_{G_8} \\ F_{G_8}^{iy} = -m_{89} \cdot \ddot{y}_{G_8} - m_{89} \cdot g \\ M_8^i = -J_{G_8} \cdot \ddot{\varphi}_8 \end{cases} \quad \begin{cases} F_{G_{10}}^{ix} = -m_{10,11} \cdot \ddot{x}_{G_{10}} \\ F_{G_{10}}^{iy} = -m_{10,11} \cdot \ddot{y}_{G_{10}} - m_{10,11} \cdot g \\ M_{10}^i = -J_{G_{10,11}} \cdot \ddot{\varphi}_{10} \end{cases} \end{cases} \quad (1)$$

Masele se cunosc, iar momentele de inerție mecanice (masice) se determină cu formulele cunoscute; la elementele liniare se utilizează formula generică 2.

$$J_{G_i} = \frac{1}{12} m_i \cdot l_i \quad (2)$$

Forțele de greutate au fost incluse în componenta inerțială de pe axa ordonatelor. Masa elementului 7 nu conține și masa M a piesei de forjat, fapt pentru care pe elementul 7 se calculează două torsoare exterioare corespunzătoare celor două mase concentrate, masei m_7 concentrată în G_7 și masei M concentrată în punctul endefector M. J pentru arii se calculează separat și la fel și J_M (al piesei de forjat).

Rezolvarea cinetostaticii are ordinea inversă comparativ cu structura și cinematica mecanismului. Calculul se pornește practic de la ultima diadă, diada motoare 1, 2, 7. Pentru această diadă avem trei încărcări exterioare (trei torsoare exterioare, situate în punctele M, G_7, G_1) și trei cuple cinematice de rotație (G, E, D) în care trebuiesc determinate reacțiunile (forțele necunoscute).

Se aleg (stabilesc) reacțiunile necunoscute din cuplele de rotație (relațiile 3):

$$R_G = R_{67} = -R_{76}, \quad R_D = R_{31} = -R_{13}, \quad R_E = R_{71} = -R_{17} \quad (3)$$

Acum se scriu trei sisteme separate (4-6) prin care se calculează reacțiunile din cuplele diadei (7, 1, 2).

$$\begin{cases}
\begin{cases}
\sum M_D^{(7,1)} = 0 \Rightarrow F_M^{ix} \cdot (y_D - y_M) - F_M^{iy} \cdot (x_D - x_M) + M_M^i + \\
+ R_G^x \cdot (y_D - y_G) - R_G^y \cdot (x_D - x_G) + F_{G_7}^{ix} \cdot (y_D - y_{G_7}) - \\
- F_{G_7}^{iy} \cdot (x_D - x_{G_7}) + M_7^i + F_{G_1}^{ix} \cdot (y_D - y_{G_1}) - F_{G_1}^{iy} \cdot (x_D - x_{G_1}) + M_1^i = 0
\end{cases} \\
\begin{cases}
\sum M_E^{(7)} = 0 \Rightarrow F_M^{ix} \cdot (y_E - y_M) - F_M^{iy} \cdot (x_E - x_M) + M_M^i + \\
+ R_G^x \cdot (y_E - y_G) - R_G^y \cdot (x_E - x_G) + F_{G_7}^{ix} \cdot (y_E - y_{G_7}) - \\
- F_{G_7}^{iy} \cdot (x_E - x_{G_7}) + M_7^i = 0
\end{cases} \\
\begin{cases}
a_{11} \cdot R_G^x + a_{12} \cdot R_G^y = a_1 \\
a_{21} \cdot R_G^x + a_{22} \cdot R_G^y = a_2
\end{cases}
\begin{cases}
a_{11} = y_D - y_G; \quad a_{12} = x_G - x_D \\
a_1 = (y_M - y_D)F_M^{ix} + (x_D - x_M)F_M^{iy} - M_M^i + \\
+ (y_{G_7} - y_D)F_{G_7}^{ix} + (x_D - x_{G_7})F_{G_7}^{iy} - M_7^i + \\
+ (y_{G_1} - y_D)F_{G_1}^{ix} + (x_D - x_{G_1})F_{G_1}^{iy} - M_1^i
\end{cases} \\
\begin{cases}
a_{21} = y_E - y_G; \quad a_{22} = x_G - x_E; \quad a_2 = (y_M - y_E)F_M^{ix} + (x_E - x_M)F_M^{iy} - \\
- M_M^i + (y_{G_7} - y_E)F_{G_7}^{ix} + (x_E - x_{G_7})F_{G_7}^{iy} - M_7^i
\end{cases} \\
\Delta = \begin{vmatrix} a_{11} & a_{12} \\ a_{21} & a_{22} \end{vmatrix} = a_{11} \cdot a_{22} - a_{12} \cdot a_{21}; \quad \Delta_x = \begin{vmatrix} a_1 & a_{12} \\ a_2 & a_{22} \end{vmatrix} = a_1 \cdot a_{22} - a_2 \cdot a_{12} \\
\Delta_y = \begin{vmatrix} a_{11} & a_1 \\ a_{21} & a_2 \end{vmatrix} = a_2 \cdot a_{11} - a_1 \cdot a_{21}; \quad R_{67}^x \equiv R_G^x = \dfrac{\Delta_x}{\Delta}; \quad R_{67}^y \equiv R_G^y = \dfrac{\Delta_y}{\Delta}
\end{cases}$$

$$(4)$$

$$\begin{cases} \sum F_x^{(7,1)} = 0 \quad R_D^x + F_{G_1}^{ix} + F_{G_7}^{ix} + R_G^x + F_M^{ix} = 0 \Rightarrow \\ \Rightarrow R_D^x = -F_{G_1}^{ix} - F_{G_7}^{ix} - R_G^x - F_M^{ix} \\ \\ \sum F_y^{(7,1)} = 0 \quad R_D^y + F_{G_1}^{iy} + F_{G_7}^{iy} + R_G^y + F_M^{iy} = 0 \Rightarrow \\ \Rightarrow R_D^y = -F_{G_1}^{iy} - F_{G_7}^{iy} - R_G^y - F_M^{iy} \end{cases} \qquad (5)$$

$$\begin{cases} \sum F_x^{(1)} = 0 \quad R_D^x + F_{G_1}^{ix} + R_E^x = 0 \Rightarrow \\ \Rightarrow R_E^x = -F_{G_1}^{ix} - R_D^x \\ \\ \sum F_y^{(1)} = 0 \quad R_D^y + F_{G_1}^{iy} + R_E^y = 0 \Rightarrow \\ \Rightarrow R_E^y = -F_{G_1}^{iy} - R_D^y \end{cases} \qquad (6)$$

În sistemul 4 s-au scris două ecuații de momente, întâi față de punctul D, iar apoi față de punctul E, întâi de pe întreaga diadă iar apoi doar de pe elementul 7, în sistemul 5 s-au scris două ecuații de forțe pe diada 1,7 pe axele x respectiv y, iar în sistemul 6 s-au scris ecuațiile echilibrului forțelor pe x și pe y de pe elementul 1.

Calculele continuă cu următoarea diadă motoare formată din elementele 6, 10, 11. Se aleg (stabilesc) reacțiunile necunoscute din cuplele de rotație (relațiile 7):

$$R_A = R_{0,10} = -R_{10,0}, \quad R_I = R_{65} = -R_{56}, \quad R_H = R_{6,10} = -R_{10,6} \qquad (7)$$

Acum se scriu trei sisteme separate (8-10) prin care se calculează reacțiunile din cuplele diadei motoare (6, 10, 11).

$$\begin{cases} \sum M_I^{(6,10)} = 0 \Rightarrow R_A^x \cdot (y_I - y_A) + R_A^y \cdot (x_A - x_I) + F_{G_{10}}^{ix} \cdot (y_I - y_{G_{10}}) + \\ + F_{G_{10}}^{iy} \cdot (x_{G_{10}} - x_I) + M_{10}^i + F_{G_6}^{ix} \cdot (y_I - y_H) + F_{G_6}^{iy} \cdot (x_H - x_I) + M_6^i + \\ + (-R_G^x) \cdot (y_I - y_G) + (-R_G^y) \cdot (x_G - x_I) = 0 \\ \sum M_H^{(10)} = 0 \Rightarrow R_A^x \cdot (y_H - y_A) + R_A^y \cdot (x_A - x_H) + F_{G_{10}}^{ix} \cdot (y_H - y_{G_{10}}) + \\ + F_{G_{10}}^{iy} \cdot (x_{G_{10}} - x_H) + M_{10}^i = 0 \end{cases}$$

$$\begin{cases} \begin{cases} b_{11} \cdot R_A^x + b_{12} \cdot R_A^y = b_1 \\ b_{21} \cdot R_A^x + b_{22} \cdot R_A^y = b_2 \end{cases} \begin{cases} b_{11} = y_I - y_A; \quad b_{12} = x_A - x_I \\ b_1 = (y_{G_{10}} - y_I)F_{G_{10}}^{ix} + (x_I - x_{G_{10}})F_{G_{10}}^{iy} - \\ - M_{10}^i + (y_H - y_I)F_{G_6}^{ix} + (x_I - x_H)F_{G_6}^{iy} - \\ - M_6^i + (y_I - y_G)R_G^x + (x_G - x_I)R_G^y \end{cases} \\ \begin{cases} b_{21} = y_H - y_A; \quad b_{22} = x_A - x_H; \\ b_2 = (y_{G_{10}} - y_H)F_{G_{10}}^{ix} + (x_H - x_{G_{10}})F_{G_{10}}^{iy} - M_{10}^i \end{cases} \\ \delta = \begin{vmatrix} b_{11} & b_{12} \\ b_{21} & b_{22} \end{vmatrix} = b_{11} \cdot b_{22} - b_{12} \cdot b_{21}; \quad \delta_x = \begin{vmatrix} b_1 & b_{12} \\ b_2 & b_{22} \end{vmatrix} = b_1 \cdot b_{22} - b_2 \cdot b_{12} \\ \delta_y = \begin{vmatrix} b_{11} & b_1 \\ b_{21} & b_2 \end{vmatrix} = b_2 \cdot b_{11} - b_1 \cdot b_{21}; \quad R_A^x = \frac{\delta_x}{\delta}; \quad R_A^y = \frac{\delta_y}{\delta} \end{cases}$$

(8)

$$\begin{cases} \sum F_x^{(6,10)} = 0 \quad -R_I^x + F_{G_6}^{ix} - R_G^x + F_{G_{10}}^{ix} + R_A^x = 0 \Rightarrow \\ \Rightarrow R_I^x = F_{G_6}^{ix} - R_G^x + F_{G_{10}}^{ix} + R_A^x \\ \sum F_y^{(6,10)} = 0 \quad -R_I^y + F_{G_6}^{iy} - R_G^y + F_{G_{10}}^{iy} + R_A^y = 0 \Rightarrow \\ \Rightarrow R_I^y = F_{G_6}^{iy} - R_G^y + F_{G_{10}}^{iy} + R_A^y \end{cases}$$

(9)

$$\begin{cases} \sum F_x^{(10)} = 0 \quad R_H^x + F_{G_{10}}^{ix} + R_A^x = 0 \Rightarrow R_H^x = -F_{G_{10}}^{ix} - R_A^x \\ \sum F_y^{(10)} = 0 \quad R_H^y + F_{G_{10}}^{iy} + R_A^y = 0 \Rightarrow R_H^y = -F_{G_{10}}^{iy} - R_A^y \end{cases}$$

(10)

Calculele continuă cu următoarea diadă (simplă, nemotoare) formată din elementele 3, 4. Se aleg (stabilesc) reacţiunile necunoscute din cuplele de rotaţie (relaţiile 11):

$$R_B = R_{0,3} = -R_{3,0}, \quad R_C = R_{34} = -R_{43}, \quad R_J = R_{4,5} = -R_{5,4} \qquad (11)$$

Acum se scriu trei sisteme separate (12-14) prin care se calculează reacţiunile din cuplele diadei simple (3, 4).

$$\begin{cases} \begin{cases} \sum M_B^{(3,4)} = 0 \Rightarrow (-R_J^x) \cdot (y_B - y_J) + (-R_J^y) \cdot (x_J - x_B) + \\ + F_{G_4}^{ix} \cdot (y_B - y_{G_4}) + F_{G_4}^{iy} \cdot (x_{G_4} - x_B) + M_4^i + F_{G_3}^{ix} \cdot (y_B - y_{G_3}) + \\ + F_{G_3}^{iy} \cdot (x_{G_3} - x_B) + M_3^i + (-R_D^x) \cdot (y_B - y_D) + (-R_D^y) \cdot (x_D - x_B) = 0 \end{cases} \\ \begin{cases} \sum M_C^{(4)} = 0 \Rightarrow (-R_J^x) \cdot (y_C - y_J) + (-R_J^y) \cdot (x_J - x_C) + \\ + F_{G_4}^{ix} \cdot (y_C - y_{G_4}) + F_{G_4}^{iy} \cdot (x_{G_4} - x_C) + M_4^i = 0 \end{cases} \\ \begin{cases} c_{11} \cdot R_J^x + c_{12} \cdot R_J^y = c_1 \\ c_{21} \cdot R_J^x + c_{22} \cdot R_J^y = c_2 \end{cases} \begin{cases} c_{11} = y_J - y_B; \ c_{12} = x_B - x_J \\ c_1 = (y_{G_4} - y_B) F_{G_4}^{ix} + (x_B - x_{G_4}) F_{G_4}^{iy} - \\ - M_4^i + (y_{G_3} - y_B) F_{G_3}^{ix} + (x_B - x_{G_3}) F_{G_3}^{iy} - \\ - M_3^i + (y_B - y_D) R_D^x + (x_D - x_B) R_D^y \end{cases} \\ \begin{cases} c_{21} = y_J - y_C; \ c_{22} = x_C - x_J; \\ c_2 = (y_{G_4} - y_C) F_{G_4}^{ix} + (x_C - x_{G_4}) F_{G_4}^{iy} - M_4^i \end{cases} \\ \lambda = \begin{vmatrix} c_{11} & c_{12} \\ c_{21} & c_{22} \end{vmatrix} = c_{11} \cdot c_{22} - c_{12} \cdot c_{21}; \quad \lambda_x = \begin{vmatrix} c_1 & c_{12} \\ c_2 & c_{22} \end{vmatrix} = c_1 \cdot c_{22} - c_2 \cdot c_{12} \\ \lambda_y = \begin{vmatrix} c_{11} & c_1 \\ c_{21} & c_2 \end{vmatrix} = c_2 \cdot c_{11} - c_1 \cdot c_{21}; \quad R_J^x = \frac{\lambda_x}{\lambda}; \quad R_J^y = \frac{\lambda_y}{\lambda} \end{cases}$$

(12)

$$\begin{cases} \sum F_x^{(3,4)} = 0 \quad R_B^x + F_{G_3}^{ix} + F_{G_4}^{ix} - R_J^x - R_D^x = 0 \Rightarrow \\ \Rightarrow R_B^x = R_J^x + R_D^x - F_{G_3}^{ix} - F_{G_4}^{ix} \\ \\ \sum F_y^{(3,4)} = 0 \quad R_B^y + F_{G_3}^{iy} + F_{G_4}^{iy} - R_J^y - R_D^y = 0 \Rightarrow \\ \Rightarrow R_B^y = R_J^y + R_D^y - F_{G_3}^{iy} - F_{G_4}^{iy} \end{cases} \qquad (13)$$

$$\begin{cases} \sum F_x^{(4)} = 0 \quad R_C^x + F_{G_4}^{ix} - R_J^x = 0 \Rightarrow R_C^x = R_J^x - F_{G_4}^{ix} \\ \\ \sum F_y^{(4)} = 0 \quad R_C^y + F_{G_4}^{iy} - R_J^y = 0 \Rightarrow R_C^y = R_J^y - F_{G_4}^{iy} \end{cases} \qquad (14)$$

Calculele continuă cu următoarea diadă motoare formată din elementele 5, 8, 9. Se aleg (stabilesc) reacțiunile necunoscute din cuplele de rotație (relațiile 15):

$$R_K = R_{0,5} = -R_{5,0}, \quad R_L = R_{58} = -R_{85}, \quad R_F = R_{0,8} = -R_{8,0} \qquad (15)$$

Acum se scriu trei sisteme separate (16-18) prin care se calculează reacțiunile din cuplele diadei motoare (5, 8, 9).

$$\begin{cases} \sum M_K^{(5,8)} = 0 \Rightarrow R_F^x \cdot (y_K - y_F) + R_F^y \cdot (x_F - x_K) + F_{G_8}^{ix} \cdot (y_K - y_{G_8}) + \\ + F_{G_8}^{iy} \cdot (x_{G_8} - x_K) + M_8^i + F_{G_5}^{ix} \cdot (y_K - y_{G_5}) + F_{G_5}^{iy} \cdot (x_{G_5} - x_K) + M_5^i + \\ + R_I^x \cdot (y_K - y_I) + R_I^y \cdot (x_I - x_K) + R_J^x \cdot (y_K - y_J) + R_J^y \cdot (x_J - x_K) = 0 \\ \sum M_L^{(8)} = 0 \Rightarrow R_F^x \cdot (y_L - y_F) + R_F^y \cdot (x_F - x_L) + F_{G_8}^{ix} \cdot (y_L - y_{G_8}) + \\ + F_{G_8}^{iy} \cdot (x_{G_8} - x_L) + M_8^i = 0 \end{cases}$$

$$\begin{cases} d_{11} \cdot R_F^x + d_{12} \cdot R_F^y = d_1 \\ d_{21} \cdot R_F^x + d_{22} \cdot R_F^y = d_2 \end{cases} \begin{cases} d_{11} = y_K - y_F; \ d_{12} = x_F - x_K \\ d_1 = (y_{G_8} - y_K) F_{G_8}^{ix} + (x_K - x_{G_8}) F_{G_8}^{iy} - \\ - M_8^i + (y_{G_5} - y_K) F_{G_5}^{ix} + (x_K - x_{G_5}) F_{G_5}^{iy} - \\ - M_5^i + (y_I - y_K) R_I^x + (x_K - x_I) R_I^y + \\ + (y_J - y_K) \cdot R_J^x + (x_K - x_J) \cdot R_J^y \end{cases}$$

$$\begin{cases} d_{21} = y_L - y_F; \ d_{22} = x_F - x_L; \\ d_2 = (y_{G_8} - y_L) F_{G_8}^{ix} + (x_L - x_{G_8}) F_{G_8}^{iy} - M_8^i \end{cases}$$

$$\Phi = \begin{vmatrix} d_{11} & d_{12} \\ d_{21} & d_{22} \end{vmatrix} = d_{11} \cdot d_{22} - d_{12} \cdot d_{21}; \quad \Phi_x = \begin{vmatrix} d_1 & d_{12} \\ d_2 & d_{22} \end{vmatrix} = d_1 \cdot d_{22} - d_2 \cdot d_{12}$$

$$\Phi_y = \begin{vmatrix} d_{11} & d_1 \\ d_{21} & d_2 \end{vmatrix} = d_2 \cdot d_{11} - d_1 \cdot d_{21}; \quad R_F^x = \frac{\Phi_x}{\Phi}; \quad R_F^y = \frac{\Phi_y}{\Phi}$$

(16)

$$\begin{cases} \sum F_x^{(5,8)} = 0 \quad R_K^x + R_J^x + R_I^x + R_F^x + F_{G_5}^{ix} + F_{G_8}^{ix} = 0 \Rightarrow \\ \Rightarrow R_K^x = -R_J^x - R_I^x - R_F^x - F_{G_5}^{ix} - F_{G_8}^{ix} \\ \sum F_y^{(5,8)} = 0 \quad R_K^y + R_J^y + R_I^y + R_F^y + F_{G_5}^{iy} + F_{G_8}^{iy} = 0 \Rightarrow \\ \Rightarrow R_K^y = -R_J^y - R_I^y - R_F^y - F_{G_5}^{iy} - F_{G_8}^{iy} \end{cases} \quad (17)$$

$$\begin{cases} \sum F_x^{(8)} = 0 \quad R_L^x + F_{G_8}^{ix} + R_F^x = 0 \Rightarrow R_L^x = -R_F^x - F_{G_8}^{ix} \\ \sum F_y^{(8)} = 0 \quad R_L^y + F_{G_8}^{iy} + R_F^y = 0 \Rightarrow R_L^y = -R_F^y - F_{G_8}^{iy} \end{cases} \quad (18)$$

CINEMATICA COMPLETĂ LA MECANISMUL PRINCIPAL AL UNUI MANIPULATOR DE FORJARE

În studiul cinetostatic avem nevoie și de cinematica completă (fig. 1). Se pleacă de la sistemele deja cunoscute (I-IV).

$$\begin{cases} (x_K - x_F) + g \cdot \cos(\varphi_3 + \beta) = l_1 \cdot \cos \varphi_8 \\ (y_K - y_F) + g \cdot \sin(\varphi_3 + \beta) = l_1 \cdot \sin \varphi_8 \end{cases} \quad \text{(I)}$$

$$\begin{cases} (x_A - x_K) + l_2 \cdot \cos \varphi_{10} + a \cdot \cos \varphi_6 = e \cdot \cos \varphi_3 \\ (y_A - y_K) + l_2 \cdot \sin \varphi_{10} + a \cdot \sin \varphi_6 = e \cdot \sin \varphi_3 \end{cases} \quad \text{(II)}$$

$$\begin{cases} x_K + b \cdot \cos \varphi + l_3 \cdot \cos \varphi_1 = 2a \cdot \cos \varphi_6 \\ y_K + b \cdot \sin \varphi + l_3 \cdot \sin \varphi_1 = 2a \cdot \sin \varphi_6 \end{cases} \quad \text{(III)}$$

$$\begin{cases} (x_A - x_M) + l_3 \cdot \cos \varphi_{10} + f \cdot \cos(\varphi + \theta) = a \cdot \cos \varphi_6 \\ (y_A - y_M) + l_3 \cdot \sin \varphi_{10} + f \cdot \sin(\varphi + \theta) = a \cdot \sin \varphi_6 \end{cases} \quad \text{(IV)}$$

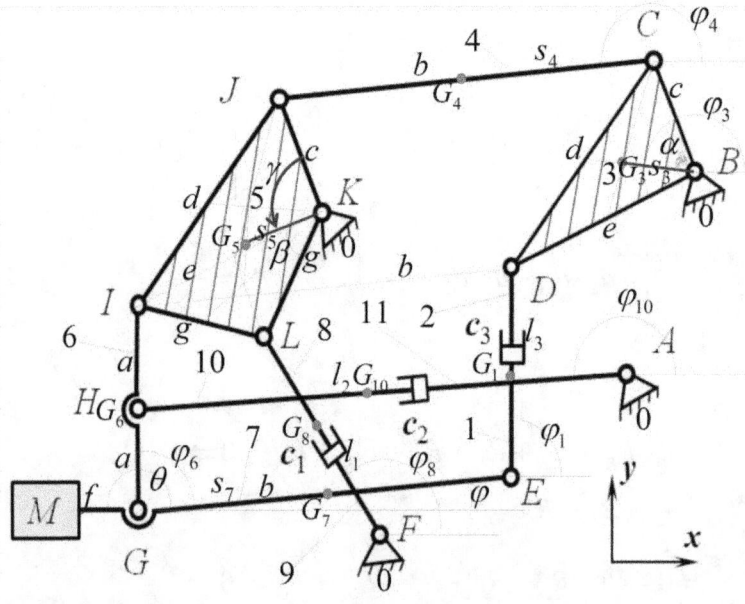

Fig. 1. *Schema cinematică completă a mecanismului principal al unui manipulator de forjare (pe șine)*

La pasul 1, pornind de la sistemul I derivat cu timpul, se calculează vitezele unghiulare $\dot{\varphi}_3, \dot{\varphi}_8$ în funcție de viteza liniară a motorului c1, $\dot{l}_1$ (sistemul 1).

$$\begin{cases} \begin{cases} -g\cdot\sin(\varphi_3+\beta)\cdot\dot\varphi_3 = -l_1\cdot\sin\varphi_8\cdot\dot\varphi_8 + \cos\varphi_8\cdot\dot l_1 \\ g\cdot\cos(\varphi_3+\beta)\cdot\dot\varphi_3 = l_1\cdot\cos\varphi_8\cdot\dot\varphi_8 + \sin\varphi_8\cdot\dot l_1 \end{cases} \begin{array}{|c|c|} Ia & Ib \\ \cdot\cos\varphi_8 & \cdot\cos(\varphi_3+\beta) \\ \cdot\sin\varphi_8 & \cdot\sin(\varphi_3+\beta) \end{array} \\ Ia \Rightarrow \dot\varphi_3\cdot g\cdot\sin(\varphi_8-\varphi_3-\beta) = \dot l_1 \Rightarrow \dot\varphi_3 = \dfrac{\dot l_1}{g\cdot\sin(\varphi_8-\varphi_3-\beta)} \\ \varphi_8-\varphi_3-\beta\neq k\pi \\ \\ Ib \Rightarrow \dot\varphi_8\cdot l_1\cdot\sin(\varphi_8-\varphi_3-\beta) = \cos(\varphi_8-\varphi_3-\beta)\cdot\dot l_1 \Rightarrow \\ \Rightarrow \dot\varphi_8 = \dfrac{\cos(\varphi_8-\varphi_3-\beta)\cdot\dot l_1}{l_1\cdot\sin(\varphi_8-\varphi_3-\beta)} \quad \varphi_8-\varphi_3-\beta\neq k\pi \end{cases} \qquad (1)$$

La pasul 2, pornind de la sistemul II derivat cu timpul, se calculează vitezele unghiulare $\dot\varphi_6, \dot\varphi_{10}$ în funcție de vitezele liniare $\dot l_1, \dot l_2$ ale motoarelor c1, c2 (rezultă sistemul 2). Rezolvarea fiecărui sistem e simplă și directă; se înmulțește la pasul a prima ecuație cu un cos iar a doua ecuație cu un sin, se adună cele două relații rezultate și se obține o ecuație simplă liniară de gradul 1 cu o necunoscută. La pasul b se repetă procedura dar amplificarea celor două ecuații ce urmează să se adune se face cu alte cos și sin luate de la pasul b.

$$\begin{cases} \begin{cases} \cos\varphi_{10}\dot l_2 - l_2\sin\varphi_{10}\dot\varphi_{10} - a\sin\varphi_6\dot\varphi_6 = -e\sin\varphi_3\dot\varphi_3 \\ \sin\varphi_{10}\dot l_2 + l_2\cos\varphi_{10}\dot\varphi_{10} + a\cos\varphi_6\dot\varphi_6 = e\cos\varphi_3\dot\varphi_3 \end{cases} \begin{array}{|c|c|} IIa & IIb \\ \cdot\cos\varphi_{10} & \cdot\cos\varphi_6 \\ \cdot\sin\varphi_{10} & \cdot\sin\varphi_6 \end{array} \\ IIa \Rightarrow \dot l_2 + a\cdot\sin(\varphi_{10}-\varphi_6)\cdot\dot\varphi_6 = e\cdot\sin(\varphi_6-\varphi_3)\cdot\dot\varphi_3 \Rightarrow \\ \Rightarrow \dot\varphi_6 = \dfrac{e\cdot\sin(\varphi_6-\varphi_3)\cdot\dot\varphi_3 - \dot l_2}{a\cdot\sin(\varphi_{10}-\varphi_6)} \quad \varphi_{10}-\varphi_6\neq k\pi \\ \\ IIb \Rightarrow \cos(\varphi_{10}-\varphi_6)\cdot\dot l_2 - l_2\cdot\sin(\varphi_{10}-\varphi_6)\cdot\dot\varphi_{10} = e\cdot\sin(\varphi_6-\varphi_3)\cdot\dot\varphi_3 \Rightarrow \\ \Rightarrow \dot\varphi_{10} = \dfrac{\cos(\varphi_{10}-\varphi_6)\cdot\dot l_2 - e\cdot\sin(\varphi_6-\varphi_3)\cdot\dot\varphi_3}{l_2\cdot\sin(\varphi_{10}-\varphi_6)} \quad \varphi_{10}-\varphi_6\neq k\pi \end{cases} \qquad (2)$$

La pasul 3, pornind de la sistemul III derivat cu timpul, se calculează viteza unghiulară $\dot{\varphi}_1$ în funcție de vitezele liniare $\dot{l}_1, \dot{l}_2$ ale motoarelor c1, c2 (rezultă sistemul 3).

$$\begin{cases} \begin{cases} \dot{l}_3 \cdot \cos\varphi_1 - l_3 \cdot \sin\varphi_1 \cdot \dot{\varphi}_1 = -2a \cdot \sin\varphi_6 \cdot \dot{\varphi}_6 \\ \dot{l}_3 \cdot \sin\varphi_1 + l_3 \cdot \cos\varphi_1 \cdot \dot{\varphi}_1 = 2a \cdot \cos\varphi_6 \cdot \dot{\varphi}_6 \end{cases} \begin{vmatrix} IIIa \\ -\sin\varphi_1 \\ \cos\varphi_1 \end{vmatrix} \\ \\ IIIa \Rightarrow l_3 \cdot \dot{\varphi}_1 = 2a \cdot \cos(\varphi_1 - \varphi_6) \cdot \dot{\varphi}_6 \Rightarrow \dot{\varphi}_1 = \dfrac{2a}{l_3} \cdot \cos(\varphi_6 - \varphi_1) \cdot \dot{\varphi}_6 \end{cases} \quad (3)$$

La pasul 4 aranjăm corespunzător sistemul IV pe care-l derivăm cu timpul și obținem direct vitezele scalare ale punctului endefector M (sistemul 4).

$$\begin{cases} \begin{cases} x_M = l_3 \cdot \cos\varphi_{10} + f \cdot \cos(\varphi + \theta) - a \cdot \cos\varphi_6 \\ y_M = l_3 \cdot \sin\varphi_{10} + f \cdot \sin(\varphi + \theta) - a \cdot \sin\varphi_6 \end{cases} \\ \\ \begin{cases} \dot{x}_M = \dot{l}_3 \cdot \cos\varphi_{10} - l_3 \cdot \sin\varphi_{10} \cdot \dot{\varphi}_{10} + a \cdot \sin\varphi_6 \cdot \dot{\varphi}_6 \\ \dot{y}_M = \dot{l}_3 \cdot \sin\varphi_{10} + l_3 \cdot \cos\varphi_{10} \cdot \dot{\varphi}_{10} - a \cdot \cos\varphi_6 \cdot \dot{\varphi}_6 \end{cases} \end{cases} \quad (4)$$

Pentru determinarea accelerațiilor ar trebui în mod normal să derivăm sistemele 1-4 și apoi să le rezolvăm similar cu vitezele, dar o să procedăm la metoda directă, adică la derivarea directă cu timpul a vitezelor care deja au fost explicitate (sistemul 5).

$$\begin{cases} \ddot{\varphi}_3 = \dfrac{\ddot{l}_1 - \dot{\varphi}_3 \cdot g \cdot \cos(\varphi_8 - \varphi_3 - \beta) \cdot (\dot{\varphi}_8 - \dot{\varphi}_3)}{g \cdot \sin(\varphi_8 - \varphi_3 - \beta)} \end{cases}$$

$$\begin{cases} \ddot{\varphi}_8 = \dfrac{\cos(\varphi_8 - \varphi_3 - \beta) \cdot \ddot{l}_1 - \dot{l}_1 \cdot \sin(\varphi_8 - \varphi_3 - \beta) \cdot (\dot{\varphi}_8 - \dot{\varphi}_3)}{l_1 \cdot \sin(\varphi_8 - \varphi_3 - \beta)} - \\ \quad - \dfrac{\dot{\varphi}_8 \cdot \dot{l}_1 \cdot \cos(\varphi_8 - \varphi_3 - \beta) \cdot (\dot{\varphi}_8 - \dot{\varphi}_3) + \dot{\varphi}_8 \cdot \dot{l}_1 \cdot \sin(\varphi_8 - \varphi_3 - \beta)}{l_1 \cdot \sin(\varphi_8 - \varphi_3 - \beta)} \end{cases}$$

$$\begin{cases} \ddot{\varphi}_6 = \dfrac{e \cdot \cos(\varphi_6 - \varphi_3) \cdot (\dot{\varphi}_6 - \dot{\varphi}_3) \cdot \dot{\varphi}_3 + e \cdot \sin(\varphi_6 - \varphi_3) \cdot \ddot{\varphi}_3 - \ddot{l}_2}{a \cdot \sin(\varphi_{10} - \varphi_6)} - \\ \quad - \dfrac{\dot{\varphi}_6 \cdot a \cdot \cos(\varphi_{10} - \varphi_6) \cdot (\dot{\varphi}_{10} - \dot{\varphi}_6)}{a \cdot \sin(\varphi_{10} - \varphi_6)} \end{cases}$$

$$\begin{cases} \ddot{\varphi}_{10} = \dfrac{\ddot{l}_2 \cdot \cos(\varphi_{10} - \varphi_6) - \dot{l}_2 \cdot \sin(\varphi_{10} - \varphi_6) \cdot (\dot{\varphi}_{10} - \dot{\varphi}_6)}{l_2 \cdot \sin(\varphi_{10} - \varphi_6)} - \\ \quad - \dfrac{e \cdot \cos(\varphi_6 - \varphi_3) \cdot (\dot{\varphi}_6 - \dot{\varphi}_3) \cdot \dot{\varphi}_3 + e \cdot \sin(\varphi_6 - \varphi_3) \cdot \ddot{\varphi}_3}{l_2 \cdot \sin(\varphi_{10} - \varphi_6)} - \\ \quad - \dfrac{\dot{\varphi}_{10} \cdot \dot{l}_2 \cdot \sin(\varphi_{10} - \varphi_6) + \dot{\varphi}_{10} \cdot l_2 \cdot \cos(\varphi_{10} - \varphi_6) \cdot (\dot{\varphi}_{10} - \dot{\varphi}_6)}{l_2 \cdot \sin(\varphi_{10} - \varphi_6)} \end{cases}$$

$$\begin{cases} \ddot{\varphi}_1 = \dfrac{2a \cdot \cos(\varphi_6 - \varphi_1) \cdot \ddot{\varphi}_6 - 2a \cdot \sin(\varphi_6 - \varphi_1) \cdot (\dot{\varphi}_6 - \dot{\varphi}_1) \cdot \dot{\varphi}_6 - \dot{\varphi}_1 \cdot \dot{l}_3}{l_3} \end{cases}$$

$$\begin{cases} \ddot{x}_M = \ddot{l}_3 \cdot \cos\varphi_{10} - \dot{l}_3 \cdot \sin\varphi_{10} \cdot \dot{\varphi}_{10} - \dot{l}_3 \cdot \sin\varphi_{10} \cdot \dot{\varphi}_{10} - l_3 \cdot \cos\varphi_{10} \cdot \dot{\varphi}_{10}^2 - \\ \quad - l_3 \cdot \sin\varphi_{10} \cdot \ddot{\varphi}_{10} + a \cdot \cos\varphi_6 \cdot \dot{\varphi}_6^2 + a \cdot \sin\varphi_6 \cdot \ddot{\varphi}_6 \\ \ddot{y}_M = \ddot{l}_3 \cdot \sin\varphi_{10} + \dot{l}_3 \cdot \cos\varphi_{10} \cdot \dot{\varphi}_{10} + \dot{l}_3 \cdot \cos\varphi_{10} \cdot \dot{\varphi}_{10} - l_3 \cdot \sin\varphi_{10} \cdot \dot{\varphi}_{10}^2 + \\ \quad + l_3 \cdot \cos\varphi_{10} \cdot \ddot{\varphi}_{10} + a \cdot \sin\varphi_6 \cdot \dot{\varphi}_6^2 - a \cdot \cos\varphi_6 \cdot \ddot{\varphi}_6 \end{cases} \quad (5)$$

În continuare se pot determina și ceilalți parametrii cinematici ai mecanismului, pentru realizarea cinematicii complete, necesară și-n calculele cinetostatice și dinamice (sistemele relaționale 6-21).

$$\begin{cases} \begin{cases} x_C = c \cdot \cos(\varphi_3 - CBD) \\ y_C = c \cdot \sin(\varphi_3 - CBD) \end{cases} \begin{cases} \dot{x}_C = -c \cdot \sin(\varphi_3 - CBD) \cdot \dot{\varphi}_3 \\ \dot{y}_C = c \cdot \cos(\varphi_3 - CBD) \cdot \dot{\varphi}_3 \end{cases} \\ \begin{cases} \ddot{x}_C = -c \cdot \cos(\varphi_3 - CBD) \cdot \dot{\varphi}_3^2 - c \cdot \sin(\varphi_3 - CBD) \cdot \ddot{\varphi}_3 \\ \ddot{y}_C = -c \cdot \sin(\varphi_3 - CBD) \cdot \dot{\varphi}_3^2 + c \cdot \cos(\varphi_3 - CBD) \cdot \ddot{\varphi}_3 \end{cases} \end{cases} \quad (6)$$

$$\begin{cases} \begin{cases} x_{G_3} = s_3 \cdot \cos(\varphi_3 - CBD + \alpha) \\ y_{G_3} = s_3 \cdot \sin(\varphi_3 - CBD + \alpha) \end{cases} \begin{cases} \dot{x}_{G_3} = -s_3 \cdot \sin(\varphi_3 - CBD + \alpha) \cdot \dot{\varphi}_3 \\ \dot{y}_{G_3} = s_3 \cdot \cos(\varphi_3 - CBD + \alpha) \cdot \dot{\varphi}_3 \end{cases} \\ \begin{cases} \ddot{x}_{G_3} = -s_3 \cdot \cos(\varphi_3 - CBD + \alpha) \cdot \dot{\varphi}_3^2 - s_3 \cdot \sin(\varphi_3 - CBD + \alpha) \cdot \ddot{\varphi}_3 \\ \ddot{y}_{G_3} = -s_3 \cdot \sin(\varphi_3 - CBD + \alpha) \cdot \dot{\varphi}_3^2 + s_3 \cdot \cos(\varphi_3 - CBD + \alpha) \cdot \ddot{\varphi}_3 \end{cases} \end{cases} \quad (7)$$

$$\begin{cases} \begin{cases} x_D = e \cdot \cos\varphi_3 \\ y_D = e \cdot \sin\varphi_3 \end{cases} \begin{cases} \dot{x}_D = -e \cdot \sin\varphi_3 \cdot \dot{\varphi}_3 \\ \dot{y}_D = e \cdot \cos\varphi_3 \cdot \dot{\varphi}_3 \end{cases} \begin{cases} \ddot{x}_D = -e \cdot \cos\varphi_3 \cdot \dot{\varphi}_3^2 - e \cdot \sin\varphi_3 \cdot \ddot{\varphi}_3 \\ \ddot{y}_D = -e \cdot \sin\varphi_3 \cdot \dot{\varphi}_3^2 + e \cdot \cos\varphi_3 \cdot \ddot{\varphi}_3 \end{cases} \end{cases} \quad (8)$$

$$\begin{cases} \begin{cases} x_{G_4} = x_C + s_4 \cdot \cos\varphi_4 \\ y_{G_4} = y_C + s_4 \cdot \sin\varphi_4 \end{cases} \begin{cases} \dot{x}_{G_4} = \dot{x}_C \\ \dot{y}_{G_4} = \dot{y}_C \end{cases} \begin{cases} \ddot{x}_{G_4} = \ddot{x}_C \\ \ddot{y}_{G_4} = \ddot{y}_C \end{cases} \end{cases} \quad (9)$$

$$\begin{cases} \begin{cases} x_J = x_K + c \cdot \cos(\varphi_3 - JKI) \\ y_J = y_K + c \cdot \sin(\varphi_3 - JKI) \end{cases} \begin{cases} \dot{x}_J = -c \cdot \sin(\varphi_3 - JKI) \cdot \dot{\varphi}_3 \\ \dot{y}_J = c \cdot \cos(\varphi_3 - JKI) \cdot \dot{\varphi}_3 \end{cases} \\ \begin{cases} \ddot{x}_J = -c \cdot \cos(\varphi_3 - JKI) \cdot \dot{\varphi}_3^2 - c \cdot \sin(\varphi_3 - JKI) \cdot \ddot{\varphi}_3 \\ \ddot{y}_J = -c \cdot \sin(\varphi_3 - JKI) \cdot \dot{\varphi}_3^2 + c \cdot \cos(\varphi_3 - JKI) \cdot \ddot{\varphi}_3 \end{cases} \end{cases} \quad (10)$$

$$\begin{cases} \begin{cases} x_I = x_K + e \cdot \cos\varphi_3 \\ y_I = y_K + e \cdot \sin\varphi_3 \end{cases} \begin{cases} \dot{x}_I = -e \cdot \sin\varphi_3 \cdot \dot{\varphi}_3 \\ \dot{y}_I = e \cdot \cos\varphi_3 \cdot \dot{\varphi}_3 \end{cases} \\ \begin{cases} \ddot{x}_I = -e \cdot \cos\varphi_3 \cdot \dot{\varphi}_3^2 - e \cdot \sin\varphi_3 \cdot \ddot{\varphi}_3 \\ \ddot{y}_I = -e \cdot \sin\varphi_3 \cdot \dot{\varphi}_3^2 + e \cdot \cos\varphi_3 \cdot \ddot{\varphi}_3 \end{cases} \end{cases} \quad (11)$$

$$\begin{cases} \begin{cases} x_L = x_K + g \cdot \cos(\varphi_3 + \beta) \\ y_L = y_K + g \cdot \sin(\varphi_3 + \beta) \end{cases} \begin{cases} \dot{x}_L = -g \cdot \sin(\varphi_3 + \beta) \cdot \dot{\varphi}_3 \\ \dot{y}_L = g \cdot \cos(\varphi_3 + \beta) \cdot \dot{\varphi}_3 \end{cases} \\ \begin{cases} \ddot{x}_L = -g \cdot \cos(\varphi_3 + \beta) \cdot \dot{\varphi}_3^2 - g \cdot \sin(\varphi_3 + \beta) \cdot \ddot{\varphi}_3 \\ \ddot{y}_L = -g \cdot \sin(\varphi_3 + \beta) \cdot \dot{\varphi}_3^2 + g \cdot \cos(\varphi_3 + \beta) \cdot \ddot{\varphi}_3 \end{cases} \end{cases} \quad (12)$$

$$\begin{cases} \begin{cases} x_{G_5} = x_K + s_5 \cdot \cos(\varphi_3 - JKI + \gamma) \\ y_{G_5} = y_K + s_5 \cdot \sin(\varphi_3 - JKI + \gamma) \end{cases} \begin{cases} \dot{x}_{G_5} = -s_5 \cdot \sin(\varphi_3 - JKI + \gamma) \cdot \dot{\varphi}_3 \\ \dot{y}_{G_5} = s_5 \cdot \cos(\varphi_3 - JKI + \gamma) \cdot \dot{\varphi}_3 \end{cases} \\ \begin{cases} \ddot{x}_{G_5} = -s_5 \cdot \cos(\varphi_3 - JKI + \gamma) \cdot \dot{\varphi}_3^2 - s_5 \cdot \sin(\varphi_3 - JKI + \gamma) \cdot \ddot{\varphi}_3 \\ \ddot{y}_{G_5} = -s_5 \cdot \sin(\varphi_3 - JKI + \gamma) \cdot \dot{\varphi}_3^2 + s_5 \cdot \cos(\varphi_3 - JKI + \gamma) \cdot \ddot{\varphi}_3 \end{cases} \end{cases} \quad (13)$$

$$\begin{cases} \begin{cases} x_{G_8} = x_F + \dfrac{1}{2}l_1 \cdot \cos\varphi_8 \\ y_{G_8} = y_F + \dfrac{1}{2}l_1 \cdot \sin\varphi_8 \end{cases} \begin{cases} \dot{x}_{G_8} = \dfrac{1}{2}\dot{l}_1 \cdot \cos\varphi_8 - \dfrac{1}{2}l_1 \cdot \sin\varphi_8 \cdot \dot{\varphi}_8 \\ \dot{y}_{G_8} = \dfrac{1}{2}\dot{l}_1 \cdot \sin\varphi_8 + \dfrac{1}{2}l_1 \cdot \cos\varphi_8 \cdot \dot{\varphi}_8 \end{cases} \\ \ddot{x}_{G_8} = \dfrac{1}{2}\ddot{l}_1 \cdot \cos\varphi_8 - \dfrac{1}{2}\dot{l}_1 \cdot \sin\varphi_8 \cdot \dot{\varphi}_8 - \dfrac{1}{2}\dot{l}_1 \cdot \sin\varphi_8 \cdot \dot{\varphi}_8 - \\ \quad - \dfrac{1}{2}l_1 \cdot \cos\varphi_8 \cdot \dot{\varphi}_8^2 - \dfrac{1}{2}l_1 \cdot \sin\varphi_8 \cdot \ddot{\varphi}_8 \\ \ddot{y}_{G_8} = \dfrac{1}{2}\ddot{l}_1 \cdot \sin\varphi_8 + \dfrac{1}{2}\dot{l}_1 \cdot \cos\varphi_8 \cdot \dot{\varphi}_8 + \dfrac{1}{2}\dot{l}_1 \cdot \cos\varphi_8 \cdot \dot{\varphi}_8 - \\ \quad - \dfrac{1}{2}l_1 \cdot \sin\varphi_8 \cdot \dot{\varphi}_8^2 + \dfrac{1}{2}l_1 \cdot \cos\varphi_8 \cdot \ddot{\varphi}_8 \end{cases} \quad (14)$$

$$\begin{cases} \begin{cases} x_{G_{10}} = x_A + \dfrac{1}{2}l_2 \cdot \cos\varphi_{10} \\ y_{G_{10}} = y_A + \dfrac{1}{2}l_2 \cdot \sin\varphi_{10} \end{cases} \begin{cases} \dot{x}_{G_{10}} = \dfrac{1}{2}\dot{l}_2 \cdot \cos\varphi_{10} - \dfrac{1}{2}l_2 \cdot \sin\varphi_{10} \cdot \dot{\varphi}_{10} \\ \dot{y}_{G_{10}} = \dfrac{1}{2}\dot{l}_2 \cdot \sin\varphi_{10} + \dfrac{1}{2}l_2 \cdot \cos\varphi_{10} \cdot \dot{\varphi}_{10} \end{cases} \\ \ddot{x}_{G_{10}} = \dfrac{1}{2}\ddot{l}_2 \cdot \cos\varphi_{10} - \dfrac{1}{2}\dot{l}_2 \cdot \sin\varphi_{10} \cdot \dot{\varphi}_{10} - \dfrac{1}{2}\dot{l}_2 \cdot \sin\varphi_{10} \cdot \dot{\varphi}_{10} - \\ \quad - \dfrac{1}{2}l_2 \cdot \cos\varphi_{10} \cdot \dot{\varphi}_{10}^2 - \dfrac{1}{2}l_2 \cdot \sin\varphi_{10} \cdot \ddot{\varphi}_{10} \\ \ddot{y}_{G_{10}} = \dfrac{1}{2}\ddot{l}_2 \cdot \sin\varphi_{10} + \dfrac{1}{2}\dot{l}_2 \cdot \cos\varphi_{10} \cdot \dot{\varphi}_{10} + \dfrac{1}{2}\dot{l}_2 \cdot \cos\varphi_{10} \cdot \dot{\varphi}_{10} - \\ \quad - \dfrac{1}{2}l_2 \cdot \sin\varphi_{10} \cdot \dot{\varphi}_{10}^2 + \dfrac{1}{2}l_2 \cdot \cos\varphi_{10} \cdot \ddot{\varphi}_{10} \end{cases} \quad (15)$$

$$\begin{cases} \begin{cases} x_E = x_D - l_3 \cdot \cos\varphi_1 \\ y_E = y_D - l_3 \cdot \sin\varphi_1 \end{cases} \begin{cases} \dot{x}_E = \dot{x}_D - \dot{l}_3 \cdot \cos\varphi_1 + l_3 \cdot \sin\varphi_1 \cdot \dot{\varphi}_1 \\ \dot{y}_E = \dot{y}_D - \dot{l}_3 \cdot \sin\varphi_1 - l_3 \cdot \cos\varphi_1 \cdot \dot{\varphi}_1 \end{cases} \\ \begin{cases} \ddot{x}_E = \ddot{x}_D - \ddot{l}_3 \cdot \cos\varphi_1 + \dot{l}_3 \cdot \sin\varphi_1 \cdot \dot{\varphi}_1 + \dot{l}_3 \cdot \sin\varphi_1 \cdot \dot{\varphi}_1 + \\ \quad + l_3 \cdot \cos\varphi_1 \cdot \dot{\varphi}_1^2 + l_3 \cdot \sin\varphi_1 \cdot \ddot{\varphi}_1 \\ \ddot{y}_E = \ddot{y}_D - \ddot{l}_3 \cdot \sin\varphi_1 - \dot{l}_3 \cdot \cos\varphi_1 \cdot \dot{\varphi}_1 - \dot{l}_3 \cdot \cos\varphi_1 \cdot \dot{\varphi}_1 + \\ \quad + l_3 \cdot \sin\varphi_1 \cdot \dot{\varphi}_1^2 - l_3 \cdot \cos\varphi_1 \cdot \ddot{\varphi}_1 \end{cases} \end{cases} \quad (16)$$

$$\begin{cases} \begin{cases} x_{G_1} = x_E + \dfrac{1}{2} l_3 \cdot \cos\varphi_1 \\ y_{G_1} = y_E + \dfrac{1}{2} l_3 \cdot \sin\varphi_1 \end{cases} \begin{cases} \dot{x}_{G_1} = \dot{x}_E + \dfrac{1}{2} \dot{l}_3 \cdot \cos\varphi_1 - \dfrac{1}{2} l_3 \cdot \sin\varphi_1 \cdot \dot{\varphi}_1 \\ \dot{y}_{G_1} = \dot{y}_E + \dfrac{1}{2} \dot{l}_3 \cdot \sin\varphi_1 + \dfrac{1}{2} l_3 \cdot \cos\varphi_1 \cdot \dot{\varphi}_1 \end{cases} \\ \begin{cases} \ddot{x}_{G_1} = \ddot{x}_E + \dfrac{1}{2} \ddot{l}_3 \cdot \cos\varphi_1 - \dfrac{1}{2} \dot{l}_3 \cdot \sin\varphi_1 \cdot \dot{\varphi}_1 - \dfrac{1}{2} \dot{l}_3 \cdot \sin\varphi_1 \cdot \dot{\varphi}_1 - \\ \quad - \dfrac{1}{2} l_3 \cdot \cos\varphi_1 \cdot \dot{\varphi}_1^2 - \dfrac{1}{2} l_3 \cdot \sin\varphi_1 \cdot \ddot{\varphi}_1 \\ \ddot{y}_{G_1} = \ddot{y}_E + \dfrac{1}{2} \ddot{l}_3 \cdot \sin\varphi_1 + \dfrac{1}{2} \dot{l}_3 \cdot \cos\varphi_1 \cdot \dot{\varphi}_1 + \dfrac{1}{2} \dot{l}_3 \cdot \cos\varphi_1 \cdot \dot{\varphi}_1 - \\ \quad - \dfrac{1}{2} l_3 \cdot \sin\varphi_1 \cdot \dot{\varphi}_1^2 + \dfrac{1}{2} l_3 \cdot \cos\varphi_1 \cdot \ddot{\varphi}_1 \end{cases} \end{cases} \quad (17)$$

$$\begin{cases} \begin{cases} x_G = x_I - 2a \cdot \cos\varphi_6 \\ y_G = y_I - 2a \cdot \sin\varphi_6 \end{cases} \begin{cases} \dot{x}_G = \dot{x}_I + 2a \cdot \sin\varphi_6 \cdot \dot{\varphi}_6 \\ \dot{y}_G = \dot{y}_I - 2a \cdot \cos\varphi_6 \cdot \dot{\varphi}_6 \end{cases} \\ \begin{cases} \ddot{x}_G = \ddot{x}_I + 2a \cdot \cos\varphi_6 \cdot \dot{\varphi}_6^2 + 2a \cdot \sin\varphi_6 \cdot \ddot{\varphi}_6 \\ \ddot{y}_G = \ddot{y}_I + 2a \cdot \sin\varphi_6 \cdot \dot{\varphi}_6^2 - 2a \cdot \cos\varphi_6 \cdot \ddot{\varphi}_6 \end{cases} \end{cases} \quad (18)$$

$$\begin{cases} \begin{cases} x_H \equiv x_{G_6} = x_I - a \cdot \cos\varphi_6 \\ y_H \equiv y_{G_6} = y_I - a \cdot \sin\varphi_6 \end{cases} \begin{cases} \dot{x}_H = \dot{x}_I + a \cdot \sin\varphi_6 \cdot \dot{\varphi}_6 \\ \dot{y}_H = \dot{y}_I - a \cdot \cos\varphi_6 \cdot \dot{\varphi}_6 \end{cases} \\ \begin{cases} \ddot{x}_H = \ddot{x}_I + a \cdot \cos\varphi_6 \cdot \dot{\varphi}_6^2 + a \cdot \sin\varphi_6 \cdot \ddot{\varphi}_6 \\ \ddot{y}_H = \ddot{y}_I + a \cdot \sin\varphi_6 \cdot \dot{\varphi}_6^2 - a \cdot \cos\varphi_6 \cdot \ddot{\varphi}_6 \end{cases} \end{cases} \quad (19)$$

$$\begin{cases} \begin{cases} x_{G_7} = x_G + s_7 \cdot \cos\varphi \\ y_{G_7} = y_G + s_7 \cdot \sin\varphi \end{cases} \begin{cases} \dot{x}_{G_7} = \dot{x}_G \\ \dot{y}_{G_7} = \dot{y}_G \end{cases} \begin{cases} \ddot{x}_{G_7} = \ddot{x}_G \\ \ddot{y}_{G_7} = \ddot{y}_G \end{cases} \end{cases} \quad (20)$$

$$\begin{cases} \begin{cases} x_M = x_G + f \cdot \cos(\varphi+\theta) \\ y_M = y_G + f \cdot \sin(\varphi+\theta) \end{cases} \begin{cases} \dot{x}_M = \dot{x}_G \\ \dot{y}_M = \dot{y}_G \end{cases} \begin{cases} \ddot{x}_M = \ddot{x}_G \\ \ddot{y}_M = \ddot{y}_G \end{cases} \end{cases} \quad (21)$$

BIBLIOGRAFIE

1. Antonescu P., Mecanisme și manipulatoare, Editura Printech, Bucharest, 2000, p. 103-104.
2. Adir G., Adir V., RP200 – A Walking Robot inspired from the Living World. Proceedings of the 4th International Conference, Research and Development in Mechanical Industry, RaDMI 2004, Serbia & Montenegro.
3. Angeles J., s.a., An algorithm for inverse dynamics of n-axis general manipulator using Kane's equations, Computers Math. Applic, Vol.17, No.12, 1989.
4. Atkenson C., Chae H.A., Hollerbach J., Estimation of inertial parameters of manipulator load and links, Cambridge, Massachuesetts, MIT Press, 1986.
5. Avallone E.A., Baumeister T., Marks' Standard Handbook for Mechanical Engineers 10th Edition, McGraw-Hill, New York, 1996.
6. Baili M., Classification of 3R Ortogonal positioning manipulators. Technical report, University of Nantes, September 2003.
7. Baron L. and Angeles J., The on-line direct kinematics of parallel manipulators using joint-sensor redundancy. In ARK, Strobl, 29 Juin-4 Juillet, 1998, p. 127-136.
8. I. Bogdanov, Conducerea roboților. Editura Orizonturi Universitare Timisoara, 2009, ISBN 978-973-638-419-6.
9. Borrel P., Liegeois A., A study of manipulator inverse kinematic solutions with application to trajectory planning and workspace determination. In Prod. IEEE Int. Conf. Rob. and Aut., pp. 1180-1185, 1986.
10. Burdick J.W., Kinematic analysis and design of redundant manipulators. PhD Dissertation, Stanford, 1988.
11. C. Caleanu, V. Tiponut, Ivan Bogdanov, I. Lie, Emergent Behaviour Evolution in Collective Autonomous Mobile Robots. WSEAS International Conference on SYSTEMS, Heraklion, Crete Island, Greece, Iulie 22-24, 2008.
12. Carvalho, J.C.M, Ceccarelli, M., A Dynamic Analysis for Casino Parallel Manipulator, Proc. of Tenth World Congress on The Theory of Machines and Mechanisms, Oulul, Finland, 1999, p. 1202-1207.
13. Ceccarelli M., A formulation for the workspace boundary of general n-revolute manipulators. Mechanisms and Machine Theory, Vol. 31, pp. 637-646, 1996.
14. Chen, N-X., Song, S-M., Direct Position Analysis of the 4-6 Stewart Platforms, DE-Vol. 45, Robotics, Spatial Mechanisms and Mecahanical Systems, ASME, 1992, 380-386.
15. Chircor M., Noutăți în cinematica și dinamica roboților industriali, Editura Fundației Andrei Saguna, Constanța, 1997.

16. Choi J-K., Mori, O., Omata, T., Dynamics and stable reconfiguration of self-reconfigurable planar parallel robots, Advanced Robotics, vol. 18, no. 16, 2004, p.565-582 (18).
17. Ciobanu L., Sisteme de roboti celulari- Editura Tehnică, București, 2002.
18. Clavel, R., DELTA, a Fast Robot with Parallel Geometry, Proc. Int. Symposium on Industrial Robots, April 1988, ISBN 0-948507-97-7, p. 91-100.
19. Codourey, A., Contribution a la Commande des Robots Rapides et Precis. Application au robot DELTA a Entrainement Direct, These a l'Ecole Polytechnique Federale de Lausanne, 1991.
20. Cojocaru G., Fr. Kovaci, Roboții în acțiune, Ed. Facla, Timișoara, 1998.
21. Coman D., Algoritmi Fuzzy pentru conducerea robotilor... Teză de doctorat, Universitatea din Craiova, 2008.
22. Comănescu Adr., Comănescu D., Neagoe A., Fractals models for human body systems simulation. Journal of Biomechanics, 2006, Vol. 39, Suppl. 1, p S431.
23. Craig J., Introduction to Robotics, Mechanics and Control. Stanford University. Addison – Wesley Publishing Company, 1986.
24. Dasgupta, B., Mruthyunjaya, T.S., The Stewart platform manipulator: a review, mechanism and machine Theory 35, 2000, p. 15-40.
25. Davidoviciu A., Drăganoiu Gh., Hoanga A., Modelarea, simularea și comanda manipulatoarelor și roboților industriali. Editura Tehnică, Bucuresti 1986.
26. De Luca A., Zero dynamics in robotic systems. In C.I. Byrnes and A. Kurzhansky editors, Nonlinear Synthesis, pp. 68-87, Birkhauser, Boston, MA, 1991.
27. Denavit J., McGraw-Hill, Kinematic Syntesis of Linkage, Hartenberg R.SN.Y.1964.
28. Devaquet, G., Brauchli, H., A Simple Mechanical Model for the DELTA-Robot, Robotersysteme, vol. 8, 1992, p. 193-199.
29. Di Gregorio, R., Parenti-Castelli, V., Dynamic Performance Indices for 3-DOF Parallel Manipulators, Advances in Robot Kinematics (J. Lenarcic and F. Thomas -edit), 2002, Kluver Academic Publisher, p. 11-20.
30. Do W.Q.D., Yang, D.C.H. (1988). Inverse dynamic analysis and simulation of a platform type of robot. Journal of Robotic Systems, 5(3), p. 209-227.
31. Dobrescu T., Al. Dorin, Încercarea roboților industriali- Editura Bren, București, 2003.
32. Dombre E., Wisama Khalil, Modelisation et commande des robots, Editions Hermes, Paris 1988.
33. Dorin Al., Dobrescu T., Bazele cinematicii roboților industriali. Editura Bren, București, 1998.
34. Doroftei Ioan, Introducere în roboții pășitori, Editura CERMI, Iași 1998.
35. Drimer D., A.Oprea, Al. Dorin, Roboți industriali și manipulatoare, Ed. Tehnică 1985.
36. Dumitrescu D., Costin H., Rețele neuronale. Teorie și aplicații. Ed. Teora, București, 1996.

37. Faugere, J.C., Lazard, D., The combinatorial classes of parallel manipulators, Mechanism and Machines Theory, 30 (6), 1995, p. 765-776.
38. Fioretti A., Implementation-oriented kinematics analysis of a 6 dof parallel robotic platform. In 4th IFAC Symp. on Robot Control, Capri, 19-21 Septembre 1994, p. 43-50.
39. Fong T., Design and Testing of a Stewart Platform Augmented Manipulator for Space Applications. Massachusetts Institute of Technology, Master of Science Thesis, 1990.
40. Fu, K.S., Gonzales, R.C., Lee, C.S.G., Robotics: Control, Sensing, Vision and Intelligence, McGraw-Hill Book Company, 1987.
41. Fujimoto, K., a.o., Derivation and analysis of equations of motion for a 6 d.o.f. direct drive wrist joint. In IEEE Int. Workshop on Intelligent Robots and Systems (IROS), Osaka, 1991, p. 779-784.
42. Geng Z. and Haynes L.S. Six-degree-of-freedom active vibration isolation using a Stewart platform mechanism. J. of Robotic Systems, 10(5), July 1993, p. 725-744.
43. Gerstmann, U., Der Getriebeeinfluß auf die Arbeits- und Positionsgenauigkeit, Disertation, VDI Verlag, 1991.
44. Ghelase D., Manipulatoare și roboți industriali. Îndrumar de laborator. Facultatea de Inginerie Brăila, 2002.
45. Ghorbel F., Chetelat O., Longchamp R., A reduced model for constrained rigid bodies with application to parallel robots. In 4th IFAC Symp. on Robot Control, pages 57-62, Capri, September, 19-21, 1994.
46. Giordano, M., Structure Mechanique des Robots et Manipulateurs en Chaines Complex, Le Point en Robotique, France, vol. 2, 1985.
47. Goldsmith, P.B., Kinematics and Stiffness of a Simmetrical 3-UPU Translational Parallel Manipulator, Proc. of the 2002 IEEE, International Conference on Robotics &Automation, Washington DC, 2002, p. 4102-4107.
48. Grecu B., Adir G., The Dynamic Model of Response of DD-DS Fundamental. In the World Congress on the Theory of Machines and Mechanisms, Oulu, Finland, 1999.
49. Grosu D., Contribuții la studiul sistemelor robotizate aplicate în tehnica de blindate, teză de doctorat, Academia Tehnică Militară, București, 2001.
50. Grotjahn, M., Heimann, B., Abdellatif,H., Identification of Friction and Rigid-Body Dynamics of parallel Kinematic structures for Model-based Control, Multibody system Dynamics, vol. 11, no.3, 2004, p. 273-294 (22).
51. Guegan, S., Khalil, W., Dynamic Modeling of the Orthoglide, Advances in Robot Kinematics (J. Lenarcic and F. Thomas -eds), Kluver Academic Publisher, 2002, p. 287-396.
52. Guglielmetti, P., Longchamp, R., A Closed Form Inverse Dynamics Model of the DELTA Parallel Robot, Symposium on Robot Control, Capri, Italia, 1994, p. 51-56.
53. Guilin Yangt - Design and Kinematic Analysis of Modular Reconfigurable Parallel Robots, International Conference on Robotics & Automation, Detroit, Michigan, 1999.
54. Hale, Layon C., Principles and Techniques for Designing Precision Machines. UCRL-LR-133066, Lawrence National Laboratory, 1999.

55. Handra-Luca, V., Brisan, C., Bara, M., Brad, S., Introducere în modelarea roboților cu topologie specială, Ed. Dacia, Cluj-Napoca, 2003, 218 pg.
56. Hartemberg R.S. and J.Denavit, A kinematic notation for lower pair mechanisms, J. appl.Mech. 22,215-221 (1955).
57. Hasegawa, Matsushita, Kanedo, On the study of standardisation and symbol related to industrial robot in Japan, Industrial Robot Sept.1980.
58. Hayes, M.J.D., Husty, M.L., Zsombor-Murray, P.J., Solving the Forward Kinematics of a Planar Three-Legged Platform with Holonomic Higher Pairs, Transactions of the ASME, Vol. 121, June 1999, p. 212-219.
59. Hesselbach, J., Plitea, N., Kerle, H., Frindt, M., Bewegungsvorrichtung mit Parallelstruktur, Patentschrift DE 198 40 886 C2, 13.03.2003, Deutsches Patent –und Markenamt, Bundesrepublik Deutschland.
60. Hockey, The Method of Dynamically Similar Systems Applied to the Distribution of Mass in Spatial Mechanisms, Jnl. Mechanisms Volume 5, Pergamon Press, 1970, p. 169-180.
61. Hollerbach J.M., Wrist-partitioned inverse kinematic accelerations and manipulator dynamics, International Journal of Robotic Research 2, 61-76 (1983).
62. Huang, M.Z., Ling, S.-H., Sheng, Y., A Study of Velocity Kinematics for Hybrid manipulators with Parallel-Series Configurations, IEEE, Vol. I, 1993, p. 456-460.
63. Hudgens, J.C., Tesar, D., A Fully-Parallel Six Degrees-of Freedom Micromanipulator: Kinematic Analysis and Dynamic Model, Proceedings of the 5th International Conference on Advanced Robotics (ICAR), 1991, p. 814-820.
64. Husty, M.L., An Algorithm for Solving the Direct Kinematics of General Stewart-Gough Platforms, Mechanism and Machine Theory, Vol. 32, No. 4., p. 365-379.
65. Ion I., Ocnărescu C., Using the MERO-7A Robot in the Fabrication Process for Disk Type Pieces. In CITAF 2001, Tom 42, Bucharest, Romania, pp. 345-351.
66. Ispas V., Aplicațiile cinematicii în construcția manipulatoarelor și a roboților industriali, Ed. Academiei Române 1990.
67. Ivănescu M., Roboți industriali. Editura Universității Craiova 1994.
68. Ji, Z., Dynamic decomposition for Stewart platform. ASME J. of Mechanical Design, 116 (1), 1994, p. 67-69.
69. Jo, D.,Y., Workspace Analysis of Multibody Mechanical Systems Using Continuation Methods, Journal of Mechanisms, Transmissions and Automation in Design, vol. 111, 1989, p. 581-589.
70. N. Joni, A. Dobra, M. Nitulescu, Actual Distribution and Midterm Development Prognosis of Industrial Robots in Romania. Lucrarile conferintei RAAD 2009, 25-27 Mai, Brasov, pag.107.
71. Kane T.R., D.A. Levinson, The use of Kane's dynamic equations in robotics, International Journal of Robotic Research, Nr. 2/1983.
72. Kazerounian K., Gupta K.C., Manipulator dynamics using the extended zero reference position description, IEEE Journal of Robotic and Automation RA-2/1986.

73. Kerle, H., Krefft, M., Hesselbach, J., Plitea, N., Vorschubeinrichtung für Werkzeugmaschinen, Patentanschrift, Bundesrepublik Deutschland, deutsches Patent- und markenamt, DE 102 30 287 B3 2004.01.08, Anmeldetag 05.07.2002, Veröffelntichungstag der Patentverteilung, 08.01.2004 (patent Nr. 102.287.1-14).
74. Khalil W. - J.F.Kleinfinger and M.Gautier, Reducing the computational burden of the dynamic model of robots, Proc. IEEE Conf.Robotics ana Automation, San Francisco, Vol.1, 1986.
75. Kim, H.S., Tsai, L-W., Kinematic Synthesis of Spatial 3-RPS Parallel Manipulators, DETC'02, ASME 2002 Design Engineering Technical Conferences and Computers and Information in Engineering Conference, Canada, 2002, p. 1-8.
76. Kohli D., Hsu M.S., The Jacobian analysis of workspaces of mechanical manipulators. Mechanisms and Machine Theory, Vol. 22(3), pp. 265-275, 1987.
77. Kovacs Fr, C. Rădulescu, Roboți industriali, Universitatea Timișoara, 1992.
78. Krockenberger O., Industrial robots for the automotive industry, SAE journal, nr. 6/1998.
79. Kyriakopoulos K. J. and G.N.Saridis - Minimum distance estimation and collision prediction under uncertainty for on line robotic motion planning, International Journal of Robotic Research 3/1986.
80. Lebret, G., Liu, K., Lewis, F.L., Dynamic Analysis and Control of a Stewart Platform Manipulator, Journal of Robotic Systems 10(5), 1993, 629-655.
81. Lee, W.H., Sanderson, A.C., Dynamic Analysis and Distributed Control of the Tetrarobot Modular Reconfigurable Robotic System, Autonomous Systems, vol.10, no.1, 2001, p.67-82 (16).
82. Li, D., Salcudean, T., Modeling, simulation and control of hydraulic Stewart platform. In IEEE Int. Conf. on Robotics and Automation, Albuquerque, 1997, p. 3360-3366.
83. Liegeois, A., Fournier, A., Utilisation des Equations de Lagrange pour la Commande en Temps Reel d'un Robot de Peinture et de Manutention. Contract RNUR/LAM, Montpellier, France, 1979.
84. Liu, X-J., Kim, J., A New Three-Degree-of-Freedom Parallel Manipulator, Proc. of the IEEE International Conference on Robotics6Automation, 1155-1160, 2002.
85. Lorell K., et al, Design and preliminary test of precision segment positioning actuator for the California Extremely Large Telescope. Proceedings of the SPIE, Volume 4840, pp. 471-484, 2003.
86. Luh J.S.Y., Walker M.W., Paul R.P.C., Online computational scheme for mechanical manipulators, Journal of Dynamic Systems Measures and Control 102/1980.
87. Ma O., Dynamics of serial - typen-axis robotic manipulators, Thesis, Department of Mechanical Engineering, McGill University, Montreal,1987.
88. I. Maniu, S. Varga, C. Radulescu, V. Dolga, I. Bogdanov, V. Ciupe – Robotica. Aplicatii robotizate, Ed.Politehnica, Timisoara 2009, ISBN 978-973-625-842-8.

89. McCallion, H., Truong, P. D., The Analysis of a Six-Degree-of-Freedom Work Station for Mechanised Assembly, Proceedings of the Fifth World Congress on Theory of Machines and Mechanisms, Montreal, 1979.
90. Merlet, J.-P., Parallel robots, Kluver Academic Publisher, 2000.
91. Miller, K., Optimal Design and Modeling of Spatial Manipulators, The International Journal of Robotics research, vol.23, 2004, p. 127-140 (14).
92. Minotti, P., Decouplage Dynamique des Manipulateurs. Prepositions de Solutions Mecaniques, Mech. Mach. Theory, vol 26, nr.1, 1991, p 107-122.
93. Mitrea M., Asigurarea calității în fabricația de autovehicule militare, Editura Academiei Tehnice Militare, București, 1997.
94. Moise V., ș.a., Metode numerice. Ed. Printech, București, 2007.
95. Moldovan L. – Automatizari in construcția de mașini. Roboți industriali vol. 1 Mecanica. Universitatea Tehnică Tg-Mures 1995.
96. Monkam G., Parallel robots take gold in Barcelona, Industrial Robot, 4/1992.
97. Neacșa M., Tempea I., Asupra eficienței bazelor de date a mecanismelor în diferite faze de asimilare. Revista Construcția de mașini, nr. 7, București, 1998.
98. Neagoe, M., Diaconescu, D.V., șa., On a New Cycloidal Planetary Gear used to Fit Mechatronic Systems of RES. OPTIM 2008. Proceedings of the 11th International Conference on Optimization of Electrical and Electronic Equipment. Vol. II-B. Renewable Energy Conversion and Control. May 22-23.08, Brașov, pp. 439-449, IEEE Catalog Number 08EX1996. ISBN 987-973-131-028-2 (ISI).
99. Nguyen, C.C. a.o., Dynamic analysis of a 6 d.o.f. CKCM robot end effector for dual-arm telerobot systems. Robotics and Autonomous Systems, 5, 1989, p. 377-394.
100. Nitulescu M., Solutions for Modeling and Control in Mobile Robotics, In Journal of Control Engineering and Applied Informatics, Vol. 9, No 3-4, 2007, pp. 43-50.
101. Ocnărescu C., The Kinematic and Dynamics Parameters Monitoring of Didactic Serial Manipulator, Proceedings of International Conference of Advanced Manufacturing Technologies, ICAMaT 2007, Sibiu, pp. 223-228.
102. Olaru A., Dinamica roboților industriali, Reprografia Universității Politehnice București, 1994.
103. Omri J.El., Kinematic analysis of robotic manipulators. PhD Thesis, University of Nantes, 1996 (in french).
104. Pandrea N., Determinarea spațiului de lucru al roboților industriali, Simpozion National de Roboți Industriali, București 1981.
105. Papadopoulous E., Path planning for space manipulators exhibiting nonholonomic behavior. Proceedings of the IEEE/RSJ Int. Workshop on Intelligent Robots Systems, pp. 669-675, 1992.
106. Parenti C.V., Innocenti C., Position Analysis of Robot Manipulators: Regions and Subregions. In Proc. of International Conf. on Advances in Robot Kunematics, pp. 150-158, 1988.
107. Paul R.P., Robot manipulators, Mathemetics Programing and Control, MIT Press 1981.

108. Păunescu T., Celule flexibile de prelucrare, Editura Universităţii "Transilvania" Braşov, 1998.
109. Petrescu F.I., Grecu B., Comănescu Adr., Petrescu R.V., Some Mechanical Design Elements, Proceedings of International Conference Computational Mechanics and Virtual Engineering, COMEC 2009, October 2009, Braşov, Romania, pp. 520-525.
110. Pierrot, F., Dauchez, P., Uchiyama, M., Iimura, K., Toyama, O., Unno, K., HEXA: a Fully-Parallel 6 DOF Japanese-French robot, 1er Congres Franco-Japonais de Mecatronique, Besancon, 20-22 oct. 1992, p.1-8.
111. Plitea, N., Hesselbach, J., Frindt, Kusiek,A., Bewegungsvorrichtung mit Parallelstruktur. Patentschrift DE 197 57 133 C1, Deutsches Patentamt, München, erteilt 29.07.1999 (angemeldet am 20.12.1997).
112. Pooran, F.J., Dynamics and Control of robot manipulators with closed-kinematic chain mechanism. Ph.D Thesis, Washington D.C., 1989.
113. Powell I.L., B.A.Miere, The kinematic analysis and simulation of the parallel topology manipulator, The Marconi Review, 1982.
114. Raghavan, M., Roth, B., Solving polynomial systems for the kinematics analysis of mechanisms and robot manipulators, ASME J. of Mechanical Design, 117 (2), 1995, p.71-79.
115. Reboulet, C., Pigeyre, R., Hybrid Control of a 6 d.o.f. in parallel actuated micromanipulator mounted on a SCARA robot, Int J. of Robotics and Automation, 7 (1), 1992, p. 10-14.
116. Renaud M., Quasi-minimal computation of the dynamic model of a robot manipulator utilising the Newton-Euler formulism and the notion of augmented body. Proc. IEEE Conf. Robotics Automn Raleigh, Vol.3, 1987.
117. Riesler, H., Zur Berechnung geschlossener Lösungen des inversen kinematischen Problems, Fortschritte der Robotik, 16, Vieweg, 1992.
118. Rong, H., Liang, C.,G., A Direct Displacement Solution to the Triangle-Platform 6-SPS Parallel Manipulator, 8th Congres on the Theory of Machines and Mechanisms, Prague, Cehoslovacia, 1991, p. 1237-1239.
119. Seeger G., Self-tuning of commercial manipulator based on an inverse dynamic model, J.Robotics Syst. 2 / 1990.
120. Sefrioui, J. and Gosselin, C.M., Étude et représentation des lieux de singularité des manipulateurs parallèles spheriques à trois degrés de liberté avec actionneurs prismatiques, in Mech. Mach. Theory Vol. 29, No.4, 1994, p. 559-579.
121. Seyferth, W. (1972), Dynamische und kinetostatische Analyse eines räumlichen Getriebes unter Verwendung von Ersatzmassen, PhD. Thesis, TU Braunschweig.
122. Shi, X., Fenton, R., G., Structural Instabilities in Platform-Type Parallel Manipulators due to Singular Configurations, DE-Vol.45, Robotics, Spatial Mechanisms and Mechanical Systems, ASME, 1992.
123. Simionescu I., Ion I., Ciupitu Liviu, Mecanismele roboţilor industriali. Vol. I, Ed. AGIR, Bucureşti, 2008.
124. Smith S.T., Chetwynd D.G., Foundations of Ultraprecision Mechanism Design. Gordon and Breach Science Publishers, Switzerland, 1992.

125. Stareţu I., Proiectarea creativă în concepţie modulară a mecanismelor de prehensiune cu bacuri pentru roboţii industriali. Teză de doctorat, Universitatea Transilvania din Braşov, 1995.
126. Stănescu A., Dumitrache I., Inteligenţa artificiala şi robotica, Ed.Academiei, Bucureşti 1983.
127. Sturm, A.J., Erdman, A.G., Wang, S.H., Design and Analysis of an Industrial 3P3R Robot, ASME Paper 82-DET-32, 1982.
128. Tabără I., Martineac A., The influence of the revolute real axes deviations on the position accuracy of a robot with parallel rotational axes. Proceedings of SYROM 2001, Bucharest, Romania, Vol. II, pp. 315-320.
129. Tadokorro, S., Control of parallel mechanisms. Advanced Robotics, 8 (6), 1994, p. 559-571.
130. Tahmasebi, F., Tsai, L-W., Jacobian and Stiffness Analysis of a Novel Class of Six-dof Parallel Minimanipulators, DE-Vol.47, Flexible Mechanisms, Dynamics and Analysis, ASME, 1992, p. 95-102.
131. Tamio Arai, Hisashi Osumi, Three wire suspension robot, Industrial Robot, 4/1992.
132. Tabacaru V., Sisteme flexibile de fabricaţie. Vol. I Roboţi industriali şi manipulatoare. Universitatea "Dunarea de Jos" Galaţi, 1995.
133. Trif N., Automatizarea proceselor de sudare, Editura Lux Libris, Braşov, 1996.
134. Tsai L-W. Solving the inverse dynamics of a Stewart-Gough manipulator by the principle of virtual work. ASME J. of Mechanical Design, 122(1), Mars 2000, p. 3-9.
135. Vazquez, F., Marin, R., Trillo, J. L., Garrido, J., Object Oriented Modeling, Design & Simulation of Industrial Autonomous Mobile Robots, EURISCON, 1994, p. 361-371.
136. Vukobratovic M., Applied dynamics of manipulation robots, New York, 1989.
137. Walker, M., W., Orin, D.E., Efficient Dynamic Computer Simulation of Robotic Mechanisms, Journal of Dynamic Systems, Measurement and Control, vol 104; 1982, p 205-211.
138. Wampler, C,W., Forward displacement analysis of general six-in parallel SPS (Stewart) platform manipulators using some coordinates. Mechanism and Machine Theory, 31 (3), 1996, p. 331-337.
139. Wang J. et Gosselin C.M. A new approach for the dynamic analysis of parallel manipulators. Multibody System Dynamics, 2(3), Septembre 1998, p. 317-334.
140. Wu, Y., Gosselin, C., On the Synthesis on a Reactionless 6-DOF Parallel Mechanism using Planar Four-Bar Linkages, Proc. of the Workshop on Fundamentals Issues and Future Research Directions for Parallel mechanism and Manipulators, Canada, 2002, p. 310-316.
141. Yang, K-H., Park, Y-S., Dynamic Stability Analysis of a Flexible Four-Bar Mechanism and its Experimental Investigation, Mech. Mach. Theory, Vol. 33, No. 3, 1998, p. 307-320.
142. Zhang C., Song S-M., Forward Position Analysis of Nearly General Stewart Platforms, ASME Robotics, Spatial Mechanisms and Mechanical Systems, DE-Vol 15, 1992, p. 81-87.

143. Zlatanov, D., Dai, M.,Q., Fenton, R., G., Benhabib, B., Mechanical Design and Kinematic Analysis of a Three-Legged Six Degree-of-Freedom Parallel Manipulator, De- Vol. 45, Robotics, Spatial Mechanisms and Mechanical Systems, ASME, 1992, p. 529-536.

www.ingramcontent.com/pod-product-compliance
Lightning Source LLC
Chambersburg PA
CBHW051642170526
45167CB00001B/298